数字电子技术

第三版

张惠敏　主　编
陈志红　副主编
肖耀南　主　审

化学工业出版社
· 北京 ·

本书主要内容包括数字电路基础知识；组合逻辑电路；时序逻辑电路；脉冲产生与变换；A/D 和 D/A 转换；大规模集成电路；数字电路综合应用和电子电路仿真软件的应用。本书紧密结合高职高专教学特点，内容编排力求简洁明快、深入浅出。每章包含理论讲授、硬件实验、软件仿真和检测题，突出了了理论与实践的结合，即适合教学又便于自学。

本书可作为高职高专电子信息类专业及其他工科类相关专业的教学用书，也可作为中等职业学校和相关工程技术人员的参考书。

图书在版编目（CIP）数据

数字电子技术/张惠敏主编. —3 版. —北京：化学
工业出版社，2016.6
ISBN 978-7-122-26905-8

Ⅰ.①数… Ⅱ.①张… Ⅲ.①数字电路-电子技术-
高等职业教育-教材 Ⅳ.①TN79

中国版本图书馆 CIP 数据核字（2016）第 087543 号

责任编辑：潘新文 张建茹 装帧设计：张 辉
责任校对：宋 夏

出版发行：化学工业出版社（北京市东城区青年湖南街 13 号 邮政编码 100011）
印 刷：北京永鑫印刷有限责任公司
装 订：三河市宇新装订厂
787mm×1092mm 1/16 印张 15¾ 字数 400 千字 2016 年 7 月北京第 3 版第 1 次印刷

购书咨询：010-64518888（传真：010-64519686） 售后服务：010-64518899
网 址：http://www.cip.com.cn
凡购买本书，如有缺损质量问题，本社销售中心负责调换。

定 价：34.00 元

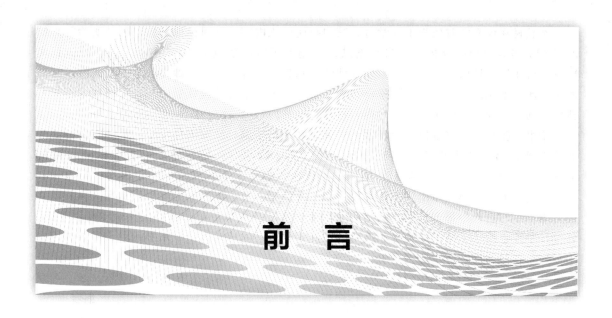

前　言

　　《数字电子技术》（第二版）教材，紧密结合高职高专教育特点，面向高职院校的电子、自控、机电、通信和计算机等专业，由全国五个省的七所高职院校的一线教学骨干参加编写，自出版以来，以其教学对象明确，教学目标定位准确，内容编排简洁明快、深入浅出，层次分明，重点突出的特点，受到使用院校师生的好评，已经多次修订重印。

　　随着高职高专教育的蓬勃发展以及教育部高职高专教育教学改革的要求，数字电子技术课程的教学与教材改革也在不断深入和优化，特别是《教育部关于深化职业教育教学改革全面提高人才培养质量的若干意见》（教职成〔2015〕6 号），明确高职高专人才培养定位技术技能型人才，"增强学生就业创业能力为核心，加强人文素养教育和技术技能培养，全面提高人才培养质量"对职业教育提出新的要求。数字电子技术课程是电子电气大类和信息通信大类各专业的技术基础课程，本次修订按照突出能力体系兼顾课程知识体系的原则，在《数字电子技术》教材第二版的基础上，进一步优化体系结构、以应用为导向实现知识的简约重组，对接最新职业标准、行业标准和岗位规范。

　　新版教材突出特点如下。

　　1. 产教融合、校企合作。引用了大量生产实际电路、实用数字电子技术工程案例，注重教育与生产劳动、社会实践相结合。

　　2. 工学结合、知行合一。突出"做中学、做中教"，增加数字电子技能实训和典型数字电子产品的组装调试，数字电路故障的诊断与排除，强化教育教学实践性和职业性，促进学以致用、用以促学、学用相长。

　　3. 适应新技术、新模式、新业态发展实际。随着电子设计自动化（EDA）技术的发展和应用普及，美国国家仪器（NI）有限公司推出的 Multisim 电子电路计算机仿真设计软件，以其用户界面友好、各类器件和集成芯片丰富，尤其是直观的虚拟仪表，以及实现 Multisim 与 LABVIEW 的联合仿真的优点，正被各用户使用，教材中以 Multisim 替代了原有 EWB 进行电路仿真实训。

　　全书主要内容包括数字电路基础知识、组合逻辑电路、时序逻辑电路、脉冲产生与变换电路、数/模和模/数转换、大规模集成电路、数字电路综合应用、Multisim 电子电路仿真软件。

本教材建议教学时数为 100 学时，其中技能训练内容（含讨论课、软、硬件实验等）约 30 学时，各校可根据具体情况自行增减；利用电子电路仿真软件 Multisim 进行的仿真实验，既可作为实训课内容，也可以作为课堂演示教学内容，以增强课堂教学的直观性，帮助学生理解、消化理论知识，提高学习兴趣；数字电子技术的综合技能训练，可通过大型作业或实习演练完成。书中带"＊"号内容可作为选修内容。

全书由张惠敏负责统稿，担任主编；陈志红任副主编；肖耀南任主审。第一章的第一节至第四节、第八节由卢德俊编写；第二章由朱祥贤编写；第三章、第七章以及各章的 Multisim 仿真实验由张惠敏编写；第四章由曹建军编写；第五章由刘明黎编写；第六章和第一章的第五节、第六节由陈志红编写；第一章的第七节、第八章由江兴盟编写。

本书编写过程中得到了郑州铁路职业技术学院以及化学工业出版社的热情支持和帮助，各参编院校也给予了极大的关怀和鼓励，在此表示衷心的感谢。由于水平所限，书中难免有不妥之处，敬请读者提出宝贵意见。

编者

2016. 2

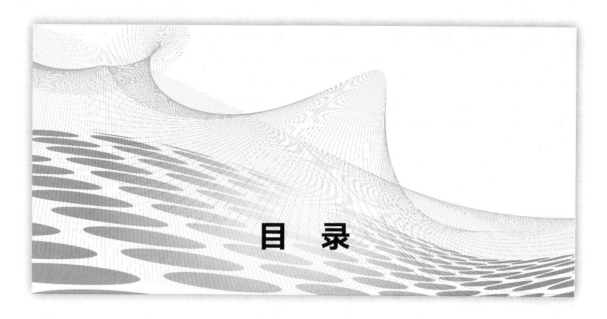

目　录

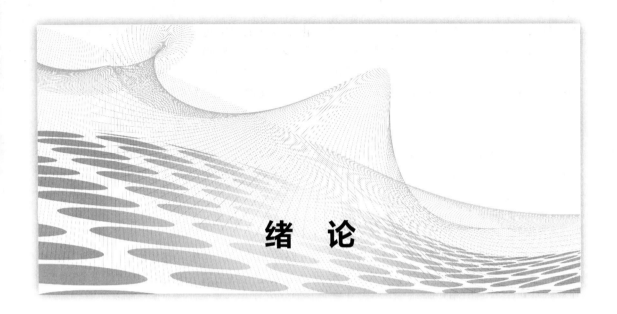

绪　论

21世纪将是全面的信息化世纪。信息技术的迅猛发展和向社会各领域、各层次渗透的程度，即使是最具想象力的人也感到始料不及。而实现这一切的基石之一正是数字电子技术。

一、数字电子技术的发展历史

数字化最早是人们为制造机械式加法器开始的。1847年英国数学家乔治·布尔（George Boole）在代数学方面做出了划时代的贡献，提出了揭示客观事物逻辑关系的数学方法——布尔代数，用于研究人的思维规律。而1897年马可尼（Marconi）第一次使用实用数字通信系统——电报，即：用"0"和"1"数字编码来表述和传输信息。到20世纪30年代，Bell实验室的一位数学家乔治·史蒂比兹（Geoge Stibitz），首先萌发了使用继电器（开关）来制作二进制加法器的念头，并先后开发出4个专用计算机和6个通用计算机。被人们公认为信息论和开关理论之父的克劳德·香农（Claude Shanno），在信息论方面的研究为今天通信理论奠定了基础，他的开关理论则在布尔代数与计算机设计之间架起了一座桥梁。

电子器件的发展带来了电子产品和技术的更新换代，其发展过程大致经历了五个阶段，即真空电子管电路、晶体管电路、中小规模集成电路、大规模集成电路和超大规模集成电路。随着1958年第一块集成电路在美国研制成功，电子技术发生了一次巨大的突破和变革，使电子电路的小型化、低成本成为现实；到20世纪60年代末，第四代电子器件——大规模集成电路诞生，使得电子电路的集成度大大提高，尤其是1972年诞生的第四代计算机，标志着电子设备小型化的进程进一步加快；20世纪70年代，美国和日本相继研制成功超大规模集成电路，由此产生了真正意义上的微型计算机，其成本大幅下降，并逐渐实现个人化。

二、数字电路的特点

数字集成技术的发展，导致计算机不断的升级换代；同时，也迅速向当今社会扩展开来，被广泛地应用于雷达定位、通信、电视、自动控制、电子测量仪表、地球物理、航空航天等各领域。例如，在通信系统中，应用数字电子技术的数字通信系统，拥有模拟通信系统不可比拟的优点：① 抗干扰能力强；② 易于加/解密；③ 信码间具有逻辑关系便于纠错；④ 能与电子计算机相结合进行信息处理和控制；⑤ 能够进行数字压缩实现多媒体传输等。再如，在地球物理中，全球定位系统（GPS）与高精度数字化地图相结合使地球变成了"数字化村落"，其测定精度之高、所含信息之丰富以及其实时性是任何其他系统都不能相提并论的。

数字电子技术随着集成技术的发展，特别是大规模和超大规模集成器件的发展，使得各种数字系统的体积越来越小、可靠性越来越高、成本越来越低廉，而功能特别是自动化和智能化程度越来越高。

三、本课程研究的对象及内容

数字电路是产生、传输和处理数字信号的电路的通称。所谓数字信号是指在时间上和幅值上都是离散的信号。数字电子技术的主要研究对象是电路的输入和输出之间的逻辑关系，其基本分析工具是逻辑代数。

在数字电路中，半导体器件大多工作在开关状态，电路只有两个状态，分别用"0"和"1"表示，因此构成数字电路的基本单元十分简单，并且对器件要求不高、易于集成。

本课程主要学习内容有数字电路的基础知识、基本逻辑门电路、常用集成触发器、常用的组合逻辑部件和时序逻辑部件、数字信号的产生与变换电路、数/模和模/数转换器、大规模集成电路以及数字电路的故障检测与排除等。

数字逻辑器件可分为三大类：一是硬件由基本逻辑门和触发器构成的中、小规模集成逻辑器件；二是大规模和超大规模集成逻辑器件；三是专用集成电路 ASIC，又可分为标准单元、门阵列和可编程逻辑器件 PLD，它是兼有硬、软件逻辑设计功能的可编程逻辑器件，是近年来迅速发展的新型逻辑器件。

《数字电子技术》课程是应用性非常强的技术基础课，学习过程中必须特别注重实践能力的培养，因此本教材根据内容特点，在每章有选择地编排了讨论课、硬件实验或软件仿真实验，突出理论与实践的结合，同时便于教师灵活安排技能训练或利用多媒体教室演示教学。EWB 是电子电路仿真软件的一种，它可以模拟实际电子实验室的环境，提供众多的元器件和仪器仪表以及分析工具，可以虚拟所有的电子实验，堪称虚拟电子实验室，了解强大的 EDA（电子设计自动化）工具在电子课教学和实验中的作用，以扩展学生的知识面和综合应用能力。

第一章 数字电路基础知识

目的与要求 了解数字信号的特点；掌握数字电路特点及常用分析方法；掌握数制与码制的概念及其相互转换；熟练掌握基本逻辑关系、基本数字逻辑器件的功能和逻辑符号，并能根据需要合理选用集成逻辑门器件。

第一节 数字电路预备知识

一、数字信号

信号的形式是多种多样的，例如：时间、温度、压力、路程等都是时间连续幅度也连续的信号。这种连续变化的信号称为模拟信号。

还有一类信号，它们只在一些离散的瞬间才有定义，并且每次取值都是某一个最小单位的整数倍。例如，每次打靶命中的环数、流水线生产的机件数。这些在时间和幅值上都是离散的信号称为数字信号。用于产生和处理数字信号的电路称为数字电路。数字电路的主要研究对象是电路的输入和输出之间的逻辑关系。数字电路只有两种状态，例如电位的高与低、电流的有与无、开关的通与断等，分别用"1"和"0"表示，这里的"0"和"1"不是十进制数中数字，而是逻辑0和逻辑1，称为二值数字逻辑。而"0"和"1"与"无脉冲"和"有脉冲"对应就是脉冲数字信号。一个0或一个1通常称作1比特。图1-1中，（a）所示为数字信号111010111111；（b）所示为用1代表高电平、用0代表低电平的数字信号波形。

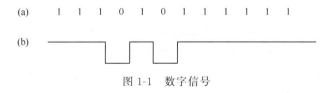

图 1-1　数字信号

二、数字电路的分类

数字集成电路（Digital Integrated Circuit）是将电路所有的器件和连接线制作在一块半导体基片（芯片）上而成。通常以"门"为最小单位，按"集成度"将数字集成电路分成：

(1) 小规模集成电路 SSI（Small Scale Integrating） 一块芯片上含 1～100 个门；

(2) 中规模集成电路 MSI（Medium Scale Integrating） 一块芯片上含 100～1000 个门；

(3) 大规模集成电路 LSI（Large Scale Integrating） 一块芯片上含 1000～10000 个门；

(4) 超大规模集成电路 VLSI（Very Large Scale Integrating） 一块芯片上含 10^4～10^6 个门。

如果集成逻辑门是以双极型晶体管（电子和空穴两种载流子均参与导电）为基础制成的，则称为双极型集成逻辑门电路。它主要有下列几种类型：

晶体管-晶体管逻辑门 TTL（Transistor-Transistor Logic）；高阈值逻辑门 HTL（High Threshold Logic）；射极耦合逻辑门 ECL（Emitter Coupled Logic）；集成注入逻辑门 I^2L（Integrated Injection Logic）。

如果集成逻辑门是以单极型晶体管（只有一种极性的载流子参与导电：电子或空穴）为基础制成的，则称为单极型集成逻辑门电路。目前应用最为广泛的是金属-氧化物-半导体场效应管逻辑电路，简称 MOS（Metal Oxide Semiconductor）集成电路，可分为：

PMOS（P 沟道 MOS）、NMOS（N 沟道 MOS）和 CMOS（PMOS-NMOS 互补）集成电路等。

三、二极管的开关特性

1. 二极管的静态特性

二极管是由一个密合的 PN 结构成的，具有单向导电性。即二极管两端加正向电压且大于其阈值电压 U_r 时，正向导通；否则，反向截止。

二极管的伏安特性曲线如图 1-2 所示。由图可见，二极管的正、反向特性具有如下特点。

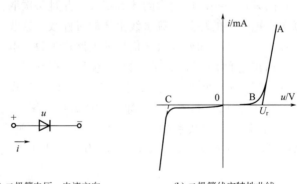

(a) 二极管电压、电流方向   (b) 二极管伏安特性曲线

图 1-2　二极管的电压、电流

① 二极管两端加正向电压时，当二极管两端的正向电压小于阈值电压 U_r 时，几乎无电流通过，此时正向电流 i 基本上为零；当二极管两端的正向电压大于阈值电压 U_r 时，二极管上才有较大的正向电流通过，二极管正向导通。硅二极管的阈值电压 U_r 约为 0.5V，锗二极管的阈值电压 U_r 约为 0.2V。

② 二极管两端加反向电压时，仅有一个极小的反向电流，为微安数量级，此时二极管反向截止。

③ 当二极管两端的反向电压达到某一数值时，反向电流会急剧增长，此时二极管被反向击穿，单向导电性被破坏。一般二极管作开关管使用时不允许这种状态出现。

2. 二极管的动态特性

在数字电路中，二极管常作为开关管使用。由二极管伏安特性曲线可以看出，二极管加正向电压且超过开启电压 U_r 时，二极管导通且钳位（二极管的 PN 结导通时有固定的正向压降），称为二极管的"开"态；当正向电压小于 U_r 或加反向电压时，二极管截止，此称为二极管的"关"态。在数字信号的作用下，二极管可在"开"态和"关"态间转换。

在高速开关电路中，晶体二极管不能作为理想开关，必须考虑二极管的状态转换时间。

二极管由正向导通转为反向截止所需的时间称为反向恢复时间，存在反向恢复时间的实质是二极管存在电荷的存储效应。通常用 t_r 表示反向恢复时间，一般为纳秒数量级。正向导通时电流越大、存储电荷越多，反向恢复时间就越长。

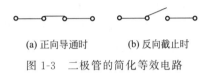

(a) 正向导通时　　　　(b) 反向截止时

图 1-3　二极管的简化等效电路

二极管从反向截止转为正向导通所需的时间称为开通时间，与反向恢复时间相比要小得多，它是在正向偏压下使空间电荷区变窄直至消失所需的时间。因此影响二极管动态特性的主要参数是反向恢复时间 t_r，开通时间通常可忽略。

图 1-3 所示为二极管的近似等效电路。

四、晶体管的开关特性

晶体管是双极性（有两种载流子：空穴和自由电子）二结（发射结、集电结）三极（发射极 E、基极 B、集电极 C）半导体器件，具有 NPN 型和 PNP 型两种管型，有截止、放大、饱和三种工作状态。

现以图 1-4(a) 所示的 NPN 硅晶体管共发射极电路为例，分析并归纳晶体管三种工作状态及特点。

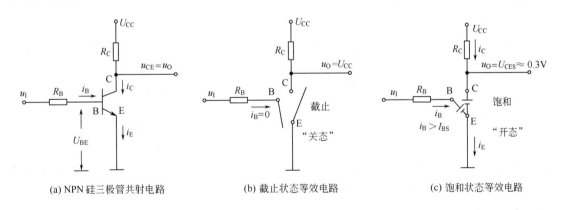

(a) NPN 硅三极管共射电路　　　(b) 截止状态等效电路　　　(c) 饱和状态等效电路

图 1-4　晶体管开关等效电路

1. 截止状态

当输入信号电压 $u_I < 0.5\text{V}$ 时，发射结处于反偏状态，发射区高掺杂浓度的载流子（电子）不能顺利扩散到基区，发射极电流 i_E 几乎为 0；同时，集电结电压 $U_{BC} < 0$，也处于反

偏状态，基极电流 i_B 和集电极电流 i_C 也基本上为 0。因此，集电极电阻 R_C 上无电流也无压降，$u_{CE} \approx U_{CC}$，B、E、C 三极间均如同断路一样，此状态称为晶体管的截止状态，也称晶体管的"关"态。其等效电路如图 1-4（b）所示。

2. 放大状态

当发射结处于正向偏置而集电结反向偏置时，晶体管处于放大工作状态。此时，集电极变化电流 Δi_C 与基极变化电流 Δi_B 存在如下关系：$\Delta i_C = \beta \Delta i_B$，式中系数 β 为电流放大系数。

3. 饱和状态

当晶体管导通进入放大状态后，随着输入电压 u_1 增大，i_B、i_C、i_E 均增大，而 $u_{CE} = U_{CC} - i_C R_C$ 不断地下降，当 u_{CE} 降到 0.7V 以下时，晶体管的集电结由反偏转向正偏，这使集电结对基区扩散至集电结边界的载流子（电子）的收集能力下降，i_C 电流趋于饱和，即使基极电流 i_B 再增加，而能到达集电区的载流子数目恒定，i_C 不再增大。

在饱和状态下，发射结和集电结均处于正偏，集电极电流不再服从 $\Delta i_C = \beta \Delta i_B$ 这一规律，而为 $i_C \approx U_{CC}/R_C$，i_C 基本不变。

在饱和状态下集电极与发射极之间呈低阻状态（两结均导通），集电极与发射极之间的压降很小，一般硅管为 0.3V（锗管为 0.1V）左右，称为晶体管的饱和压降，用 U_{CES} 来表示。此时，集电极与发射极之间如同短路一样，这种状态称为晶体管的"开"态，其等效电路如图 1-4（c）所示。

在脉冲数字电路中，在大幅度的脉冲信号作用下，晶体管交替工作于截止区和饱和区，并通过放大区快速转换，作为开关元件使用。

第二节　数制与码制

一、数制

数字量的计数进位制简称数制。

1. 十进制（Decimal）

十进制是日常生活中最熟悉、应用最广泛的计数方法。每一种进制中所用到的不同数码的个数，称为基数。在十进制中，每一个数用 0、1、2、…、9 共十个数码来表示，基数为十；每个数码处在不同数位时所代表的数值是不同的，例如十进制数 737 可表示为：

$$(737)_D = 7 \times 10^2 + 3 \times 10^1 + 7 \times 10^0$$

这里，用括号下标"D"来表示十进制数，其中 10^2、10^1、10^0 分别为百位、十位、个位的权（Weight），也就是相应位的 1 所代表的实际数值。显然，位数越高权值越重；相邻两位的权值相差正好为该数制的基数，即相邻位间按"逢十进一"或"借一当十"的规律排列。照此规律，一个含有 n 位整数和 m 位小数的正十进制数 $(N)_D$ 应是各个位值的和，都能分解成按权展开的形式：

$$(N)_D = K_{n-1} \times 10^{n-1} + \cdots + K_1 \times 10^1 + K_0 \times 10^0 + K_{-1} \times 10^{-1} + \cdots + K_{-m} \times 10^{-m}$$

$$= \sum_{i=-m}^{n-1} K_i \times 10^i$$

式中，K_i 为十进制基数 10 的 i 次幂的系数，它可取 0～9 中任一个数码。

2. 二进制（Binary）

在数字电路中应用最广泛的是二进制。

二进制数的基数 K_i 只取两个数码"0"和"1"，与十进制的区别在于基数和权值不同。二进制的"进"、"退"位规律是"逢二进一"或"借一当二"。任意一个二进制数 $(N)_B$ 都能分解成按权展开的形式：

$$(N)_B = K_{n-1} \times 2^{n-1} + \cdots + K_1 \times 2^1 + K_0 \times 2^0 + K_{-1} \times 2^{-1} + \cdots + K_{-m} \times 2^{-m}$$

$$= \sum_{i=-m}^{n-1} K_i \times 2^i$$

二进制最突出的优点是简单，只用 0 和 1 两个数码，在电路中，用"开"和"关"两种状态表示。同时，二进制基本运算规则简单，实现运算操作方便。

二进制明显的缺点是：用二进制表示一个数时，位数多、直观可读性差。

3. 十六进制（Hexadecimal）

二进制虽简单且电路实现方便，但与等值十进制数相比，它所需要的位数多，不便于书写和记忆，因此在计算机系统中经常用十六进制数来表示。

十六进制采用 0~9、A（对应十进制数 10）、B（11）、C（12）、D（13）、E（14）、F（15）十六个数码，其基数 K_i 为 16，相邻位间计数规律是"逢十六进一"或"借一当十六"。

同上，十六进制数可按权展开为

$$(N)_H = \sum_{i=-m}^{n-1} K_i \times 16^i$$

4. 八进制（Octal）

同理可表述，八进制数的基数 K_i 为 0、1、2、3、4、5、6、7 共八个数码，计数规律是"逢八进一"或"借一当八"。

八进制数可按权展开为

$$(N)_O = \sum_{i=-m}^{n-1} K_i \times 8^i$$

二进制、八进制、十进制及十六进制四种不同数制的对照关系如表 1-1 所示。

表 1-1　二、八、十、十六进制数的转换关系

十进制数	二进制数	八进制数	十六进制数	十进制数	二进制数	八进制数	十六进制数
0	0000	0	0	8	1000	10	8
1	0001	1	1	9	1001	11	9
2	0010	2	2	10	1010	12	A
3	0011	3	3	11	1011	13	B
4	0100	4	4	12	1100	14	C
5	0101	5	5	13	1101	15	D
6	0110	6	6	14	1110	16	E
7	0111	7	7	15	1111	17	F

二、不同数制间的相互转换

同一个数可以用不同的进位制表示，不同的进位制之间可以相互转换，称为数制转换。

1. N 进制数转换成十进制数

将 N 进制数转换成十进制数，只需将该数按其所在数制的权位展开、再相加取和，就能得到相应的十进制数。

【**例 1-1**】 将二进制数（11101）$_B$ 转换成十进制数。

$$(11101)_B = 1\times2^4 + 1\times2^3 + 1\times2^2 + 0\times2^1 + 1\times2^0 = (29)_D$$

【**例 1-2**】 将八进制数（64.72）$_O$ 转换成十进制数。

$$(64.72)_O = 6\times8^1 + 4\times8^0 + 7\times8^{-1} + 2\times8^{-2} = 48+4+0.875+0.125 = (53)_D$$

【**例 1-3**】 将十六进制数（1F6.B2）$_H$ 转换成十进制数。

$$(1F6.B2)_H = 1\times16^2 + 15\times16^1 + 6\times16^0 + 11\times16^{-1} + 2\times16^{-2}$$
$$= 256+240+6+0.6875+0.0078125 = (502.6953125)_D$$

2. 十进制数转换成 N 进制数

将一个十进制数转换成 N 进制数，要将十进制数的整数部分和小数部分分开进行转换，可采用"基数乘除法，存余取整"，再将整数、小数合并起来。

（1）整数转换 将十进制数的整数部分除以 N 进制的基数，保存余数作为 N 进制数的最低位，并把前一步的商再除以 N 进制的基数，还保存余数作为次低位，重复上述过程，直至最后商为 0，这时最后所得的余数为 N 进制的最高位。

【**例 1-4**】 将十进制数（92）$_D$ 转换成二进制数。

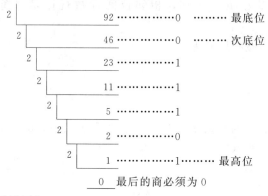

所以，（92）$_D$ =（1011100）$_B$

由此可知：将十进制整数转换成二进制数采用"除 2 取余逆排法"；将十进制整数转换成八进制数采用"除 8 取余逆排法"；将十进制整数转换成十六进制数采用"除 16 取余逆排法"。

（2）小数转换 十进制纯小数转换成 N 进制数，采用"连乘基数取整法"，逐次乘基数，逐次取出整数，直至最后乘积为 0 或达到某个精度为止。当乘至第 n 位时，若乘积不等于 0，但看成近似为 0，这就存在了转换误差。转换误差的估算：取到小数点后第 n 位，转换误差就为（权）$^{-n}$。

【**例 1-5**】 将十进制小数（0.3721）$_D$ 转换成二进制数（取到小数点后八位）。

$$\begin{array}{r} 0.3721 \\ \times\quad 2 \\ \hline \end{array}$$
[0].7442 　　　$B_{-1}=0$
$$\times\quad 2$$
[1].4884 　　　$B_{-2}=1$
$$\times\quad 2$$
[0].9768 　　　$B_{-3}=0$

$$\begin{array}{r} \times \quad\quad 2 \\ \hline [1].9536 \end{array} \quad\quad B_{-4}=1$$

$$\begin{array}{r} \times \quad\quad 2 \\ \hline [1].9072 \end{array} \quad\quad B_{-5}=1$$

$$\begin{array}{r} \times \quad\quad 2 \\ \hline [1].8144 \end{array} \quad\quad B_{-6}=1$$

$$\begin{array}{r} \times \quad\quad 2 \\ \hline [1].6288 \end{array} \quad\quad B_{-7}=1$$

$$\begin{array}{r} \times \quad\quad 2 \\ \hline [1].2576 \end{array} \quad\quad B_{-8}=1$$

所以 $(0.3721)_D=(0.01011111)_B$ 转换误差为 $2^{-8}=\dfrac{1}{256}=0.0039$

由此可知：将十进制小数转换成二进制数采用"乘 2 取整顺排法"。推广之，将十进制小数转换成八进制数可采用"乘 8 取整顺排法"；将十进制小数转换成十六进制数可采用"乘 16 取整顺排法"。

3. 八进制数、十六进制数与二进制数的互相转换

因为八进制数、十六进制数严格说来都可归于二进制数，所以，它们之间的相互转换就显得十分方便，并且也不存在转换误差。

如八进制数每位的基数为 $8=2^3$，相当于三位二进制数。因此，就有"每一位八进制相当于三位的二进制；每三位二进制相当于八进制的一位"。

【例 1-6】 将八进制数 $(115.734)_O$ 转换成二进制数。

$$(115.734)_O=(001001101.111011100)_B$$

【例 1-7】 将二进制数 $(111001.011101)_B$ 转换成八进制数。

$$(111001.011101)_B=(71.35)_O$$

再如，十六进制数每位的基数为 $16=2^4$，相当于四位二进制数。因此，就又有"十六进制的每一位相当于四位二进制；每四位二进制相当于十六进制的一位"。

【例 1-8】 将十六进制数 $(A6D.8F)_H$ 转换成二进制数。

$$(A6D.8F)_H=(101001101101.10001111)_B$$

【例 1-9】 将二进制数 $(1001.101101010011)_B$ 转换成十六进制数。

$$(1001.101101010011)_B=(9.B53)_H$$

当八进制和十六进制相互转换时，可借助二进制来完成。

三、码制

在数字系统中，二进制数的每一位数只有 0 或 1 两个数码，只能用来表达两个不同的信号。若需要表示更多的信息，往往是将若干位二进制数码按特定的规律进行编排，其每一种组合对应一个特定意义的信息（如数字、字母或符号等），这种组合，称之为"代码"。这种将多位二进制组合的每个代码都被赋予固定含义的过程，叫做"编码"。"编码"的规律体制就是码制。

（一）BCD 码

十进制数除了可以转换成等量的二进制数以外，还可以采用二进制"编码"的形式表

示。这种代码既具有二进制数的形式，又具有十进制的特点。

用四位二进制代码来表示一位十进制数，称为二-十进制代码，简称 BCD（Binary Coded Decimal）代码。

当采用不同的编码方案时，可以得到不同形式的 BCD 码。下面介绍几种常用的BCD码。

1. 8421BCD 码

8421BCD 码是最基本、最常用的有权 BCD 码，即其 4 位二进制代码中，每位二进制数码都对应有确定的位权值，即 $B_4=8$，$B_3=4$，$B_2=2$，$B_1=1$。

例如，8421BCD 码中的 1001 代表：$8×1+4×0+2×0+1×1=(9)_D$

应当指明的是，在 8421BCD 码中不允许出现 1010～1111 这 6 个代码，它们是没有意义的。

2. 2421 码、5421 码和 631-1 码

只要满足最低权位值为 1、四位权值之和大于等于 9、且能区分开 0～9 十个数码的均可构成有权的 BCD 码。

2421BCD、5421BCD 和 631 1 码也是有权码，其中，2421BCD 和 631-1 码的 0 和 9、1 和 8、2 和 7、3 和 6、4 和 5 恰好互为反码，这种特性称为具有自补性，在数字系统的信号传输中是很有用的。

3. 余 3 码

余 3 码，是在每个 8421BCD 代码上加上$(0011)_B$ 而得到的。余 3 码各位无固定的位权，也称为无权码，用余 3 码进行加减运算比 8421BCD 码方便、快捷。

（二）格雷（Gray）码、奇偶校验码的特点及应用

代码在形成、传输的过程中，由于偶然因素会产生误码，为了减少这种误码，就要对代码的形式进行筛选，挑选出在实际传输过程中不容易出错的代码，这就是可靠性编码。

可靠性编码有许多，其中最突出的就是格雷（Gray）码和奇偶校验码。

1. 格雷码

格雷码，又称循环码。它利用了所有的十六种组合，因此也是一种无权码。它的编码特点是任意两相邻代码间只有一位数码不同，所以在传输过程中易被机器识别而不容易出错，它是一种错误最小化代码，因此获得广泛应用。Gray 码不唯一，如表 1-2 列出的就是一种格雷码（表中仅列出了 10 个代码，另 6 个未列出）。

表 1-2　常用编码对照表

编码 十进制数	有权码				无权码		
	8421BCD	2421BCD 码	5421BCD 码	631-1 码	余 3 码	格雷码	奇偶校验码（奇校验）
0	0000	0000	0000	0011	0011	0000	10000
1	0001	0001	0001	0010	0100	0001	00001
2	0010	0010	0010	0101	0101	0011	00010
3	0011	0011	0011	0111	0110	0010	10011
4	0100	0100	0100	0110	0111	0110	00100
5	0101	1011	1000	1101	1000	0111	10101
6	0110	1100	1001	1000	1001	0101	10110
7	0111	1101	1010	1010	1010	0100	00111

续表

编码 十进制数	有权码				无权码		
	8421BCD	2421BCD 码	5421BCD 码	631-1 码	余 3 码	格雷码	奇偶校验码（奇校验）
8	1000	1110	1011	1101	1011	1100	01000
9	1001	1111	1100	1100	1100	1101	11001
10						1111	
11						1110	
12						1010	
13						1011	
14						1001	
15						1000	

2. 奇、偶校验码（Parity Code）

可靠性编码中还有一种常用的代码，就是奇、偶校验码（Parity Code）。它除了表示传输信息的代码外，又增加了一位奇、偶校验位，用来标记传输信息的代码中"1"的奇、偶数。

它的编码有两种方式：使得一个代码组中信息位和校验位中"1"的总个数为奇数的叫奇校验；"1"的总个数为偶数的叫偶校验。奇校验和偶校验在计算机中获得广泛的应用。通常，对接收到的奇偶校验码要进行检查，查看码中"1"的个数的奇偶是否正确。如果不对，就是错误代码（或称非法码），也就说明信息传递有错。

应该指出的是奇偶校验码中如发生双错（有两位出错），这种情况是查不出来的，但双错的概率要比单错少得多，所以这种校验还是很有价值的。

第三节　基本逻辑门

事物间存在的因果关系称为逻辑关系。最基本的逻辑关系为"与"逻辑、"或"逻辑和"非"逻辑。能够实现逻辑关系的电路称为逻辑门。因此，基本逻辑门有"与"门、"或"门和"非"门。

一、"与"逻辑及"与"门

"当决定某一事件的条件全部具备时，这一事件才发生；有任一条件不具备，事件就不发生"，这种因果关系称为"与逻辑"。

图 1-5 所示的串联开关电路是"与逻辑"的一个实例，只有当开关 S_1、S_2 都闭合，灯才亮；否则，灯不亮。

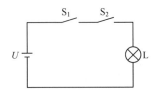

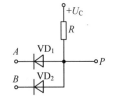

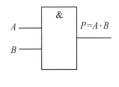

图 1-5　与逻辑实例　　　　图 1-6　二极管与门电路　　　　图 1-7　与门逻辑符号

能够实现"与逻辑"功能的电路称为**与门**。图 1-6 所示为由两个二极管组成的**与门**电路，A、B 为输入端，P 为输出端。假设输入信号在高电平 U_{IH}（3.6V）和低电平 U_{IL}（0.3V）间变化，若忽略二极管的正向管压降，分析可得该电路的输入-输出电位关系如表 1-3 所示。

<table>
<tr><td colspan="3">表 1-3　与门输入-输出电位关系</td><td colspan="3">表 1-4　与逻辑真值表</td></tr>
<tr><td>A/V</td><td>B/V</td><td>P/V</td><td>A</td><td>B</td><td>P</td></tr>
<tr><td>0.3</td><td>0.3</td><td>0.3</td><td>0</td><td>0</td><td>0</td></tr>
<tr><td>0.3</td><td>3.6</td><td>0.3</td><td>0</td><td>1</td><td>0</td></tr>
<tr><td>3.6</td><td>0.3</td><td>0.3</td><td>1</td><td>0</td><td>0</td></tr>
<tr><td>3.6</td><td>3.6</td><td>3.6</td><td>1</td><td>1</td><td>1</td></tr>
</table>

如果将表 1-3 中的高电平用逻辑"1"表示，低电平用逻辑"0"表示，则可转换得到表 1-4 所示的**与逻辑真值表**。

所谓真值表，就是将逻辑变量（用字母 A、B、C…来表示）的各种可能的取值（在二值逻辑中只能有 0 与 1 两种取值）和相应的函数值 P 排列在一起所组成的表。由真值表可看出：只有当输入全为"1"时输出为"1"；只要有一个输入为"0"则输出为"0"。图 1-6 所示电路可以实现"**与逻辑**"功能。

与逻辑可由数学表达式来描述，写成：$P = A \cdot B$

多个输入变量时可写成　　　　　　　$P = A \cdot B \cdot C\cdots$　　　　　　　　　　　　　　(1-1)

式（1-1）称为"**与逻辑**"表达式。符号"·"读作"**与**"或"**乘**"，在不致混淆的情况下，"·"可省略，写成 $P = AB$。

在逻辑代数中，"**与逻辑**"也称作"**与运算**"或"**逻辑乘**"（Logic Multplication）

"**与逻辑**"的基本运算规则为

$$0 \cdot 0 = 0 \qquad 0 \cdot 1 = 0 \qquad 1 \cdot 0 = 0 \qquad 1 \cdot 1 = 1$$

归纳为：有 0 得 0，全 1 得 1。

与门的逻辑符号如图 1-7 所示，其中符号"&"表示"And"，即"**与逻辑**"。

二、"或"逻辑及"或"门

"在决定某一事件的各条件中，只要具备一个以上的条件，这一事件就会发生；条件全部不具备时，事件不发生"。这种因果关系称为"**或逻辑**"。

"**或逻辑**"又称"**或运算**"、"**逻辑加**"（LogicAddition）。

图 1-8 所示为或逻辑的实例，显然只要开关 S_1 或 S_2 中有一个以上闭合，灯就会亮。

按照前述方法可以列出图 1-9 所示**或门**电路的输入与输出电位关系，如表 1-5 所示。将表中的高电平用逻辑"1"表示、低电平用逻辑"0"表示，则可得到表 1-6 所示的**或逻辑**真值表。

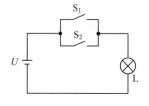

图 1-8　或逻辑实例

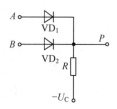

图 1-9　或门电路

表 1-5 或门输入-输出电位关系

A/V	B/V	P/V
0.3	0.3	0.3
0.3	3.6	3.6
3.6	0.3	3.6
3.6	3.6	3.6

表 1-6 或逻辑真值表

A	B	P
0	0	0
0	1	1
1	0	1
1	1	1

由真值表可见：只要输入有一个为"1"则输出为"1"；只有当输入全为"0"时输出才为"0"。这表明图 1-9 所示电路可以实现**或**逻辑功能。

或逻辑表达式可写成　　　　　　　$P = A + B$

当有多个输入变量时　　　　　　　$P = A + B + C \cdots$　　　　　　(1-2)

符号"＋"表示"**或逻辑**"也称为"**或运算**"或"**逻辑加**"，读作"**或**"或者"**加**"。

或逻辑的基本运算规则为

$0 + 0 = 0$　　　$0 + 1 = 1$　　　$1 + 0 = 1$　　　$1 + 1 = 1$

归纳为：有 1 得 1，全 0 得 0。

必须指出的是二进制运算和逻辑代数有本质的区别，二者不能混淆：

① 二进制运算中的加法、乘法是数值的运算，所以有进位问题，如 $1 + 1 = (10)_B$；

② "逻辑**或**"研究的是"0"、"1"两种逻辑状态的逻辑加，所以有 $1 + 1 = 1$。

或门的逻辑符号如图 1-10 所示。

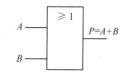

图 1-10 或门逻辑符号

三、"非"逻辑及"非"门

"某一事件的发生，以另一事件不发生为条件。"这种逻辑关系称为"非逻辑"。

"非逻辑"又称"非运算"、"反运算""逻辑否"（Logic Negation）。

图 1-11 所示为**非**逻辑的实例，当开关 S 闭合时，灯不亮，当开关 S 断开时，灯亮。灯亮以开关 S 不闭合为条件。

图 1-12 所示为一个晶体管**非**门电路，实际上是一个晶体管反相器，当输入 u_I 为高电平（如 U_C）时，三极管处于饱和状态，输出 $u_O \approx U_{CES} \approx 0$；当输入为低电平时，三极管截止，$u_O \approx U_C$，由此可列出该电路的输入-输出电压关系如表 1-7 所示，对应的真值表如表 1-8 所示。由表可见，图 1-12 所示电路可以实现**非**逻辑功能。

非逻辑表达式可写成：$P = \overline{A}$　　　　　　(1-3)

式中，"－"表示"**非逻辑**"也称"**非运算**"，读作"**非**"或者"**反**"。

非逻辑的基本运算规则为：$\overline{0} = 1$　　　$\overline{1} = 0$

非逻辑的逻辑符号如图 1-13 所示。

表 1-7 非门输入-输出关系

u_I	u_O
0	U_{CC}
U_{CC}	0

表 1-8 非逻辑真值表

A	P
0	1
1	0

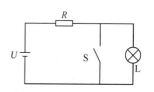

图 1-11 非逻辑实例

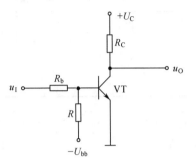

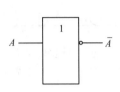

图 1-12　晶体管非门电路　　　　　　　图 1-13　非逻辑符号

四、复合逻辑门

在逻辑代数中，除了基本的"与"、"或"、"非"逻辑外，还有由这三种基本逻辑组合构成的复合逻辑，如"与非"、"或非"、"与或非"、"异或"等，统称为"复合"逻辑，并构成相应的与非门、或非门、与或非门、异或门等复合门电路，它们的逻辑符号、逻辑表达式等如表 1-9 所示。

表 1-9　常用复合门

名称	与非门	或非门	与或非门	异或门	同或门
逻辑符号					
逻辑表达式	$P=\overline{ABC}$	$P=\overline{A+B+C}$	$P=\overline{AB+CD}$	$P=A\oplus B$ $=\overline{A}B+A\overline{B}$	$P=A\odot B$ $=AB+\overline{A}\,\overline{B}$
逻辑口诀	有 0 得 1 全 1 得 0	全 0 得 1 有 1 得 0	先与再或后非	相异得 1 相同得 0	相同得 1 相异得 0

在国外资料中，数字逻辑门符号与国内标准不一致，为了方便使用，将常见的逻辑门符号在表 1-10 中列出以便对照。

表 1-10　常用逻辑门符号对照表

类别	"与"逻辑	"或"逻辑	"非"逻辑
国家标准			
国外资料			

续表

类别	与非逻辑	或非逻辑	与或非逻辑	异或逻辑	同或逻辑
国家标准	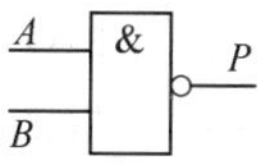	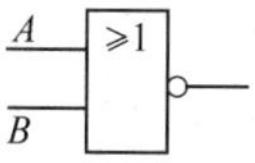	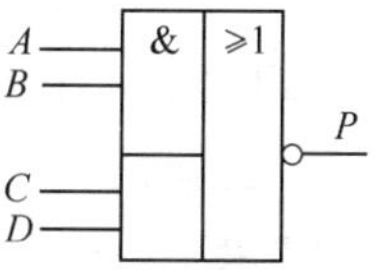	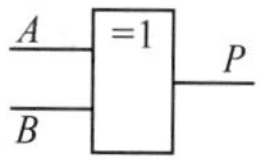	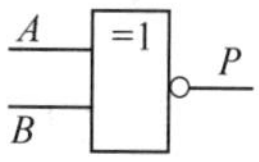
国外资料	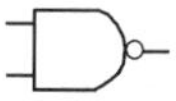	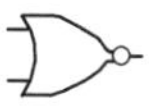	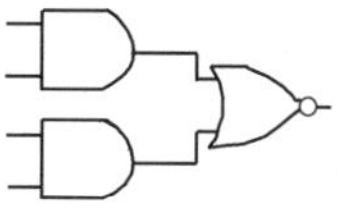	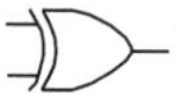	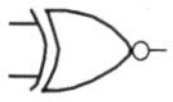

五、正逻辑和负逻辑

在前面"与"门、"或"门、"非"门的描述过程中，用"1"表示高电位、"0"表示低电位的体制，是"正逻辑"体制；反之，如果用"1"表示低电位、"0"表示高电位，则是"负逻辑"体制。

对图 1-6 所示的由二极管构成的"与门"电路，其输入-输出电位关系如表 1-3 所示。如果采用负逻辑体制，可以得到对应的真值表如表 1-11 所示，可以看出，它满足**或**逻辑关系，可作为负逻辑的**或**门电路。

由此可知，同一个电路，虽然电路的逻辑功能（即输入、输出端子的电位关系）没有改变，但如果采用不同的逻辑体制，就会得出不同的逻辑关系。"正与门"和"负或门"实际上是等效的。

"正逻辑"与"负逻辑"之间有一定的等效关系。一般来说，正**与**门⇔负**或**门；正

表 1-11　图 1-6 对应的负逻辑真值表

A	B	P
1	1	1
1	0	1
0	1	1
0	0	0

或门⇔负**与**门；正**与非**门⇔负**或非**门；正**或非**门⇔负**与非**门等。在使用时一定要予以特别注意。以后在不加特殊说明的情况下，一般采用正逻辑体制。

第四节　逻辑函数化简

逻辑代数是十九世纪英国科学家乔治·布尔（George Bool）提出的一种借助数学来表达推理的符号逻辑，也称布尔代数。它是分析设计数字电路的基础。

根据"与"、"或"、"非"三种最基本的逻辑运算规则以及它们的运算优先顺序（依次为"非"、"与"、"或"），可以推导出逻辑代数运算的一些基本定律；再由这些基本定律推出逻辑代数的一些常用公式，这些基本定律和公式为逻辑函数的化简提供了依据，同时，也是逻辑电路分析和设计的基本工具。

一、逻辑代数的基本定律和公式

（一）逻辑函数的相等

如果输入逻辑变量 A、B、C、…的取值确定后，对应输出逻辑变量 P 的值也唯一地确

定，那么，就说 P 是 A、B、C、$\cdots$ 的逻辑函数，记作

$$P = f\ (A、B、C、\cdots)$$

假设，有两个逻辑函数 $F(A_1、A_2、\cdots、A_n)$ 与 $G(A_1、A_2、\cdots、A_n)$，若对应相同的变量 A_1、A_2、$\cdots$、A_n 的任一组状态组合，F 和 G 的值都完全相同，则称 F 和 G 是等值的，或者说 F 和 G 相等，记为：$F=G$。也就是说，要证明两个含有相同逻辑变量的函数相等，只需验证它们的真值表是否相同。如果 $F=G$，那么它们就应该有相同的真值表；如果 F 和 G 的真值表相同，则一定是 $F=G$。

（二）逻辑代数的基本定律和公式

逻辑代数中最基本的定律和公式如表 1-12 所示，这些定律和公式反映了逻辑代数运算的基本规律，均可用真值表加以验证。

表 1-12　逻辑代数的基本定律和公式

定律名称		逻辑代数表达式	
与普通代数相似的定律	交换律	$A \cdot B = B \cdot A$	$A+B=B+A$；$A \oplus B = B \oplus A$
	结合律	$A \cdot (B \cdot C) = (A \cdot B) \cdot C$	$A+(B+C)=(A+B)+C$
	分配律	$A(B+C)=AB+AC$	①$A+BC=(A+B)(A+C)$ $A(B \oplus C)=AB \oplus AC$
常量与变量定律	互补律	$A \cdot \overline{A} = 0$	$A+\overline{A}=1$
	0—1律	$A \cdot 1 = A$；$A \cdot 0 = 0$	$A+1=1$；$A+0=A$
逻辑代数的特殊定律	重叠律	$A \cdot A = A$	$A+A=A$；$A \oplus A = 0$
	否定律	$\overline{\overline{A}}=A$	
	反演律（狄·摩根定律）	$\overline{AB}=\overline{A}+\overline{B}$	$\overline{A+B}=\overline{A} \cdot \overline{B}$
常用公式	吸收律	$(A+B)(A+\overline{B})=A$ $A(A+B)=A$	$AB+A\overline{B}=A$；$A+AB=A$ $A+\overline{A}B=A+B$；$A(\overline{A}+B)=AB$
	多余项吸收律（消除冗余项）	$(A+B)(\overline{A}+C)(B+C)=(A+B)(\overline{A}+C)$	$AB+\overline{A}C+BC=AB+\overline{A}C$

① 表示在逻辑代数中特有的定律，使用时需要特别引起注意。

（三）逻辑代数的基本规则

在逻辑代数中有三个重要规则，依据规则能用已知公式推出更多的公式，为公式法化简提供便利。

1. 代入规则

在任何一个含有变量 A 的等式中，如果将所有出现变量 A 的地方都用逻辑函数 F 来取代，则等式仍然成立，此规则称为代入规则。

利用代入规则可扩大等式的应用范围。

【例 1-10】 在 $AB+A\overline{B}=A$ 中，用 $F=AC$ 来代替所有的 A，则可得

$$ACB+AC\overline{B}=AC。$$

2. 反演规则

对逻辑函数 P 求其反函数 $\overline{P}$ 称为"反演"。

反演规则规定：

将逻辑函数 P 中所有的运算符、变量及常量都进行反置换，即可得到它的反函数 $\overline{P}$。

$$P \begin{cases} \text{运算符} \begin{cases} \cdot \rightarrow + \\ + \rightarrow \cdot \end{cases} \\ \text{变 量} \begin{cases} \text{原变量} \rightarrow \text{反变量} \\ \text{反变量} \rightarrow \text{原变量} \end{cases} \\ \text{常 量} \begin{cases} 0 \rightarrow 1 \\ 1 \rightarrow 0 \end{cases} \end{cases} \xrightarrow{\text{置换后}} \overline{P}$$

利用反演规则可很方便地求出反函数,但要注意两点:

① 置换时要保持原式中的运算顺序不变;

② 不在"单个"变量上面的"非"号应保持不变。

【例 1-11】 已知 $P = \overline{A}\,\overline{B} + CD$,求 $\overline{P}$。

可以根据反演规则直接求出 $\overline{P} = (A+B)(\overline{C} + \overline{D})$

反演规则实际上是反演律的推广,但反演规则更广泛、更方便。

【例 1-12】 已知 $\overline{P} = A + B + \overline{C}\,\overline{D} + \overline{\overline{E}}$,求 P。

解 由反演规则可得:$P = \overline{A} \cdot \overline{B}(C + \overline{D} \cdot E)$

3. 对偶规则

(1) 对偶式 P^* 设 P 是一个逻辑函数表达式,将 P 中所有的运算符、常量进行反置换:

$$P \begin{cases} \text{运算符} \begin{cases} \cdot \rightarrow + \\ + \rightarrow \cdot \end{cases} \\ \text{常 量} \begin{cases} 0 \rightarrow 1 \\ 1 \rightarrow 0 \end{cases} \end{cases} \longrightarrow P^*$$

置换后,得到一个新的逻辑函数表达式 P^*,P^* 就是 P 的对偶式。

在置换时要注意两点:

① 保持原式中的运算顺序不变;

② P 的对偶式 P^* 没有变量的变换,所以与反函数 $\overline{P}$ 不同。

【例 1-13】 已知 $P = A \cdot \overline{B} + A \cdot (C + 0)$,求 P^*。

解 $P^* = (A + \overline{B}) \cdot (A + C \cdot 1)$

(2) 对偶规则 如果两个逻辑函数 P 和 G 相等,那么它们的对偶式 P^* 和 G^* 必相等,这就是对偶规则。

利用对偶规则,可以从已知的公式中得到更多的运算公式。

例如,$A + \overline{A}B = A + B$ 成立,则它的对偶式 $A(\overline{A} + B) = AB$ 也成立。

二、逻辑函数的公式法化简

对于同一个逻辑函数而言,其表达式不是唯一的,表达式越简单,实现时所需的元件就越少,这样既可以降低成本,又可以减少故障源,这就是逻辑函数化简的意义。

【例 1-14】 化简 $AB + \overline{A}C + \overline{B}C$。

解 $AB+\overline{A}C+\overline{B}C=AB+(\overline{A}+\overline{B})C=AB+\overline{AB}C=AB+C$

其化简前、后的逻辑电路图如图 1-14 所示。显然，化简后所用的逻辑门的个数大大减少了。

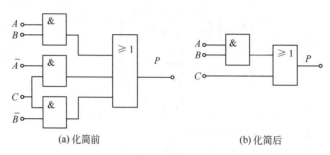

(a) 化简前　　　　　　　　　(b) 化简后

图 1-14　逻辑函数的化简

(一) 真值表与逻辑函数

在实际电路分析中，往往遇到复杂程度各异的逻辑函数，要得到逻辑函数的最简式，一般需进行化简得到。

下面以表 1-13 所对应的真值表为例，直接写出输出变量的函数表达式。

表 1-13　异或逻辑真值表

A	B	P
0	0	0
0	1	1
1	0	1
1	1	0

1. "与-或"表达式

① 把输出变量中，每个 $P=1$ 相对应的输入变量的组合状态以逻辑乘形式表示（变量取值为 1 用原变量表示，变量取值为 0 用反变量表示）。

② 再将所有 $P=1$ 的逻辑乘组合进行逻辑加，即能得到 P 的逻辑函数表达式。

这种表达式称为"与-或"表达式。

按照上述方法，可写出表 1-13 真值表对应的"与-或"逻辑函数表达式为

$$P=A\overline{B}+\overline{A}B$$

2. "或-与"表达式

同样，运用反演律，则能得到另一种"或-与"表达式。

① 将真值表中 $P=0$ 的一组输入变量组合状态以逻辑加形式表示（变量取值为 0 用原变量表示，变量取值为 1 用反变量表示）。

② 再将所有 $P=0$ 的逻辑加组合进行逻辑乘，能得出 P 的逻辑函数表达式。

这种表达式称为"或-与"表达式。

按上述方法，可写出上述真值表对应的"或-与"表达式为

$$P=(A+B)\cdot(\overline{A}+\overline{B})$$

可见，"与-或"表达式和"或-与"表达式是等价的，只是表达形式不同。

(二) 逻辑函数化简的目标

如果采用"与-或"表达式形式，在用中、小规模集成电路实现数字电路时，逻辑函数化简的目标是：

① 逻辑函数中"与"项数最少，则逻辑门数最少，那么采用集成电路的数量就最少。

② 每个"与"项中变量数最少，则集成电路之间连线最少。

从而得到最简单的逻辑电路。

（三）公式化简法

公式化简法就是运用逻辑代数的基本定律和常用公式化简逻辑函数，是最常用的化简法之一，要求在熟练掌握逻辑函数的基本定律和基本公式的基础上进行。

（1）并项法　利用公式 $A+\bar{A}=1$，将两项合并，并消去一个变量。

如：$A(BC+\bar{B}\,\bar{C})+A(B\bar{C}+\bar{B}C)=ABC+A\bar{B}\,\bar{C}+AB\bar{C}+A\bar{B}C=AB+A\bar{B}=A$

（2）吸收法　利用公式 $A+AB=A$，吸收掉多余的项（冗余项）。

如：$A\bar{B}+A\bar{B}CD(\bar{D}+E)=A\bar{B}$

（3）消元法　利用公式 $A+\bar{A}B=A+B$，消去多余的变量。

如：$AB+\bar{A}C+\bar{B}C=AB+(\bar{A}+\bar{B})C=AB+\overline{AB}C=AB+C$

（4）配项法　当不能直接利用基本定律化简时，可先利用定律配项后化简。如下式先乘以 $(A+\bar{A})$ 后拆开，再重新组合化简。

如：$AB+\bar{A}C+BC=AB+\bar{A}C+BC(A+\bar{A})=AB+\bar{A}C$

逻辑函数化简的途径并不是唯一的，上述方法可以任意组合或综合运用。

三、逻辑函数的卡诺图化简法

由于公式法化简不够直观，而且需要背记大量公式，同时，不便于确认是否为最简式，所以实际化简时常用卡诺图化简法。

（一）逻辑函数的最小项表达式

1. 最小项

所谓最小项是这样一个乘积项：在该乘积项中含有输入逻辑变量的全部变量，每个变量以原变量或反变量的形式出现且仅出现一次。

对于包含 n 个变量的函数来说，共有 2^n 个不同取值组合，所以有 2^n 个最小项。对于三变量 A、B、C 来讲，有 $2^3=8$ 个最小项，分别为：$\bar{A}\,\bar{B}\,\bar{C}$、$\bar{A}\,\bar{B}\,C$、$\bar{A}B\bar{C}$、$\bar{A}BC$、$A\bar{B}\,\bar{C}$、$A\bar{B}C$、$AB\bar{C}$ 和 ABC。例如，A、B、C 变量取 0、1、0 时，对应的最小项为 $\bar{A}B\bar{C}$；A、B、C 取 1、0、1 时，对应的最小项为 $A\bar{B}C$；⋯共八组。表 1-14 列出了三变量的所有最小项。

表 1-14　三变量对应的最小项

A	B	C	对应最小项（m_i）
0	0	0	$\bar{A}\,\bar{B}\,\bar{C}=m_0$
0	0	1	$\bar{A}\,\bar{B}C=m_1$
0	1	0	$\bar{A}B\bar{C}=m_2$
0	1	1	$\bar{A}BC=m_3$
1	0	0	$A\bar{B}\,\bar{C}=m_4$
1	0	1	$A\bar{B}C=m_5$
1	1	0	$AB\bar{C}=m_6$
1	1	1	$ABC=m_7$

为表达和书写方便，通常用"m_i"表示最小项，下标 i 代表由输入变量取值排成的二进制数所对应的十进制数。若变量取值组合为 $A\bar{B}C=101$，则有 $1\times2^2+0\times2^1+1\times2^0=5$ 来表示对应的最小项 $A\bar{B}C$，记作 m_5。

2. 逻辑函数的最小项表达式

由若干个最小项相加而构成的"与-或"表达式被称为最小项表达式，也是"与-或"表达式的标准形式，且其表达式是唯一的。

例如

$$P=ABC+AB\bar{C}+\bar{A}BC+\bar{A}\bar{B}C$$

可以简写成：$P(A、B、C)=m_7+m_6+m_3+m_1=\sum m(1,3,6,7)$

逻辑函数展开成最小项表达式形式，其变换方法有两种。

① 由逻辑函数列出真值表写出最小项表达式。

【例 1-15】 将 $P=A\bar{B}+AB\bar{C}$ 展开成最小项表达式。

依题意，列出其真值表如表 1-15 所示，再由真值表写出最小项表达式为

$$P=A\bar{B}C+A\bar{B}\bar{C}+AB\bar{C}=m_4+m_5+m_6=\sum m(4,5,6)$$

② 由逻辑函数利用公式法去反、脱括号、配项后写成最小项表达式。

【例 1-16】 将函数 $P=\overline{(AB+\bar{A}\bar{B}+\bar{C})\bar{A}B}$ 展开成最小项表达式。

解 第一步"去反"：原式 $=\overline{(\,AB+\bar{A}\bar{B}+\bar{C}\,)}+AB$

$=\overline{AB}\cdot\overline{\bar{A}\bar{B}}\cdot\overline{\bar{C}}+AB-(\bar{A}+$

$\bar{B})\cdot(A+B)\cdot C+AB$

第二步"脱括号"：$=(A\bar{B}+\bar{A}B)C+AB$

$=A\bar{B}C+\bar{A}BC+AB$

第三步"配项"：$=A\bar{B}C+\bar{A}BC+AB(C+\bar{C})$

$=A\bar{B}C+\bar{A}BC+ABC+AB\bar{C}$

$=m_5+m_3+m_7+m_6=\sum m(3,5,6,7)$

表 1-15 例【1-15】的真值表

A	B	C	P
0	0	0	0
0	0	1	0
0	1	0	0
0	1	1	0
1	0	0	1
1	0	1	1
1	1	0	1
1	1	1	0

（二）卡诺图与逻辑函数的对应

1. 卡诺图

卡诺图是代表逻辑函数的所有最小项的小方块按相邻原则排列而成的方块图。

相邻原则：几何上相邻的小方格所代表的最小项，只有一个变量互为反变量，其他变量都相同。

制作卡诺图，只需将所有逻辑变量分成纵、横两组，且每一组变量取值组合按循环码排列。即：相邻两组之间只有一个变量取值不同。例如，两变量的 4 种取值应按 00→01→11→10 排列。要特别注意的是，头、尾两组取值也是相邻的。

下面给出二变量、三变量和四变量卡诺图，如图 1-15 所示。

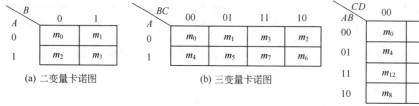

(a) 二变量卡诺图　　(b) 三变量卡诺图　　(c) 四变量卡诺图

图 1-15　三种变量的卡诺图

（1）二变量卡诺图　设输入变量为 A、B（A 是高位、B 是低位），共有 $2^2=4$ 个最小项。有 4 个小方块分别表示二变量的全部 4 个最小项 $m_0 \sim m_3$。这 4 个最小项按逻辑相邻的原则排列。

（2）三变量卡诺图　设输入变量为 A、B、C（高位→低位），共有 $2^3=8$ 个最小项，共有 8 个小方块分别表示三变量的全部 8 个最小项 $m_0 \sim m_7$。将 A 作为纵轴，BC 作为横轴，BC 取值应符合循环码排列规则。

（3）四变量卡诺图　设输入变量为 A、B、C、D（高位→低位），共有 $2^4=16$ 个最小项。有 16 个小方块分别表示四变量的全部 16 个最小项 $m_0 \sim m_{15}$。将 AB 作为纵轴、CD 作为横轴，并且 AB、CD 分别按循环码规律排列，可得到四变量卡诺图。

2. 卡诺图的特点

① n 个变量的卡诺图共有 2^n 个小方块，分别表示 2^n 个最小项。

② 在卡诺图中，任意相邻的两方格所表示的最小项均仅有一个变量不同，即这两个最小项具有"相邻性"。

③ 卡诺图可以左、右卷起来看，也可以上、下折叠起来看，这样四角的四个小方块也是"相邻项"。

3. 用卡诺图表示逻辑函数

由于任意一个 n 变量的逻辑函数都能变换成最小项表达式。而 n 变量的卡诺图包含了 n 个变量的所有最小项，所以卡诺图与逻辑函数存在一一对应的关系，n 变量的卡诺图可以表示 n 变量的任意一个逻辑函数。

例如，表示一个三变量的逻辑函数 $P(A、B、C)=\sum m(2,4,5)$，可以在三变量卡诺图的 m_2、m_4、m_5 的小方格中填写 1 来标记，其余各小方格填 0（或者什么也不填），如图 1-16 所示，填"1"格的含义是当函数的变量取值与该小方格代表的最小项相同时，函数值为 1。

A ＼ BC	00	01	11	10
0	0	0	0	1
1	1	1	0	0

图 1-16

对于一个非标准的逻辑函数表达式（即不是最小项形式），通常是将逻辑函数变换成最小项表达式再填图。

【例 1-17】　将逻辑函数 $P=A\bar{B}C+\bar{A}BD+AD$ 填入卡诺图。

解　原式 $=A\bar{B}C(D+\bar{D})+\bar{A}BD(C+\bar{C})+AD(B+\bar{B})$

$\qquad =A\bar{B}CD+A\bar{B}C\bar{D}+\bar{A}BCD+\bar{A}B\bar{C}D+ABD(C+\bar{C})+A\bar{B}D(C+\bar{C})$

$\qquad =A\bar{B}CD+A\bar{B}C\bar{D}+\bar{A}BCD+\bar{A}B\bar{C}D+ABCD+AB\bar{C}D+A\bar{B}CD$

$\qquad =\sum m(11,10,7,5,15,13,9)$

将上述表达式填入卡诺图如图 1-17 所示。

4. 卡诺图相邻项的合并

在公式法化简逻辑函数时，常利用公式 $AB+A\bar{B}=A$ 将两个乘积项进行合并。该公式表明两个具有"相邻性"的乘积项，相同部分将保留，而不同部分被吸收。

由于卡诺图是按循环码的规律排列，使处在相邻位置的最小项都只有一个变量相反，因

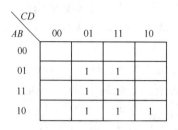

图 1-17　例 1-17 卡诺图

此，凡是处于相邻位置的最小项均可以合并消去相异的变量。

图 1-18 列出了卡诺图两个相邻项进行合并的例子。

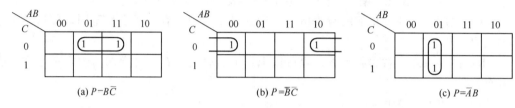

图 1-18　卡诺图相邻项的合并

（三）利用卡诺图化简逻辑函数

由卡诺图相邻项的合并得知：两个相邻项合并，可以消去一个相异的变量；同理，四个相邻项合并为一项时，可以消去两个相异变量；八个相邻项合并为一项时，可消去三个相异变量；…。由此可得出合并最小项的规律是：2^n 个相邻项（必须都含 1，不能空）合并为一项时，可以消去 n 个相异变量，n 可以取 1、2、3 等正整数。

具体的化简方法是圈画最大公因圈。

1. 卡诺图化简的步骤

最大公因圈必须按 2^n 个方格来圈画；最大公因圈必须均被 "1" 填满，否则，应按规定缩小公因圈圈画范围。下面以三变量、四变量卡诺图为例，说明卡诺图化简的步骤。

【例 1-18】　试化简 $P(A、B、C、D) = \overline{B}CD + \overline{A}CD + A\,\overline{B}C + A\,\overline{B}D + B\,\overline{C}$。

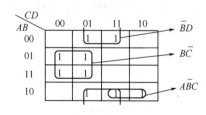

图 1-19　例【1-18】卡诺图化简

解　第一步：依题意画出四变量卡诺图，并将逻辑函数填入卡诺图。如图 1-19 所示。

第二步：正确圈画（合并）最小项，如图示可圈画三个公因圈，写出每一公因圈对应的**与项**（只保留相同的变量，相异变量合并消去）。

第三步：将每个公因圈所表示的**与项**逻辑加，就可得到逻辑函数的最简 "**与-或**" 表达式。

得出化简结果为：$P = \overline{B}D + B\,\overline{C} + A\,\overline{B}C$

2. 圈画公因圈的原则

① 公因圈必须要覆盖逻辑函数所有含 "1" 的最小项。

② 要保证公因圈的圈数尽可能少，使 "**与-或**" 表达式中的与项个数最少。

③ 要保证公因圈尽可能大，以消去更多的变量，使合并后的与项中变量数最少。

④ 每个公因圈中至少有一个最小项是没有被其他公因圈圈画过的（保证每个公因圈都

是独立的），避免产生冗余项。

⑤ 最后剩下没有公共项的孤立的"1"单独画圈。

四、含约束条件的逻辑函数的化简

"约束条件"是用来说明逻辑函数中各逻辑变量之间存在的一种互相"制约"关系，即在这种"约束条件"下，逻辑函数值 P 不存在；而"约束条件"所对应的最小项称为"约束项"。

例如，用 A、B、C、D 四个变量实现的 8421BCD 编码，当 ABCD 的取值为 1010～1111 时，对十进制数来说没有意义，即 ABCD 的这六组取值是不允许出现的。这 6 组取值对应的最小项就是"约束项"。

由于在实际工作中约束项根本不会出现或不允许出现，所以在化简时就可以充分利用约束项取值的任意性，将约束项既可看做 1、也可以看做 0，利用约束项来帮助化简逻辑函数。

【例 1-19】 设计一个四舍五入电路。

解　用变量 A、B、C、D 来表示一位十进制数 X 的二进制编码，当 $X \geqslant 5$ 时，输出 P 为 1。依题意可列出函数 P 的真值表，如表 1-16 所示。

由真值表，得
$$P = \sum m(5,6,7,8,9) + \sum d(10,11,12,13,14,15)$$

画出函数 P 的卡诺图，对图中的约束项，在相应的方格中画×。

① 如果利用约束项（将需要的约束项看做 1），如图 1-20(a) 中卡诺图所示，则函数化简结果为

$$P = A + BC + BD$$

约束条件为：$\sum m(10, 11, 12, 13, 14, 15) = 0$

在具有约束的逻辑函数化简时，不必包含所有的约束项，但必须写出约束条件。

② 如果不考虑约束条件，如图 1-20(b)卡诺图所示，则函数化简结果为

表 1-16　例 1-19 的真值表

X	A	B	C	D	P
0	0	0	0	0	0
1	0	0	0	1	0
2	0	0	1	0	0
3	0	0	1	1	0
4	0	1	0	0	0
5	0	1	0	1	1
6	0	1	1	0	1
7	0	1	1	1	1
8	1	0	0	0	1
9	1	0	0	1	1
10	1	0	1	0	×
11	1	0	1	1	×
12	1	1	0	0	×
13	1	1	0	1	×
14	1	1	1	0	×
15	1	1	1	1	×

$$P = \overline{A}BD + \overline{A}BC + A\,\overline{B}\,\overline{C}$$

显然，利用约束条件进行化简的表达式简单。

使用卡诺图化简逻辑函数，一般输入变量不多于 4 个，否则，化简将变得十分烦琐，手工化简难以进行，必须借助计算机进行工作。

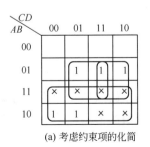

(a) 考虑约束项的化简

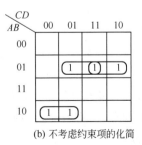

(b) 不考虑约束项的化简

图 1-20　例 1-19 卡诺图化简

第五节　集成 TTL 逻辑门

用二极管、三极管构成的门电路称为分立元件门电路，其缺点是使用元件多、体积大、工作速度低、可靠性欠佳、带负载能力差等，所以，数字电路广泛采用的是集成门电路。

集成门电路若以三极管为主要元件，输入和输出端都是三极管结构，这种电路称为三极管-三极管逻辑电路，简称 TTL 电路。与分立元件电路相比，TTL 电路具有体积小、耗电少、重量轻、可靠性高等优点，得到了广泛的应用。目前国产的集成 TTL 电路有：① CT54/74 系列（标准通用系列，与国际上 SN54/74 系列相当）；② CT54H/74H 系列（高速系列，与国际上 SN54H/74H 系列相当）；③ CT54S/74S 系列（肖特基系列，与国际上 SN54S/74S 系列相当）；④CT54LS/74LS 系列（低功耗肖特基系列，与国际上 SN54LS/74LS 系列相当）。

一、集成 TTL 与非门

TTL 与非门是采用双极型的晶体管集成的与非逻辑门电路。

（一）TTL 与非门电路组成

图 1-21 是 TTL 与非门（CT54/74 系列）的典型电路，它由三部分组成。

（1）输入级　由多发射极晶体管 VT_1 和电阻 R_1 组成，完成"与"逻辑功能。

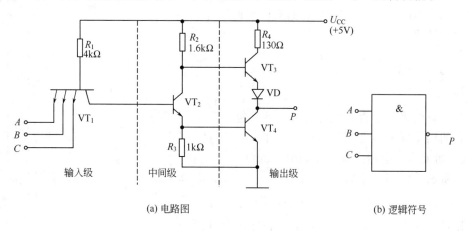

(a) 电路图　　　　　　　　　　(b) 逻辑符号

图 1-21　TTL 与非门的典型电路

（2）中间级　由 VT_2 和电阻 R_2、R_3 组成，从 VT_2 的集电极和发射极同时输出两个相位相反的信号，作为 VT_3、VT_4 输出级的驱动信号，使 VT_3、VT_4 始终处于一管导通而另一管截止的工作状态。

（3）输出级　由 VT_3、VD、VT_4 构成，采用"推拉式"输出电路。当输出低电平时，VT_4 饱和、VT_3 截止，输出电阻 $r_O = r_{CES4}$，值很小。当输出为高电平时，VT_4 截止，VT_3、VD 导通，VT_3 工作为射随器，输出电阻 r_O 的阻值也很小。可见，无论输出是高电平还是低电平，输出电阻 r_O 都较小，电路带负载的能力强。

（二）逻辑功能分析

1. 输入端有低电平（0.3V）输入时

当输入信号 A、B、C 中至少有一个为低电平（0.3V）时，多发射极晶体管 VT_1 的相应发射结导通，导通压降 U_{BE1} 约为 0.7V，VT_1 的基极电流 i_{B1} 为

$$i_{B1} = \frac{U_{CC} - u_{B1}}{R_1} = \frac{U_{CC} - (0.3V + U_{BE1})}{R_1} = \frac{5 - (0.3 + 0.7)}{4 \times 10^3} = 1 \; (\text{mA})$$

此时，VT_2 和 VT_4 均不会导通，且 VT_2 基极的反向电流 i_{BS2} 即为 VT_1 的集电极电流，其值很小，可认为 VT_1 的集电极电流 $i_{C1} = 0$，因此 $i_{B1} \gg i_{BS1}$。$\left(i_{BS1} = \dfrac{i_{CS1}}{\beta} \approx 0\right)$，$VT_1$ 处于深饱和状态，$u_{CE1} \approx U_{CES1} = 0.1V$。此时，$VT_2$ 管基极电位 $u_{B2} = u_{C1} = 0.3V + 0.1V = 0.4V$，因此 VT_2、VT_4 均截止，如图 1-22(a) 所示。

U_{CC} 通过 R_2 驱动 VT_3 和 VD，使 VT_3 和 VD 处于导通状态。VT_3 发射结的导通压降 0.7V，VD 的导通压降约 0.7V；且由于基流 i_{B3} 很小，可以忽略不计，因此输出电压 u_O 为

$$u_O \approx U_{CC} - U_{BE3} - U_D = 5 - 0.7 - 0.7 = 3.6 \; (\text{V})$$

所以输出为高电平 $U_{OH} = 3.6V$，此时的状态称作 TTL **与非门**的"关"态。

2. 输入全接高电平（3.6V）时

TTL **与非门**的工作状态如等效电路图 1-22(b) 所示。

当输入信号 A、B、C 均为高电平（3.6V）时，U_{CC} 通过 R_1 和 VT_1 的集电结向三极管 VT_2 和 VT_4 提供基极电流，在电路设计上使 VT_2 和 VT_4 管均能饱和导通。此时，VT_2 管集电极 u_{C2} 为

$$u_{C2} = U_{BE4} + U_{CES2} = 0.7 + 0.3 = 1 \; (\text{V})$$

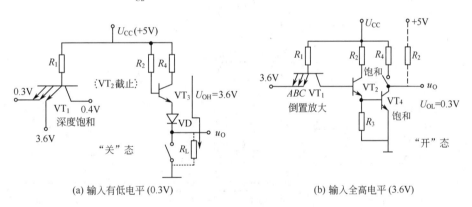

(a) 输入有低电平 (0.3V)　　　　　　(b) 输入全高电平 (3.6V)

图 1-22　与非门在不同输入下的等效电路

三极管 VT_3 和二极管 VD 必然处于截止，因此输出电压为

$u_O = U_{OL} = U_{CES4} = 0.3V$，此时的状态称为**与非门**的"开"态。

此时，VT_1 管基极电位 u_{B1} 为 $u_{B1} = U_{BC1} + U_{BE2} + U_{BE4} = 0.7 + 0.7 + 0.7 = 2.1 \; (\text{V})$

VT_1 管的发射结电压 $u_{BE1} = 2.1 - 3.6 = -1.5 \; (\text{V}) < 0$

所以 VT_1 发射结处于反向偏置，而集电结处于正向偏置，因此 VT_1 管处于发射结和集电结倒置使用的状态，放大能力极小。

综上所述，图 1-21(a) 可完成**与非**逻辑功能，$P = \overline{A \cdot B}$。

3. 提高电路的开关速度

由于 TTL **与非门**采用多发射极晶体管作为输入极，所以，当电路由"开"态向"关"态转换时，至少有一个输入端突然由高电平变为低电平，VT_1 管由倒置工作状态转变为正

常的放大状态，将产生一个较大的集电极电流 i_{C1}。这个电流恰好是 VT_2 管的基极反向电流，致使 VT_2 管饱和时在基区存储的电荷迅速释放，加速了 VT_2 管由饱和向截止的转换。另外，VT_2 管的截止，使得 VT_2 管集电极电位迅速提高，VT_3 管也由截止迅速转为导通，这样就使 VT_4 管集电极有了一个较大的瞬时电流，从而加快了 VT_4 管脱离饱和状态的速度。以上两点大大提高了电路状态的转换速度，使 TTL 与非门的平均延迟时间缩短到几十纳秒。

（三）主要性能参数

1. 电压传输特性

TTL 与非门电压传输特性是指输出电压 u_O 随输入电压 u_I 变化的关系曲线。按图 1-23 （a）所示测试电路，可得图 1-23（b）所示的电压传输特性曲线。

由图可见，TTL 与非门电压传输特性可分为 ab、bc、cd、de 四段。

① ab 段（截止区）：$0 \leqslant u_I < 0.6V$，与非门处于"关态"，$u_O = 3.6V$

② bc 段（线性区）：$0.6V \leqslant u_I < 1.3V$，$u_O$ 线性下降

③ cd 段（转折区）：$1.3V \leqslant u_I < 1.5V$，$u_O$ 急剧下降

④ de 段（饱和区）：$u_I \geqslant 1.5V$，与非门处于"开态"，$u_O = 0.3V$

2. 主要参数

（1）电压电流参数

① 输出高电平 U_{OH}：当输入端至少有一个接低电平时，输出端得到的高电平值。从电压传输特性曲线上看，U_{OH} 就是 ab 段所对应的输出电压，典型值为 3.6V。

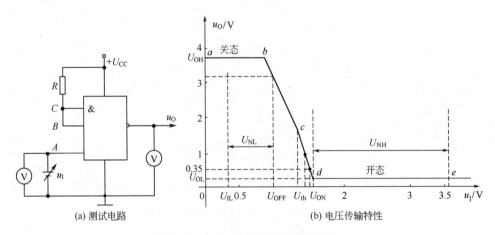

（a）测试电路　　　　　　　（b）电压传输特性

图 1-23　TTL 与非门的电压传输特性

② 输出低电平 U_{OL}：当输入全为高电平时，输出端得到的低电平值。U_{OL} 是 de 段所对应的输出电压，典型值为 0.3V。

③ 关门电平 U_{OFF}：是指输出电压达到额定高电平的 90% 时，允许的最大输入低电平值。一般 $U_{OFF} \geqslant 0.8V$。

④ 开门电平 U_{ON}：是指输出电平为额定低电平 $U_{OL} = 0.35V$ 时，允许的最小输入高电平值。一般 $U_{ON} \leqslant 1.8V$。

关门电平 U_{OFF} 和开门电平 U_{ON}，能反映出电路的抗干扰能力。

⑤ 阈值电压 U_{th}：在转折区内，TTL 与非门处于急剧的变化中，通常将转折区的中点对应的输入电压称为 TTL 门的阈值电压 U_{th}。一般 $U_{th} \approx 1.4V$。

⑥ 输入短路电流 I_{IS}：当**与非门**任一输入端接地（$u_1=0V$ 时），其他输入端悬空时，流经该输入端的电流（以流出输入端为正）。如图 1-24(a) 所示，其典型值为

$$I_{IS}=\frac{U_{CC}-U_{BE1}}{R_1}=\frac{5-0.7}{4}\approx1.08\,(mA)$$

输入漏电流 I_{IH}　当**与非门**任意一个输入端接高电平，其他输入端接低电平时，流经该输入端的反向电流。如图 1-24(b) 所示，通常要求 $I_{IH}\leqslant70\mu A$。

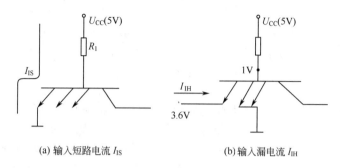

(a) 输入短路电流 I_{IS}　　　　(b) 输入漏电流 I_{IH}

图 1-24　输入短路电流和输入漏电流

（2）抗干扰能力(又称噪声容限 Noise margin)　抗干扰能力一般是指在保证**与非门**完成正常逻辑功能情况下，允许输入电平偏离规定值的极限。

当输入 u_I 为低电平时，电路输出 u_O 应为稳定的"关态"。在受到噪声干扰时，电路能抗住的噪声干扰以不破坏门电路输出"关态"为极限。因此，输入低电平加上瞬态的干扰信号不应超过关门电平 U_{OFF} 的极限。即，在输入为低电平时，允许的干扰容限为 $U_{NL}=U_{OFF}-U_{IL}$，称为低电平噪声容限。

同理，在输入 u_I 为高电平时，保持电路输出 u_O 为稳定的"开态"，输入高电平加上瞬态的干扰信号不应低于开门电平 U_{ON}。即，在输入高电平时，允许的干扰容限为 $U_{NH}=U_{IH}-U_{ON}$，称为高电平噪声容限。

由图 1-23(b) 可见，TTL **与非门**的高电平抗干扰能力比低电平抗干扰能力强。

从提高抗干扰能力看，希望 U_{OFF} 与 U_{ON} 越接近越好，即电压传输特性的转折区越陡直越好。

（3）负载能力　TTL **与非门**的输出特性反映了输出电压 u_O 和输出电流 i_O 之间的相互关系，即负载特性。

① 输出高电平时的负载特性（拉电流负载特性）。当**与非门**输出为高电平时，**与非门**处于关态，此时 VT_4 截止，VT_3、VD 导通。它向后面负载门提供电流，相当于后面负载从**与非门**中拉出电流，此输出电流称为拉电流，如图 1-25(a) 所示。

② 输出低电平时的负载特性（灌电流负载特性）。当**与非门**输出为低电平时，**与非门**处于开态，此时 VT_4 饱和，负载电流可以灌入 TTL **与非门**的 VT_4 管，此输出电流称为灌电流，如图 1-25(b) 所示。

③ 扇出系数 N_O。扇出系数 N_O 是指一个**与非门**能够驱动同类型门的个数。

$$N_O=\frac{I_{Omax}}{I_{IS}}$$

其中，I_{Omax} 是指**与非门**输出低电平带灌电流负载时的最大电流（即 I_{Omax}）；I_{IS} 为 TTL **与非门**的输入短路电流。

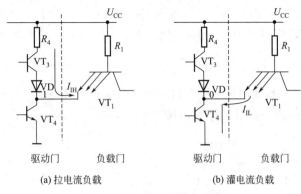

图 1-25 与非门的带负载能力

（a）拉电流负载　　　　　　　　（b）灌电流负载

（4）平均传输延迟时间 t_{pd}　由于电荷的存储效应，晶体管作为开关应用时，使得输出和输入之间存在延迟，如图 1-26 所示。一般将 u_I 上升沿的中点到 u_O 下降沿的中点之间的时间称为"导通延迟时间 t_{p1}"；将 u_I 下降沿的中点到 u_O 上升沿的中点之间的时间称为"截止延迟时间 t_{p2}"。平均延迟时间为它们的平均值，即 $t_{pd} = \dfrac{1}{2}(t_{p1} + t_{p2})$。

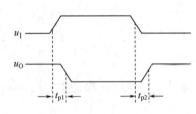

图 1-26 与非门的平均传输
延迟时间 t_{pd}

平均传输延迟时间是衡量门电路开关速度的重要参数，通常所说的低、中、高、甚高速逻辑门都是以 t_{pd} 的大小来区分的。

（5）平均功耗　TTL 与非门的平均功耗 P 是指与非门输出低电平时的空载导通功耗 P_L 和输出高电平时的空载截止功耗 P_H 的平均值 $P = \dfrac{1}{2}(P_L + P_H)$。

必须指出的是，当 TTL 与非门输入由高电平变为低电平的瞬间，VT_2 先退出饱和，使 VT_2 的集电极电压 u_{C2} 上升，引起 VT_4 导通，而此时 VT_3 尚未来得及退出深度饱和状态，因此出现一段 VT_4、VD、VT_3 同时导通的时间，产生瞬间冲击电流，即"动态尖峰电流"，使瞬时功耗增大。特别是当 TTL 与非门工作频率较高时，更不能忽略动态尖峰电流对电源平均电流产生的影响。

（四）集成与非门芯片介绍

常用的 TTL 与非门集成电路有 7400 和 7420 等芯片，采用双列直插式封装。7400 是 2 输入端四与非门的集成电路，其外引线端子图如图 1-27（a）所示；7420 是 4 输入端双与非门的集成电路，其外引线端子图如图 1-27（b）所示。

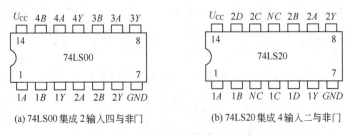

（a）74LS00集成2输入四与非门　　　　（b）74LS20集成4输入二与非门

图 1-27 常用的集成 TTL 与非门

二、其他功能的 TTL 门电路

集成 TTL 门电路除与非门之外，还有"与"门、"或"门、"或非"门、"与或非"门、"异或"门等不同的逻辑功能的集成器件，这里只简单列出几种常用的 TTL 集成门电路的芯片。同时将介绍两种计算机中常用的特殊门电路:集电极开路门（OC 门）和三态门（TS 门）。

（一）常见的集成逻辑门

1. 非门

常用的 TTL 集成非门电路有六反相器芯片 7404 等，实现非逻辑运算 $Y=\overline{A}$，7404 的外引线端子图如图 1-28(a) 所示。

2. 或非门

常用 TTL 或非门集成芯片 7402 是一个 2 输入端四或非门，实现或非运算：$Y=\overline{A+B}$，7402 的外引线端子图如图 1-28(b) 所示。

3. 与或非门

集成与或非门芯片 7451 是一个 $3\times 2/2\times 2$ 与或非门，其外引线端子图如图 1-28(c) 所示。图中每个与或非门完成如下与或非运算：$Y_1=\overline{A_1 B_1 C_1+D_1 E_1 F_1}$，$Y_2=\overline{A_2 B_2+C_2 D_2}$

4. 异或门

集成 TTL 异或门芯片 7486 为四异或门，其外引线端子图如图 1-28(d) 所示。

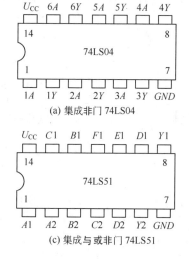

(a) 集成非门 74LS04

(c) 集成与或非门 74LS51

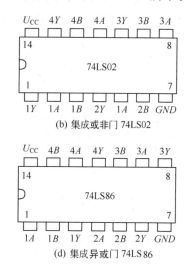

(b) 集成或非门 74LS02

(d) 集成异或门 74LS86

图 1-28　常用集成逻辑门芯片

每个异或门完成异或运算：$Y=A\cdot\overline{B}+B\cdot\overline{A}=A\oplus B$

（二）两种特殊的门电路

TTL 与非门由于采用推拉式输出电路，其输出无论是高电平还是低电平，输出电阻都比较低，因此输出端是不允许接地或直接接高电平的，如图 1-29(a)、(b) 所示;若将电路两输出端直接相连，同样是不允许的，如图 1-29(c) 所示。因为如果门 1 输出为高电平，门 2 输出为低电平时，则会构成一条自 $+U_{CC}$ 到地的低阻通路，将有一很大的电流从门 1 的 R_4、VT_3、VD 经输出端 P_1 流入 P_2 至门 2 的 VT_4 管到地。这个大电流不仅会使门 2 的输出低电平抬高，而且还可能因功耗太高而烧毁两个门的输出管。所以，一般的 TTL 逻辑门的输出端是不允许直接相连的。

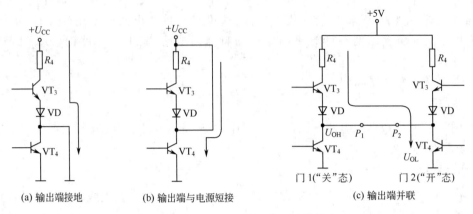

(a) 输出端接地　　　　(b) 输出端与电源短接　　　　(c) 输出端并联

图 1-29　TTL 与非门输出禁止连接状态

1. 集电极开路门（OC 门）

（1）OC 门的电路形式及符号　为了克服一般 TTL 门不能直接相连的缺点，专门设计了一种输出端可相互连接的特殊的 TTL 门电路，即集电极开路的 OC（Open Collector）门。OC 与非门的电路结构及符号如图 1-30 所示。

OC 门在实际运用时，它的输出端必须如图 1-30(c) 所示外接上拉电阻 R_P 和外接电源 U_P。此时 OC 门仍具有"全 1 得 0；有 0 得 1"的输入、输出电平关系，是一个正逻辑的与非门。

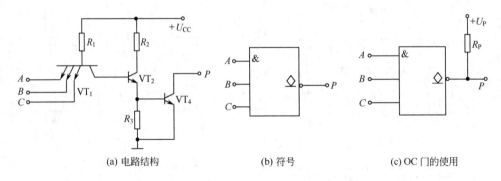

(a) 电路结构　　　　　　(b) 符号　　　　　　(c) OC 门的使用

图 1-30　OC 与非门及其使用

（2）OC 门的典型应用　OC 门在计算机系统中应用广泛。

① 实现"线与"逻辑。用导线将两个或更多个 OC 门输出端连接在一起，其总的输出为各个 OC 门输出的逻辑"与"，这种用"线"连接而实现的"与"逻辑的方式称作"线与"（Wire AND）。

如图 1-31 所示为两个 OC 与非门用导线连接而实现"线与"逻辑的电路图。

在图 1-31(a) 中，若 A_1、A_2 输入为全 1，或者 B_1、B_2 输入为全 1，OC 门 1 或 OC 门 2 输出端 P_1 或 P_2 就会为低电平，通过导线连接的总的输出端 P 也为低电平；只有 A_1、A_2 中有低电平，并且 B_1、B_2 中有低电平时，也就是 $A_1A_2=0$、$B_1B_2=0$ 时，门 1、门 2 均输出高电平，总的输出 P 才为高电平。

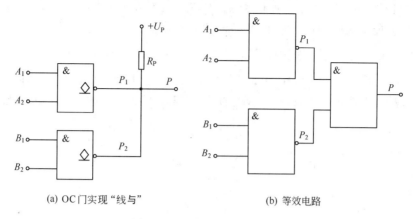

(a) OC门实现"线与"　　　　　　　(b) 等效电路

图 1-31　"线与"逻辑电路图

此逻辑为：$P=\overline{\overline{A_1 A_2}+\overline{B_1 B_2}}=\overline{\overline{A_1 A_2}} \cdot \overline{\overline{B_1 B_2}}=P_1 P_2$

即总的输出 P 为两个 OC 门单独输出 P_1 和 P_2 的"与"，等效电路如图 1-31(b) 所示。可见，OC 与非门的"线与"可以用来实现与或非逻辑功能。

② 实现"总线"（BUS）传输。如果将多个 OC 与非门按图 1-32 所示连接，当某一个门的选通输入 E_i 为"1"，其他门的选通输入皆为"0"时，只有 E_i 为 1 的 OC 门被选通，它的数据输入信号 D_i 就经过此选通门被送上总线（BUS）。为确保数据传送的可靠性，规定任何时候只允许一个门被选通。

2. 三态输出门（TS 门）

三态门是指输出有三种状态的逻辑门（Three State Gate），简称 TS 门。它也是在计算机中得以广泛应用的特殊门电路。

三态门有三种输出状态：

$$\left.\begin{array}{l}\text{高电平 } U_{OH}\\ \text{低电平 } U_{OL}\end{array}\right\}\text{正常工作状态}$$

高阻状态——禁止态

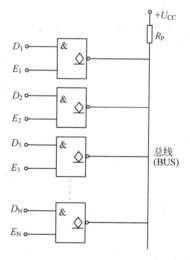

图 1-32　用 OC 门实现总线传输

（1）三态输出门的特点

① 输出端除了有高电平、低电平两种状态外，还增加了一个"高阻态"，或称"禁止态"。而禁止态不是一个逻辑值，它表示输出端悬浮，此时该门电路与其他门电路无电路联系，相当于断路状态。

② 在输入端增加了一个"控制端" $\overline{EN}$，常称为"使能端"。

（2）三态门的电路结构及性能　三态与非门电路如图 1-33(a) 所示，图(b) 是它的逻辑符号。其工作原理为：当控制端 $\overline{EN}=0$ 时，VT_6 管截止，VT_5、VT_6、VD_2 构成的电路对于基本的 TTL 与非门无影响，与非门处于正常工作状态，即输出 $P=\overline{A \cdot B}$。

当控制端 $\overline{EN}=1$ 时，VT_6 管饱和导通，VT_6 集电极电压 $u_{C6}\approx0.3V$，相当于在基本与非门一个输入端加上低电平，因此 VT_2、VT_3 管截止，同时，二极管 VD_2 因 VT_6 管饱和而导通，使 VT_2 集电极电位 u_{C2} 箝位在 $u_{b4}=U_{CE6}+U_{D2}=0.3+0.7=1V$，这样 VT_4 和 VD_1 无导通的可能。此时的输出端 P 处于高阻悬浮状态，说明三态门为禁止态。

可见，$\overline{EN}$ 为三态门的使能控制信号，当 $\overline{EN}=0$ 时，使能有效，逻辑门处于正常工作状态，输出 $P=\overline{A \cdot B}$；$\overline{EN}=1$ 时，使能无效，禁止工作，输出处于高阻态。这种三态门的逻辑功能真值表如表 1-17 所示。逻辑符号 $\overline{EN}$ 上的"—"和使能输入端的"。"均表示低电平有效。

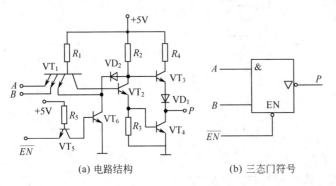

（a）电路结构　　（b）三态门符号

图 1-33　三态门结构及符号

表 1-17　三态与非门的真值表

控　制　端	输　入		输　　出
$\overline{EN}$	A	B	P
0	0	0	1
0	0	1	1
0	1	0	1
0	1	1	0
1	$\times$	$\times$	高阻态

图 1-34 所示的三态门，逻辑功能与图 1-33 电路相同（**与非逻辑**），不同的是使能端 $\overline{EN}$ 的控制方式不同。当 $\overline{EN}=1$ 时，使能有效，逻辑门处于工作状态，输出 $P=\overline{A \cdot B}$；$\overline{EN}=0$ 时，禁止态，输出处于高阻态，其逻辑功能真值表如表 1-18 所示。

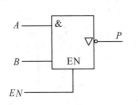

图 1-34　高电平控制的三态与非门

表 1-18　高电平控制的三态与非门真值表

控　制　端	输　　入		输　　出
EN	A	B	P
1	0	0	1
1	0	1	1
1	1	0	1
1	1	1	0
0	$\times$	$\times$	高阻态

（3）三态门的典型应用　三态门主要应用于总线传送，它可以进行单向数据传送，也可进行双向数据传送。

① 用三态门构成单向总线。如图 1-35 所示为用三态门构成的单向数据总线。当多个门利用一条总线来传输信息时，在任何时刻，只允许一个门处于工作态，其余的门均应处于高阻态，相当于与总线断开，不应影响总线上传输的信息。也就是当且仅当控制输入端 $\overline{EN_i}=0$ 的一个三态门处于工作态，如果令 $\overline{EN_1}$、$\overline{EN_2}$、$\overline{EN_3}$ 轮流接低电平 0，那么 A_1、A_2；A_3、A_4；A_5、A_6 这三组数据就会轮流地按**与非**关系送到总线上，从而实现用同一条总线分时传输多路数据。

② 用三态门构成双向总线。如图 1-36 所示为用三态门构成的双向总线。

当控制输入信号 $EN=1$ 时，G_1 三态门处于工作态，G_2 三态门处于禁止态（即高阻态），信号由 A 反相后传输到 B 端；

当控制输入信号 $EN=0$ 时，G_1 三态门处于禁止态，G_2 三态门处于工作态，则信号由 B 反相后传输到 A 端。

这样就可以通过改变控制信号 EN 状态，分时实现数据在同一根导线上进行双向传送，而且互不干扰。

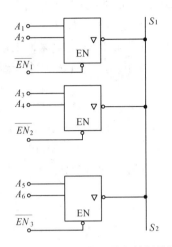

图 1-35 用 TS 门实现单向数据传输

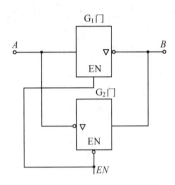

图 1-36 用 TS 门实现数据的双向传输

第六节 CMOS 逻辑门

CMOS 集成电路是用增强型 P 沟道 MOS 管和增加型 N 沟道 MOS 管串联互补（构成反相器）和并联互补（构成传输门）为基本单元的组件，称为互补型（Complementary）MOS 器件，简称 CMOS 器件。以 CMOS 为基本单元的集成器件，由于工艺简单、集成度和成品率较高，非常适宜于制作大规模集成器件，如移位寄存器、存储器、微处理器及微型计算机中常用的接口器件等。因此近年来 CMOS 器件发展迅速，应用广泛。

CMOS 器件均采用增强性 MOS 管，增强型 NMOS 管和 PMOS 管的符号及转移特性曲线，如图 1-37 所示。

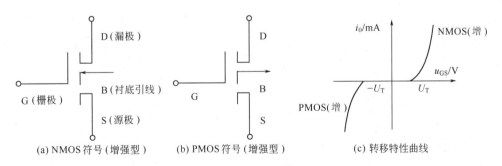

图 1-37 NMOS 和 PMOS 管及其转移特性曲线

图 1-37(c) 中 U_T 为增强型 MOS 管的开启电压。由转移特性曲线知：

NMOS 增强型管时：当 $u_{GS} > U_T$，管子导通；当 $u_{GS} < U_T$ 时，管子截止；

PMOS 增强型管时：当 $u_{GS} > -U_T$，管子截止；当 $u_{GS} < -U_T$ 时，管子导通。

一、CMOS 反相器

CMOS 反相器由一个 P 沟道增强型 MOS 管和一个 N 沟道增强型 MOS 管串联组成。通常以 PMOS 管作为负载管、NMOS 管作为输入工作管，其跨导相等，如图 1-38（a）所示。两只管子的栅极并接作为反相器的输入端，漏极串接起来作为输出端。为保证电路正常工作，要求电源电压 $U_{DD} > U_{TN} + U_{TP}$（U_{TN} 为 NMOS 管的开启电压，U_{TP} 为 PMOS 管的开启电压）。

1. CMOS 反相器的工作原理

① 当输入 u_I 为低电平时：因为 VT$_2$ 的 $u_{GS_2} = u_I = 0V$，小于 NMOS 管开启电压 U_{TN}，所以 VT$_2$ 截止；同时，负载管 VT$_1$ 的 $u_{GS_1} = u_I - U_{DD} = -U_{DD}$，小于 PMOS 管开启电压 $-U_{TP}$，所以负载管 VT$_1$ 导通，电路输出为高电平 $u_O \approx +U_{DD}$，此时无电流流过，$i_D \approx 0$，静态功耗很小。

② 当输入 u_I 为高电平时，因为输入 VT$_2$ 的 $u_{GS_2} = U_{DD} > U_{TN}$，则 VT$_2$ 导通；而 VT$_1$ 负载管的 $u_{GS_1} = u_I - U_{DD} = 0V < -U_{TP}$，所以负载管 VT$_1$ 截止，电路输出为低电平。同样 $i_D \approx 0$，静态功耗很小。

③ 当输入 u_I 处于：$u_O - U_T \leqslant u_I < u_O + U_T$ 时，VT$_1$ 和 VT$_2$ 均处于饱和状态，此时，输出 u_O 由高电平 $+U_{DD}$ 向低电平 0V 过渡，电路中有 i_D 流过，且在 $u_I = \pm \dfrac{U_{DD}}{2}$ 处 i_D 为最大值，其间动态功耗较大，该时段称为过渡区域。

由上述分析可知，当 u_I 为高电平时，u_O 为低电平；u_I 为低电平时，u_O 为高电平。u_O 与 u_I 反相，所以图 1-38(a) 所示电路称为反相器，图 1-38(b) 是其电压传输特性曲线。

2. CMOS 反相器的特点

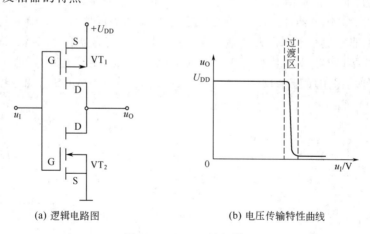

(a) 逻辑电路图 (b) 电压传输特性曲线

图 1-38　CMOS 反相器

① 静态功耗极低。由上图可知其传输特性比较陡峭，只有在急剧翻转的过渡区，才有较大的电流。而两管均导通的过渡期很短，表明 CMOS 反相器虽有动态功耗，但其平均功耗仍远低于其他任何一种逻辑电路。所以 CMOS 反相器在低频工作时，功耗是极小的，低功耗是 CMOS 的最大优点。

② 抗干扰能力强。开启电平 U_T 越接近 $+\dfrac{1}{2}U_{DD}$，则其阈值电平也越近似为 $\dfrac{1}{2}U_{DD}$，在

输入信号变化时，使其过渡变化陡峭，所以低电平噪声容限和高电平噪声容限近似相等，并且随电源电压升高，抗干扰能力增强。

③ 电源利用率高。$U_{OH}=U_{DD}$，同时由于其阈值电压随 U_{DD} 提高而提高，所以允许 U_{DD} 可以在一个较宽的范围内变化。一般 U_{DD} 允许范围为 $+3\sim+18V$。

④ 输入阻抗高。可达 $10^{12}\Omega$，扇出系数高，带负载能力强。

CMOS 器件的不足之处是工作速度比 TTL 电路低，且功耗随频率的升高而显著增大。目前，又开发出 VMOS 器件，其高频特性非常好，能弥补 CMOS 器件的不足。

二、集成 CMOS 与非门和或非门

（一）CMOS 与非门

两输入端 CMOS 与非门电路是由两个 CMOS 反相器构成的，如图 1-39 所示，两个 PMOS 管相并联、两个 NMOS 管相串联，其工作原理如下。

① 输入 $A=B=1$ 时，VT_{N1}、VT_{N2} 导通，VT_{P1}、VT_{P2} 截止，输出为低电平，$P=0$。

② 当输入 A 或 B 中有一个为 0 时，总会有一个 VT_N 截止、一个 VT_P 导通，输出 $P=1$。

电路符合与非门的逻辑关系：$P=\overline{A\cdot B}$

常见的集成 CMOS 与非门有：2 输入端四与非门 CC4011B 和 4 输入端双与非门 CC4012B，型号、外引线排列如图 1-40 所示。

（二）CMOS 或非门

2 输入端或非门电路如图 1-41 所示。其中两个 NMOS 管并联、两个 PMOS 管串联。

① 当输入 $A=B=0$ 时，VT_{N1}、VT_{N2} 截止，VT_{P1}、VT_{P2} 导通，输出高电平 $P=1$。

② 输入 A 或 B 中有一个为 1 时，总会有一个 VT_N 导通、一个 VT_P 截止，输出 $P=0$。

电路符合或非门的逻辑关系：$P=\overline{A+B}$

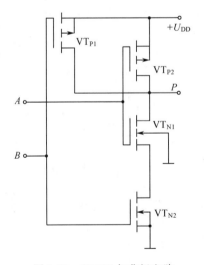

图 1-39　CMOS 与非门电路

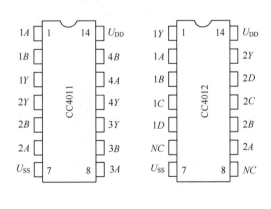

图 1-40　集成 CMOS 与非门器件

常见的集成 CMOS 或非门有：2 输入端四或非门 CC4001B 和 4 输入端双或非门 CC4002B，型号、外引线排列如图 1-42 所示。

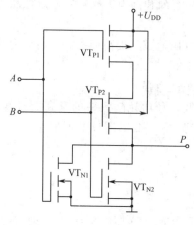

图 1-41 CMOS 或非门电路

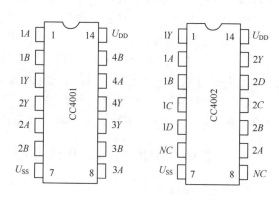

图 1-42 集成 CMOS 或非门器件

三、CMOS 传输门和三态门

1. CMOS 传输门 (Transmission Gate)

CMOS 传输门是由 PMOS 和 NMOS 管并联组成。图 1-43 所示为 CMOS 传输门的基本形式和逻辑符号。PMOS 管的源极与 NMOS 管的漏极相连作为输入端，PMOS 管的漏极与 NMOS 管的源极相连作为输出端，两个栅极受一对控制信号 C 和 $\bar{C}$ 控制。由于 MOS 器件的源极和漏极是对称的，所以信号可以双向传输。

① 当 $C=0V$、$\bar{C}=+U_{DD}$ 时，则 VT_N 和 VT_P 都截止，输出和输入之间呈现高阻抗，其值一般大于 $10^9\,\Omega$，此时，u_I 不能传输到输出端，相当于开关断开，所以传输门不工作。

② 当 $C=U_{DD}$、$\bar{C}=0V$ 时，如果 $0 \leqslant u_I \leqslant U_{DD}-U_T$ 则 VT_N 管导通；如果 $|U_T| < u_I \leqslant U_{DD}$，则 VT_P 导通，因此当 u_I 在 0 到 $+U_{DD}$ 之间变化时，总有一个 MOS 管导通，使输出

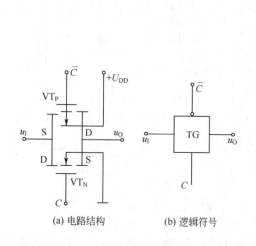

(a) 电路结构   (b) 逻辑符号

图 1-43 CMOS 传输门及其逻辑符号

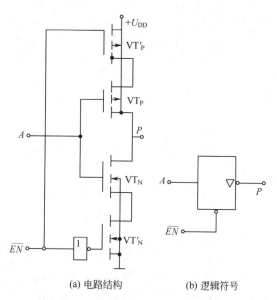

(a) 电路结构   (b) 逻辑符号

图 1-44 CMOS 三态门及其逻辑符号

和输入之间呈低阻抗（$<10^3\,\Omega$），则 $u_O \approx u_I$，相当于开关闭合，即传输门导通。

2. CMOS 三态门

CMOS 三态门的电路结构和符号如图 1-44 所示。它是在反相器的负载管和工作管上分别串接一个 PMOS 管 VT_P' 和一个 NMOS 管 VT_N' 构成的。

当 $\overline{EN} = 1$ 时，VT_P'、VT_N' 均截止，输出处于高阻态。

当 $\overline{EN} = 0$ 时，VT_P'、VT_N' 都导通，电路处于工作态，即 $P = \overline{A}$。所以这是 $\overline{EN}$ 低电平有效的三态输出门。当然，CMOS 三态门也有高电平使能的电路，在此不再赘述。

第七节 集成逻辑门的使用及注意事项

在实际工作中，有些数字系统由不同类型的门电路组成以实现系统的最佳配合。而不同类型门电路的逻辑电平不同，如 TTL 逻辑电平 $U_{OH} = 3.6\text{V}$、$U_{OL} = 0.3\text{V}$；而 CMOS 逻辑电平 $U_{OH} = 10\text{V}$、$U_{OL} = 0\text{V}$。如果信号在不同类型门电路之间传输，就会遇到逻辑电平不匹配等问题。因此应考虑不同类型逻辑门电路之间的接口电路。

一、CMOS 与 TTL 间的接口电路

1. CMOS 驱动 TTL

用 CMOS 电路驱动 TTL 电路时，首先要解决电流驱动能力不够的问题，其次是逻辑电平的匹配。一般有以下几种处理方法。

① 将同一功能芯片上的 CMOS 电路并联使用，这样分配到各 CMOS 电路的灌电流不会达到 CMOS 的极限，但其总输出电流会提高，以增强其电流驱动能力。如图 1-45(a) 所示。

② 在 CMOS 与 TTL 之间增加一级三极管电流放大器，如图 1-45(b) 所示，它不仅可以使 CMOS 逻辑电平降低到适合 TTL 逻辑电平的要求，而且能够提供满足驱动 TTL 要求的电流。

③ 为提高 CMOS 电路的驱动能力，常采用 CMOS 驱动器 CC4010 等，如图 1-45(c) 所示。

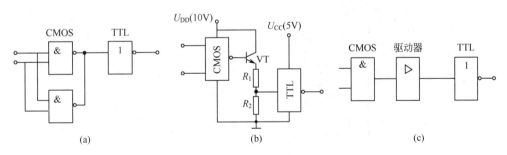

图 1-45 CMOS 电路驱动 TTL 电路

2. TTL 驱动 CMOS

TTL 驱动 CMOS 的接口电路主要考虑逻辑电平的转换，其电流驱动能力通常能够满足要求，图 1-46(a) 中是用一个专用双电源反相集成接口芯片 SG004 实现的接口电路；图 1-46(b) 是用 OC 门实现的接口电路，通过上拉电阻 R_c 将高电位由 3.6V 提升到 10V；图 1-46(c) 是用

NPN 管反相器实现的接口电路；图 1-46(d) 采用在 TTL 电路的输出端直接加上拉电阻 R_c 的方法，将 TTL 电路输出高电平的下限值提高到接近 5V，以满足 CMOS 电路输入高电平值的要求。

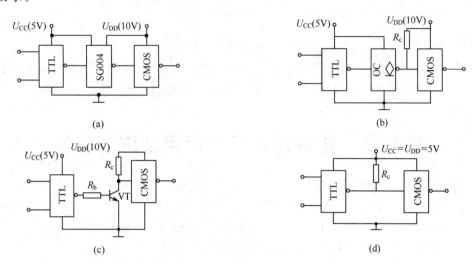

图 1-46　TTL 电路驱动 CMOS 电路

二、门电路和其他电路的连接

实际应用中，门电路带的负载类型很多，比较常见的有下面几种。

(一) TTL 电路与 LED 的连接

LED 就是发光二极管，它是一种特殊的二极管，当其正向偏置时，N 区的电子和 P 区的空穴相互扩散，并在 PN 结复合发光。它的正向管压降约为 1.7～2.2V，正向工作电流在 10mA 以上。

TTL 电路与发光二极管 LED 的连接要考虑 TTL 电路的驱动能力和 LED 的工作电流。

1. TTL 电路直接驱动 LED

图 1-47(a) 中，当 A、B 中有低电平时，Y 为高电平，LED 亮。

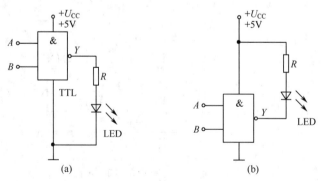

图 1-47　TTL 电路直接驱动 LED

图 1-47(b) 中，当 A、B 全为高电平时，Y 为低电平，LED 亮。

2. TTL 电路经驱动器驱动 LED

如果 TTL 电路输出电流小，不足以满足驱动 LED 的要求时，可经反相器驱动 LED，图1-48所示为常用的 TTL 电路经反相器驱动 LED 的三种形式。

图 1-48（a）为当 L 端为高电平时，LED 亮；图 1-48（b）当 L 端为高电平时，LED 亮；图 1-48（c）当 L 端为低电平时，LED 亮。

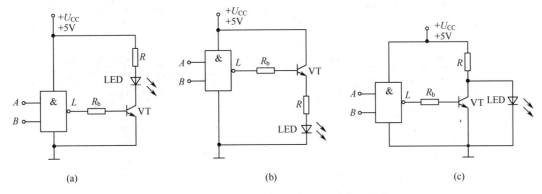

(a)　　　　　　　　　(b)　　　　　　　　　(c)

图 1-48　TTL 经反相器驱动 LED 的接口电路

（二）TTL 与继电器的连接

TTL 电路与继电器连接因继电器种类不同，所采用的接口电路也不相同。图 1-49 所示为 TTL 电路控制＋12V 电压继电器的几种方式：（a）为当 Y 端为低电平时，VT 饱和导通，继电器 KA 吸合，常开接点闭合，灯 HL 亮；（b）为当 Y 端为高电平时，VT 饱和导通，继电器 KA 吸合，常开接点闭合，灯 HL 亮。图中，VD 为续流二极管。（c）是电子电路中多路驱动时常用达林顿晶体管阵列驱动的一种形式，MC1413 是 NPN 达林顿晶体管阵列，多路驱动时应用很广泛。

（三）CMOS 电路外接负载

CMOS 电路外接负载与 TTL 电路外接负载形式相同，但要注意到 CMOS 电路的带负载能力比 TTL 带负载能力更差。图 1-50 所示为 CMOS 电路与外接负载连接的几种常用方式：（a）所示当 Y 为高电平时驱动 LED 亮；（b）所示当 Y 端为低电平时驱动 LED 亮；（c）当 Y 端为高电平驱动继电器动作。

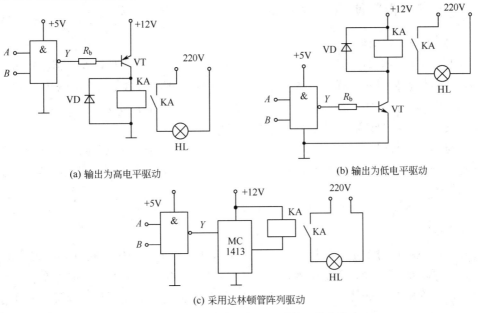

(a) 输出为高电平驱动　　　　　　　　(b) 输出为低电平驱动

(c) 采用达林顿管阵列驱动

图 1-49　TTL 电路控制继电器的几种方式

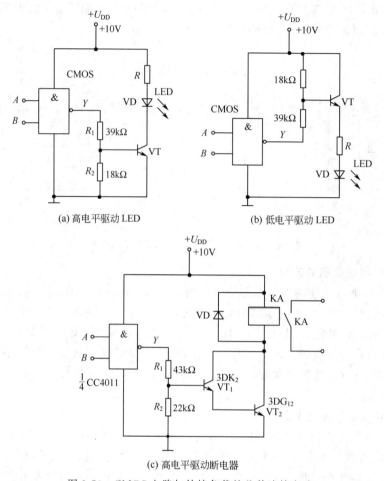

(a) 高电平驱动 LED　　　　　　　(b) 低电平驱动 LED

(c) 高电平驱动断电器

图 1-50　CMOS 电路与外接负载的几种连接方法

三、集成逻辑门使用注意事项

（一）多余输入端处理

对 TTL 逻辑门来说，与非门输入端悬空时，其对应发射结截止，效果与输入端接高电平相当。但这样容易引入干扰，造成系统工作不稳定。而对 CMOS 逻辑门来说，由于输入阻抗高达 $10^{12}\,\Omega$，稍有静电感应电荷，就会产生很高电压而击穿 MOS 管栅源间的 SiO_2 绝缘层，所以使用时决不允许输入端悬空。一般采用如下做法。

（1）**与非门（与门）多余输入端应接高电平**　可通过一个 $1\sim3k\Omega$ 的电阻接至电源 U_{CC} 端；或将多余输入端与某输入端并联使用，这种方法适用于工作频率不高且前级门的负载能力允许的情况下。

（2）**或非门（或门）多余输入端应接低电平**　在使用时可将 TTL 和 CMOS 或非门（或门）的多余输入端直接接地。

（3）**CMOS 门防静电击穿的措施**　由于 MOS 管的栅极与衬底之间有一层很薄的 SiO_2 绝缘层，其厚度约 $0.1\mu m$，称为栅氧化层，易在 CMOS 电路的输入端形成一个容量很小的输入电容，如图 1-51 中的 C_1、C_2；由于 MOS 管其直流电阻高达 $10^{12}\,\Omega$，所以即使存在微量的静电感应电荷，也可能在栅氧化层上感应出强电场，造成栅氧化层永久性击穿。因此，应在集成芯片的每个输入端加上两个保护二极管 VD_1、VD_2，如图 1-51 所示。当 $u_1 < 0.7V$ 时，VD_2 导通，栅压被箝位在 $-0.7V$；当 $u_1 > U_{DD} + 0.7V$ 时，VD_1 导通，栅压被钳位在 $U_{DD} + 0.7V$，从而防止栅氧化层的击穿，但是对于过高的静电感应，MOS 器件仍存在着被击穿的危险，所以应采取一些特殊的预防措施。

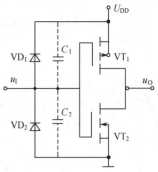

图 1-51　CMOS 输入保护电路

① 在储存和运输 CMOS 器件时，一般用铝箔将器件包起来，或者放在铝饭盒内进行静电屏蔽。

② 安装调试 CMOS 器件时，电烙铁及示波器等工具、仪表均要可靠接地；焊接 CMOS 器件最好在烙铁断电时用余热进行。

③ MOS 器件不使用的输入端不能悬空，必须进行适当处理（接高电平或低电平，或与其他输入端相并联）。

④ 当 CMOS 电路接低内阻信号源时，箝位二极管可能会过流烧坏，在这种情况下，最好在信号源和 CMOS 输入端间串接限流电阻。

⑤ 已安装调试好的 CMOS 器件插件板，最好不要频繁地从整机机架上拔下插上，尤其要注意不要在电源尚未切断的情况下，插拔 CMOS 器件插件板，平时不通电时应放在机架上较为妥当。

（二）对输出端的处理

① 除 OC 门外，一般门的输出端不允许线与连接，也不能和电源或地线短接。

② 带负载的多少应符合门电路输出特性的指标，即负载电流 $i_L \leqslant I_{OL}$ 或 I_{OH}。

（三）集成逻辑器件的改进及分类

选用集成电路时，应首先根据需要确定器件的功能类型，再依据各类器件的电路性能选用合适的集成电路型号。

集成电路的发展方向是提高速度和降低功耗。随着对器件性能需求的提高和科技的发展，集成电路的工艺和技术改进已取得显著成效。

1. 抗饱和的肖特基势垒二极管器件（Schottky Barrier Diode，SBD）

为提高 TTL 门电路速度，通常设法使晶体管处于非深饱和导通状态，减少在基区和集电区的存储电荷。采取的方法是在工作于饱和状态的二极管的基极 B 和集电极 C 间并接一个"肖特基势垒二极管 SBD"，如图 1-52(a) 所示，电路中三极管 VT 的 B、C 极间接入一个 SBD（肖特基二极管），它的 PN 结是由金属铝和 N 型半导体硅组成的，其特点如下。

① 正向压降小，$u_D \approx 0.3 \sim 0.4V$；

② 导电载体为多数载流子——电子，这样不会产生附加的开关时间。

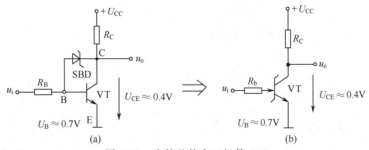

图 1-52　肖特基势垒三极管 SBD

当 SBD 导通箝位时，三极管基流被 SBD 分流，这就限制了三极管的饱和深度，使 $U_{CE}\approx0.4V$，从而减少了由存储电荷引起的开关时间。对加有肖特基二极管的三极管可画成如图 1-52(b) 中三极管 VT 的形状。

加有肖特基二极管的 TTL 电路称作 STTL，将门电路中的三极管均用在集电极 C 和基极 B 间接有 SBD 的三极管代替，并在电路结构上加以改进就形成了 74LS××、74S××、74HLS××、74HS×× 等各种高速门电路系列，其中 74LS×× 是首选，它是高速、低功耗电路，它的门电路平均延迟时间 t_{pd} 小于 5ns，功耗仅为 2mW，当电路工作在 1MHz 频率以内时，功耗比 CMOS 电路还低。

2. TTL 与 CMOS 门电路性能比较

一般中速逻辑电路只在 TTL 和 CMOS 两大类型中挑选。

对于 TTL 电路，一般有"有源泄放 TTL"、"STTL"、"LSTTL"门电路。有源泄放 TTL 电路已过时淘汰，最常采用的是"LSTTL"系列。

对于工作速度要求不高的逻辑电路，CMOS 门电路可优先选用。因为其抗干扰能力随电源电压增加而提高，尤其适用于干扰大的工业环境下使用；其次，CMOS 电路对电源要求不高，电源电压适应范围宽、使用方便。

3. 逻辑门电路型号简介

选定好门电路类型后，可查集成电路手册，挑选合适的产品型号，其型号含义如表1-19所示。

表 1-19　集成电路型号含义

国 外 型 号	国 产 型 号	含 义
40××	CC40××	CMOS 系列
74××	CT10××	一般 TTL 系列
74H××	CT20××	高速 TTL 系列，H 代表高速
74S××	CT30××	肖特基高速 STTL 系列
74LS××	CT40××	低功耗高速 STTL 系列

注：型号中的第一个"C"代表"China"。

第八节　技　能　训　练

一、技能训练目的

① 熟悉 Multisim 仿真工具，掌握仿真软件的使用方法。
② 掌握用 Multisim 平台构建逻辑电路图的方法。
③ 测试门电路的真值表。
④ 用逻辑分析仪分析门电路的时间波形图。
⑤ 掌握虚拟逻辑转换器的使用方法。

二、技能训练器材

+5V 直流电源　　　　1个

逻辑开关	2 个
逻辑指示灯	3 个
逻辑分析仪	1 台
字符信号发生器	1 台
2 输入与非门	4 个
电阻	1kΩ 电阻 2 个；10kΩ 电阻 1 个

三、技能训练原理

数字电路中的逻辑电路图、真值表、逻辑表达式和波形图之间是可以相互转化的。

图 1-53 所示电路经逐级写出逻辑表达式并化简可得：$L = A \oplus B$，其功能特点是 A、B 两个逻辑变量"相同出 0，相异出 1"。

图 1-54 为图 1-53 所示电路逻辑功能的测试电路图。

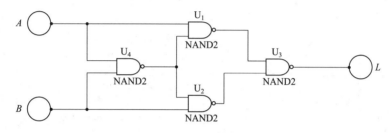

图 1-53　异或逻辑图

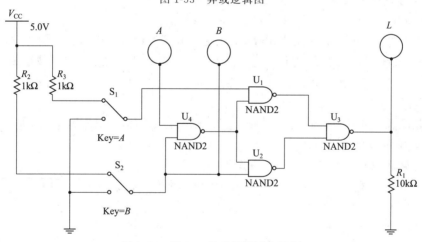

图 1-54　图 1-53 的功能测试电路图

四、技能训练内容与步骤

（一）数字电路图的构建

一般在 Multisim 平台上构建如图 1-53 所示的逻辑电路。

① 放置元器件：从逻辑分析元器件中选择与非门并拖拽至 Multisim 工作区。

② 连线：把光标指向一个器件的接线端（此时出现一个小黑点），按住鼠标左键，移动鼠标至另一个器件的接线端（此时又出现一个小黑点），释放鼠标左键，则两器件间的接线端就连接好了。

（二）逻辑电路真值表的仿真测试

1. 按图 1-54 所示电路构建测试电路

① 在输入端添加逻辑开关（在无源器件库中选择开关"switch"）并分别以［A］、［B］标号。

② 在逻辑开关的两个端点分别加＋5V 电源和地（在电源库中选择＋Vcc 电压源和 GND）。

③ 用逻辑指示灯（显示器件库中的 Red prode）指示输入、输出逻辑变量的逻辑状态（亮表示为 1，不亮表示为 0）。

2. 逻辑电路真值表的仿真测试

① 按表 1-20 改变逻辑开关的状态（［A］开关的状态通过单击键盘上的 A 键改变，［B］开关状态由单击键盘上的 B 键改变），单击仿真开关运行动态分析。通过逻辑开关在逻辑电路的输入端加上 0 或 1，根据逻辑指示灯的明暗变化，完成真值表的测试。

② 将测试结果填入表 1-20 中，并与理论分析结果相比较。

③ 单击开关停止仿真。

表 1-20　图 1-54 所示逻辑功能测试电路真值表

A	B	L	A	B	L
0	0		1	0	
0	1		1	1	

（三）用逻辑分析仪分析门电路的时间波形图

① 在 Multisim 平台上建立如图 1-55（a）所示的仿真测试电路，字符信号发生器和逻辑分析仪按图设置。单击仿真开关运行动态分析。当字符信号发生器在逻辑电路的每个输入端加上一系列的脉冲信号时，输出端就会有相应的逻辑信号输出，其时间波形图显示在逻辑分析仪的屏幕上，其中第一条曲线为 A 端输入波形，第二条为 B 端输入波形，第三条为 L 端输出波形。

② 单击开关停止仿真。在技能训练报告中画出异或门的时间波形图。

（四）虚拟逻辑转换器的使用

① 由逻辑转换器导出逻辑电路的真值表

按图 1-56 连接逻辑转换器，在图 1-57 所示逻辑转换器面板上选择 ![⟶ 1 0 1]，将根据逻辑电路直接生成真值表。

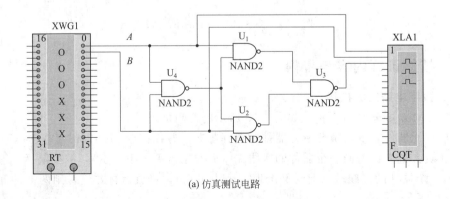

(a) 仿真测试电路

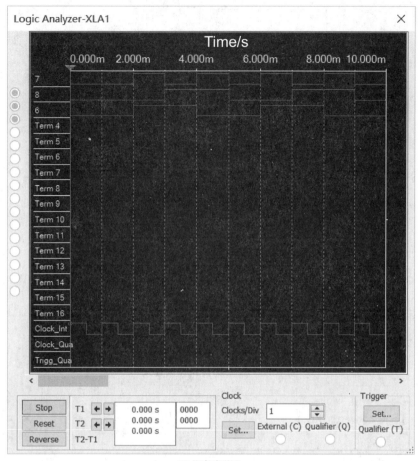

(b) 仿真波形图

图 1-55　仿真测试电路及仿真波形图

② 用逻辑转换器将真值表转换出逻辑表达式

仍按图 1-56 连接逻辑转换器，在图 1-57 所示逻辑转换器面板上选择 $\boxed{1\ 0\ 1} \longrightarrow \boxed{\text{A|B}}$，将真值表转换成逻辑表达式，并在逻辑转换器最下方显示区显示出来（注意：$A'=A$）。

③ 用逻辑转换器将逻辑表达式转换为逻辑电路图

仍按图 1-56 连接逻辑转换器，在图 1-57 所示逻辑转换器面板上选择，$\boxed{\text{A|B}} \longrightarrow \boxed{\leftimage}$，将逻辑表达式转换为与或逻辑电路，生成的电路可直接在 Multisim 工作区显示出来。

五、技能训练报告要求

① 比较由仿真电路测出的真值表与逻辑函数式是否相符？
② 比较由仿真电路测出的真值表和由逻辑转换器导出的真值表是否相符？
③ 从时间波形图上看，在什么输入条件下电路输出高电平？

六、预习要求

① 复习基本逻辑门的功能。
② 熟悉 Multisim 的界面和软件的运行。

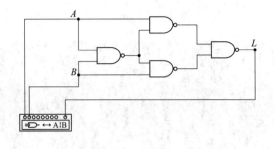

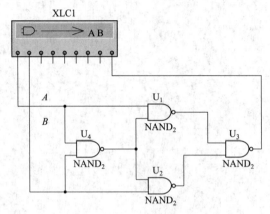

图 1-56　逻辑转换器的连接

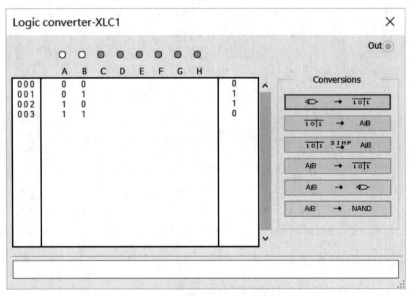

图 1-57　逻辑转换器面板图

③ 预习 Multisim 附录中有关器件库和基本操作（器件放置、旋转、标号、赋值等）、数字仪器仪表的使用等内容。

本章小结

本章学习了数字电路的基本概念、基本逻辑关系和基本逻辑器件，重点是基本数字逻辑器件的功能、逻辑符号及使用方法。

　　数字信号具有时间和幅值的离散性，数字电子技术是研究数字信号产生和处理的电子技术。半导体二极管和三极管的开关特性是构成数字电路的基础。

　　数制和码制是数字电路中表征数字信号的基本体制，必须正确理解数制和码制的概念，并熟练掌握十进制、二进制、十六进制间的转换方法；掌握常用 8421BCD 码、5421BCD 码、余 3BCD 码的表示形式；格雷码和奇偶校验码的特点和表示形式。

　　事物的"因""果"控制关系称为逻辑关系。最基本的逻辑关系有"与"、"或"、"非"三种，用来实现三种基本逻辑关系的电路分别称为与门、或门和非门；由它们可以组成常用的复合逻辑门。

　　逻辑关系可用真值表、逻辑表达式、卡诺图、逻辑电路图和时序波形图等方式表达，它们之间可以相互转换。真值表是描述逻辑关系的常用方法，它以表格的形式表示逻辑函数和输入逻辑变量之间的取值关系，优点是具有唯一性、直观、明了。但当变量多时，稍嫌繁琐。

　　常用的逻辑函数化简有两种方法：公式法和卡诺图法。化简时先判断有无约束条件，有约束条件时一般用卡诺图法较方便；若无约束条件可根据具体情况分别用公式法或卡诺图法，也可两种方法并用。公式法化简的优点是不受任何条件的限制，但必须建立在熟练掌握逻辑代数基本公式和定律的基础上，需要一定灵活运用的技巧，难度较高。卡诺图是逻辑函数最小项的方格图表示法。由于卡诺图中最小项的几何相邻对应其逻辑相邻的特性，因此特别适合于逻辑函数的化简。卡诺图化简的优点是简单、直观、易于掌握。

　　本章主要介绍了 TTL、CMOS 集成逻辑门。TTL 逻辑门输入级采用多发射极晶体管，输出级采用推拉式结构，所以工作速度较快、负载能力较强，是目前使用最广泛的一种集成逻辑门。目前，CT74LS 系列是 TTL 产品的主流。从工程应用的观点出发，应掌握好 TTL 逻辑门的电气特性和主要参数。CMOS 电路属于单极型集成电路，具有速度高、功耗低、扇出大、电源电压范围宽、抗干扰能力强、集成度高等一系列特点，使之在数字集成电路中占据主导地位的趋势日益明显，CMOS 电路现有高速 74HC 系列。

　　在实际应用时，必须考虑 TTL 与 CMOS 之间相互连接及两种逻辑门与负载连接时的接口电路，主要解决电平匹配和输出电流驱动负载的能力问题。接口电路既可采用专用接口芯片，也可用分立元件自行设计。接口电路是连接逻辑电路与执行机构的纽带。

　　逻辑门电路是构成数字电路最基本的逻辑单元电路，因此对常用的**与门**、**或门**、**非门**、**与非门**、**或非门**、**与或非门**、**异或门**、**三态门**、**集电极开路门**、**传输门**等的逻辑功能和逻辑符号要熟记。

思考题与习题

一、填空题

1-1　数字集成逻辑器件按集成工艺可分为_____和_____两大类。

1-2　在大幅度的脉冲信号作用下，三极管仅工作于截止区和_____，并作为_____来使用。

1-3　TTL 与非门典型电路中输出电路一般采用_____电路。

1-4　TTL 与非门空载时输出高电平为_____伏，输出低电平为_____伏，阈值电平 U_{th} 约为_____伏。

1-5　集成逻辑门电路的发展方向是提高_____、降低_____。

1-6　CMOS 门电路中不用的输入端不允许_____。CMOS 电路中通过大电阻将输入端接地，相当于接_____；而通过电阻接 U_{DD}，相当于接_____。

1-7　CMOS 门电路中与非门的负载管是_____（串联还是并联）的，驱动管是_____的；或非门的负载管是_____的，驱动管是_____的。

1-8　图 1-58 所示为 TTL 与非门的电压传输特性，由曲线可知：开门电平 U_{ON} ＝_____ V；关门电平 U_{OFF} ＝_____ V；输出高电平 U_{OH} ＝_____ V；输出低电平 U_{OL} ＝_____ V。

1-9　图 1-59 所示电路的最简表达式为 P ＝_____。

1-10　图 1-60 所示电路的最简表达式为 P ＝_____。

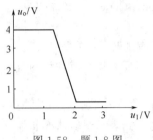

图 1-58　题 1-8 图

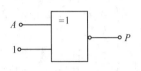

图 1-59　题 1-9 图

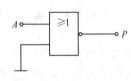

图 1-60　题 1-10 图

1-11　TTL 与非门是_____极型集成电路，由_____管组成，电路工作在_____状态。

1-12　CMOS 逻辑门是_____极型集成电路，由_____管组成，电路工作在_____状态。

1-13　$(110010111)_B$ ＝（　　　）$_D$ ＝（　　　）$_H$ ＝（　　　）$_O$

1-14　$(101011.110)_B$ ＝（　　　）$_D$ ＝（　　　）$_H$ ＝（　　　）$_O$

1-15　$(45)_D$ ＝（　　　）$_B$ ＝（　　　）$_H$ ＝（　　　）$_O$

1-16　$(127.815)_D$ ＝（　　　）$_B$ ＝（　　　）$_H$ ＝（　　　）$_O$

1-17　$(456)_D$ ＝（　　　）$_{8421}$ ＝（　　　）$_{余3}$

1-18　$(58.09)_D$ ＝（　　　）$_{8421}$ ＝（　　　）$_{余3}$

1-19　$(010000000111)_{8421}$ ＝（　　　）$_D$ ＝（　　　）$_{余3}$

1-20　图 1-61 所示电路的最简表达式为 P ＝_____。

1-21　图 1-62 所示电路的最简表达式为 P ＝_____。

1-22　图 1-63 所示为三态门，当控制信号 $B=0$ 时，P ＝_____；$B=1$ 时，P ＝_____。

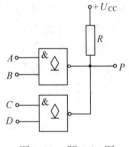

图 1-61　题 1-20 图

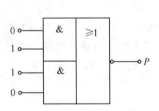

图 1-62　题 1-21 图

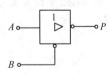

图 1-63　题 1-22 图

二、判断正误

1-23　数字电路在脉冲信号作用下，晶体管交替工作于截止区和饱和区。

1-24　在卡诺图中，分组变量取值组合能任意假设。

1-25　卡诺图在几何位置上的相邻正好对应逻辑关系的相邻，所以可用于逻辑函数化简。

1-26　集成电路中，在输入高电平时的噪声容限大于低电平时的噪声容限，所以输入低电平抗干扰能力比高电平抗干扰能力强。

1-27　因为 $A+AB=A$，所以 $AB=0$。

1-28　因为 $A(A+B)=A$，所以 $A+B=1$。

1-29　TTL 或非门多余输入端可以接高电平。

1-30　TTL 或非门多余端子可以悬空。

1-31　CMOS逻辑门电路多余端子在驱动门扇出系数允许条件下可并接使用。

三、判断题

1-32　判断图1-64所示电路输出逻辑表达式是否正确：(a) _____，(b) _____。

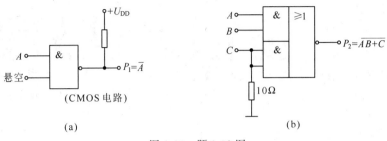

图1-64　题1-32图

1-33　判断图1-65所示电路输出逻辑表达式是否正确：(a) _____，(b) _____，(c) _____。

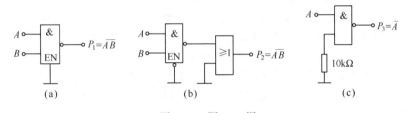

图1-65　题1-33图

四、选择题

1-34　数字电路主要研究的对象是（　　　）。

　　A. 时间和数值都离散的数字信号

　　B. 电路的输入和输出之间的逻辑关系

　　C. 三极管的开关特性

　　D. 数字信号传输、转换的过程

1-35　二进制数字系统中，对码制叙述不正确的是（　　　）。

　　A. 码制实际上是"编码"结束后的结果

　　B. 码制是二进制组合被赋予固定含义的具体体现

　　C. 采用不同的编码方案时，可以得到不同形式的码制

　　D. 码制和数制一样，都是表示数值大小的

1-36　对关门电平 U_{OFF}、开门电平 U_{ON} 及阈值电平 U_{th} 叙述正确的是（　　　）。

　　A. 关门电平 U_{OFF} 是允许的最大输入高电平

　　B. 开门电平 U_{ON} 是允许的最小输入低电平

　　C. 关门电平 U_{OFF} 和开门电平 U_{ON} 能够反映出电路的抗干扰能力

　　D. 阈值电平 U_{th} 是饱和区的中值电压

1-37　有两个TTL与非门 G_1 和 G_2，测得它们的输出高电平和低电平相等，关门电平分别为 $U_{OFF1}=1.1V$，$U_{OFF2}=1.2V$；开门电平分别为 $U_{ON1}=1.9V$，$U_{ON2}=1.5V$，则其性能（　　　）。

　　A. G_1 优于 G_2

　　B. G_2 优于 G_1

　　C. G_1 与 G_2 相同

1-38　对于CMOS与非门来说，多余输入端不允许悬空的原因是（　　　）。

　　A. 浪费芯片管脚资源

　　B. 由于输入阻抗很高，稍有静电感应，就会烧坏管子

C. 输入端悬空相当于接高电平

D. 当输入信号频率较高时，会产生干扰信号

1-39 图 1-66 所示电路，其输出逻辑表达式为（　　）。

　A. $P=A+B$

　B. $P=A \cdot B$

　C. $P=A \oplus B$

　D. $P=A \odot B$

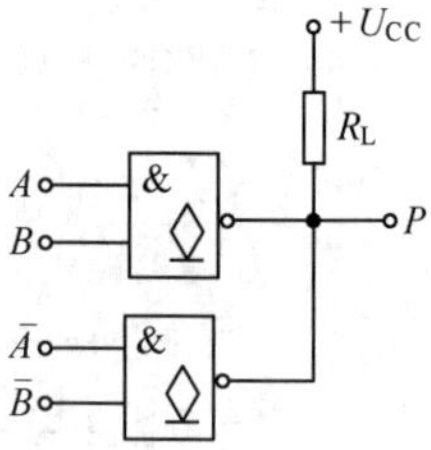

图 1-66　题 1-39 题

1-40 欲将**与非**门作反相器使用，其多余输入端接法错误的是（　　）。

　A. 接高电平

　B. 接低电平

　C. 并联使用

1-41 欲将**或非**门作反相器使用，其输入端接法不对的是（　　）。

　A. 将逻辑变量接入某一输入端，多余端子接电源

　B. 将逻辑变量接入某一输入端，多余端子接地

　C. 将逻辑变量接入某一输入端，多余端子与输入端子并联使用

1-42 **异或**门作反相器使用时，其输入端接法（　　）。

　A. 将逻辑变量接入某一输入端，多余端子接地

　B. 将逻辑变量接入某一输入端，多余端子接高电平

　C. 将逻辑变量接入某一输入端，多余端子并联使用

五、电路分析题

1-43 画出能描述：$P=A(B+C)+DE$ 的开关电路。

1-44 画出能描述：$P=A(B+C+D)+E$ 的开关电路。

1-45 列出下列函数的真值表

　（1）$P=A\bar{C}+BC+\bar{B}\bar{C}$　　　　（2）$P=\overline{ABC}$　　　　（3）$P=AB+\bar{B}C+AC\bar{D}$

1-46 用卡诺图化简下列函数

　① $P=ABC+ABD+\bar{C}\bar{D}+A\bar{B}C+\bar{A}C\bar{D}+\bar{A}CD$

　② $P(A,B,C)=\sum m(0,1,2,5)$

　③ $P=\bar{A}\bar{B}+\bar{A}CD+AC+\bar{B}C$

　④ $P(A,B,C,D)=\sum m(0,1,4,7,10,13,14,15)$

　⑤ $P(A,B,C,D)=\sum m(3,5,6,9,12,13,14,15)+\sum d(0,1,7)$

　⑥ $P(A,B,C,D)=\sum m(3,4,5,7,9,13)$

　⑦ $P(A,B,C,D)=\sum m(0,1,5,7,8,11,14)+\sum d(3,9,15)$

　⑧ $P(A,B,C,D)=\sum m(3,5,9,10,12,15)+\sum d(0,1,13)$

1-47 图 1-67 中所示为可选通的六反相/缓冲器 CC4052 的一个单元，试通过列真值表，分析其逻辑功能。

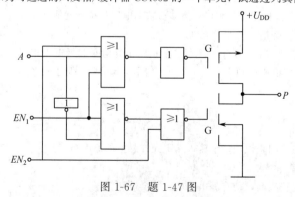

图 1-67　题 1-47 图

1-48　图 1-68 所示各逻辑门，已知输入波形，画出各 TTL 门电路的输出波形图。

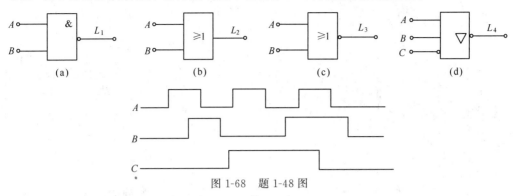

图 1-68　题 1-48 图

1-49　图 1-69 所示为逻辑测试笔电路图，用来检测 TTL 电路逻辑电平值。试说明该电路的工作原理和电阻 R 的作用，并计算 R 的阻值。（已知：TTL 门电路的参数：$I_{OH}=40\text{mA}$，$I_{OL}=14\text{mA}$，$U_{OH}=3.6\text{V}$，$U_{OL}=0.3\text{V}$，LED 允许发光工作电流 $I_{OM}=10\text{mA}$，管压降 $U_D=1.8\text{V}$）

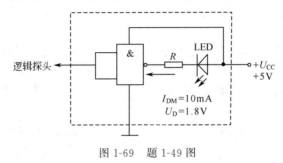

图 1-69　题 1-49 图

第二章　组合逻辑电路

目的与要求　熟练掌握组合逻辑电路的分析与设计方法；熟练掌握组合逻辑部件的逻辑符号、功能；掌握用数据选择器和译码器构成组合逻辑电路的方法；掌握利用集成电路手册查询数字电路逻辑功能的方法；能根据实际问题的需要合理选用集成器件，培养数字电路的读图和电路搭接能力。

数字逻辑电路按其逻辑功能特点可分为两大类：组合逻辑电路和时序逻辑电路。

组合逻辑电路是指：电路任意时刻的输出，仅取决于该时刻的输入信号的组合，而与信号作用前电路的输出状态无关。

组合逻辑电路中只有输入到输出的通道，不存在从输出到输入的反馈通路，不存在记忆元件或存储电路。因此，输出状态不会影响输入状态。

第一节　组合逻辑电路的分析与设计

一、组合逻辑电路的分析

分析组合逻辑电路的目的是为了确认其逻辑功能，步骤为：

① 写表达式。根据组合逻辑电路的逻辑图，逐级写出逻辑函数表达式；

② 化简。对表达式进行化简或变换，以得出最简的函数表达式；

③ 列出真值表。将输入输出变量及其所有可能的取值列成表格；

④ 分析并确定功能。根据真值表和逻辑函数表达式确定电路的逻辑功能。

下面通过实例加以说明。

【例 2-1】　分析图2-1所示电路的逻辑功能。

解　由逻辑图可逐级写出其输出端的逻辑表达式，并化简。

$$G = \overline{ABC}$$
$$X = A \cdot G = A \cdot \overline{ABC}$$
$$Y = B \cdot G = B \cdot \overline{ABC}$$

$$Z = C \cdot G = C \cdot \overline{ABC}$$

$$F = \overline{X + Y + Z}$$

$$F = \overline{\overline{\overline{ABC} \cdot A} + \overline{\overline{ABC} \cdot B} + \overline{\overline{ABC} \cdot C}}$$

$$= \overline{\overline{\overline{ABC}(A + B + C)}}$$

$$= \overline{\overline{\overline{ABC}} + \overline{(A + B + C)}}$$

$$= ABC + \overline{A}\,\overline{B}\,\overline{C}$$

由化简后的逻辑表达式列出真值表,如表 2-1 所示。由表可知,该电路只有当 A、B、C 全为 "0" 或全为 "1" 时,输出 F 才为 "1",否则为 "0"。所以该电路为 "判一致电路",可用于判断三个输入端的状态是否一致。

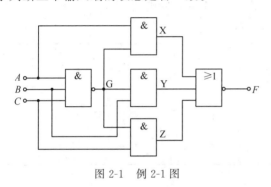

图 2-1 例 2-1 图

表 2-1 例 2-1 的真值表

A	B	C	F
0	0	0	1
0	0	1	0
0	1	0	0
0	1	1	0
1	0	0	0
1	0	1	0
1	1	0	0
1	1	1	1

【例 2-2】 一个双输入端、双输出端的组合逻辑电路如图 2-2 所示,分析该电路的功能。

解 第一步,由逻辑图写出逻辑表达式,并进行化简和变换。

$$Z_1 = \overline{AB}$$

$$Z_2 = \overline{A \cdot \overline{AB}}$$

$$Z_3 = \overline{B \cdot \overline{AB}}$$

$$S = \overline{Z_2 \cdot Z_3} = \overline{Z_2} + \overline{Z_3} = A \cdot \overline{AB} + B \cdot \overline{AB} = A(\overline{A} + \overline{B})$$

$$+ B(\overline{A} + \overline{B}) = A\overline{B} + \overline{A}B = A \oplus B$$

$$C = \overline{Z_1} = AB$$

第二步,列出真值表,如表 2-2 所示。

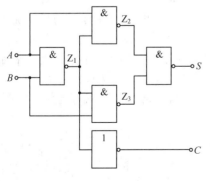

图 2-2 例 2-2 图

表 2-2 例 2-2 真值表

输 入		输 出	
A	B	S	C
0	0	0	0
0	1	1	0
1	0	1	0
1	1	0	1

第三步，分析真值表可知，A、B 都是 0 时，S 为 0，C 也为 0；当 A、B 有 1 个为 1 时，S 为 1，C 为 0；当 A、B 都是 1 时，S 为 0，C 为 1。这符合两个 1 位二进制数相加的原则，即 A、B 为两个加数，S 是它们的和，C 是向高位的进位。这种电路可用于实现两个 1 位二进制数的相加，实际上它是运算器中的基本单元电路，称为半加器。

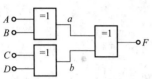

图 2-3　例 2-3 逻辑电路图

【例 2-3】　分析图 2-3 所示电路，写出它的逻辑表达式。

解　$F = a \oplus b = A \oplus B \oplus C \oplus D$

仅从表达式上不易直观地看出其逻辑功能，可将表达式转换成真值表后，再进行判断。本例的真值表见表 2-3。

由表 2-3 可看出，当四个输入变量中有奇数个 1 时，输出为 1，否则，输出为 0。这样根据输出状态可以校验输入端 1 的个数是否为奇数。因此，这是一个四输入变量的奇数校验电路。

表 2-3　例 2-3 真值表

A	B	C	D	F	A	B	C	D	F
0	0	0	0	0	1	0	0	0	1
0	0	0	1	1	1	0	0	1	0
0	0	1	0	1	1	0	1	0	0
0	0	1	1	0	1	0	1	1	1
0	1	0	0	1	1	1	0	0	0
0	1	0	1	0	1	1	0	1	1
0	1	1	0	0	1	1	1	0	1
0	1	1	1	1	1	1	1	1	0

二、组合逻辑电路的设计

组合逻辑电路设计的任务是根据给定的要求，找出实现该功能的逻辑电路，其步骤可按下述框图进行

实际问题 → 真值表 → 逻辑函数 → 化简 → 逻辑图

① 对实际的问题进行分析。确定在所提出的问题中，什么是输入逻辑变量、什么是输出函数，并分析变量间的逻辑关系。即把一个实际问题归结为一个逻辑问题，合理地设置变量，并建立起它们之间正确的逻辑关系。

② 列真值表。在列真值表时，如有 n 个变量，则真值表左边有 n 列，共有 2^n 个取值组合，即应有 2^n 行。如有多个输出，则真值表右边亦有多列。

③ 根据真值表写出逻辑函数最小项之和的标准式。用代数法或卡诺图法将函数化简，得到最简的逻辑函数表达式或所要求的某种形式的表达式。

④ 根据使用场合和技术要求等多方面因素，如对电路的速度、功耗、成本、可靠性、逻辑功能的灵活性等，合理地选择器件，构成逻辑电路。

【例 2-4】　设计一个三人表决电路，如两人或两人以上的多数同意，则决议通过。

解　① 设三人为三个输入变量 A、B、C，决议是否通过由输出 F 表示。

② 输入变量同意为状态 1、不同意为状态 0；输出端 F 通过为状态 1、不通过为状态 0。

③ 列真值表，如表 2-4 所示。

④ 写出逻辑函数式

$$F = \overline{A}BC + A\overline{B}C + AB\overline{C} + ABC$$

若用**与非门**实现，经过函数化简后得　$F = \overline{\overline{AB}\ \overline{BC}\ \overline{AC}}$

⑤ 画出逻辑电路，如图 2-4 所示。

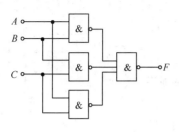

图 2-4 例 2-4 逻辑图

表 2-4 例 2-4 真值表

A	B	C	F
0	0	0	0
0	0	1	0
0	1	0	0
0	1	1	1
1	0	0	0
1	0	1	1
1	1	0	1
1	1	1	1

【例 2-5】 根据二进制加法运算规则，设计一个全加器。

同时考虑相邻低位的进位的两个同位二进制数相加的运算单元称为全加器。

在计算机的运算器中加法器是最重要而又最基本的运算部件，全加器则是构成加法器的基础。

解 ① 设 A_i 和 B_i 分别表示第 i 位的被加数和加数输入，C_{i-1} 表示来自相邻低位的进位输入；S_i 为本位和的输出，C_i 为向相邻高位的进位输出。

② 按照二进制数加法的运算规则，列出全加器的真值表，如表 2-5 所示。

③ 由真值表可写出 S_i 和 C_i 的输出逻辑函数表达式，再经化简和转换得到：

$$S_i = \overline{A_i}\,\overline{B_i}C_{i-1} + \overline{A_i}B_i\overline{C_{i-1}} + A_i\,\overline{B_i}\,\overline{C_{i-1}} + A_iB_iC_{i-1}$$
$$= \overline{(A_i \oplus B_i)}C_{i-1} + (A_i \oplus B_i)\overline{C_{i-1}} = A_i \oplus B_i \oplus C_{i-1}$$
$$C_i = A_iB_iC_{i-1} + A_i\,\overline{B_i}C_{i-1} + A_iB_i\overline{C_{i-1}} + A_iB_iC_{i-1}$$
$$= A_iB_i + (A_i \oplus B_i)C_{i-1}$$

④ 由上式可得图 2-5(a) 所示的全加器的逻辑图，图 2-5(b) 所示为全加器的逻辑符号。

表 2-5 全加器的真值表

输 入			输 出	
A_i	B_i	C_{i-1}	S_i	C_i
0	0	0	0	0
0	0	1	1	0
0	1	0	1	0
0	1	1	0	1
1	0	0	1	0
1	0	1	0	1
1	1	0	0	1
1	1	1	1	1

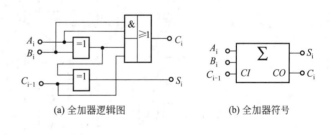

(a) 全加器逻辑图　　　　(b) 全加器符号

图 2-5 全加器的逻辑电路与逻辑符号

若有多位二进制数相加，则可以采用并行相加串行进位的方式来完成。例如有两个二进制数 $A_3A_2A_1A_0$ 和 $B_3B_2B_1B_0$ 相加，可以用 4 个全加器构成，如图 2-6 所示。由于任一位相加运算必须等到低一位的进位产生以后才能进行，所以称为串行进位。这种加法器的电路比较简单，但运算速度慢。为了提高运算速度，必须设法减少或消除由于进位信号逐级传递所消耗的时间，进而设计了多位超前进位加法器。

图 2-7 所示为 4 位超前进位全加器逻辑电路，各位进位信号 Y_2、Y_3、Y_4 的产生均只需要经历一级**与非门**和一级**与或非门**的延迟时间，比逐位进位的全加器大大缩短了时间。4 位超前进位全加器集成电路有 74LS283、CC4008 等。

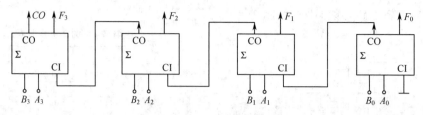

图 2-6　串行进位加法器逻辑图

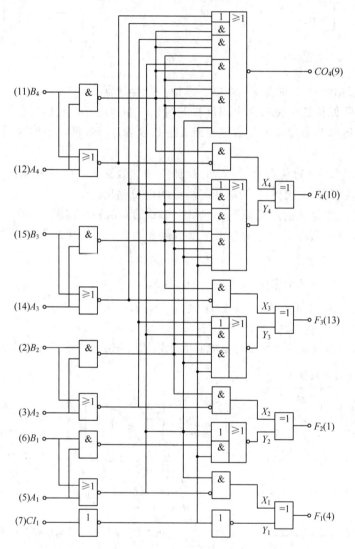

图 2-7　4 位超前进位全加器 74LS283 的逻辑电路图

　　组合逻辑电路的设计通常以电路简捷、所用器件最少为目标。在实际工作中，需要根据电路的使用场合、技术指标要求等选择合适的逻辑门电路，尽可能减少选用器件的数目和种类，从而设计出经济、性能稳定和工作可靠的逻辑电路。

　　随着微电子技术的不断发展，单块芯片的集成度越来越高，相继研制出小规模(SSI)、中规模(MSI)、大规模(LSI)和超大规模集成电路(VLSI)。实现组合逻辑电路设计，根据所用器件的不同，有着不同的设计方法。在选择电路时，可选择较大规模的集成电路，使实现过程、实现方法更为简便，可靠性更好，也更经济。

第二节　编　码　器

在数字系统中，普遍采用二进制代码来表示信号。所谓编码是用若干位二进制代码来表示某种信息（如 $0\sim9$ 十个数字，$A\sim Z$ 的 26 个英文字母）的过程。能够实现编码功能的电路称为编码器。编码器的输入信号是若干个代表不同信息的变量，它的输出则是一组代码，用代码的不同组合来表示不同的输入变量。如输出有 n 位代码，则它最多可以用来表示 2^n 个输入变量。在某一时刻只有一个输入信号被转换为二进制码。

数字电路中，常用的编码器有二进制编码器、二-十进制编码器和优先编码器等。

一、二进制编码器

二进制编码器是将 $N=2^n$ 个输入信息编成 n 位二进制代码的电路。例如，把 I_0、I_1、I_2、I_3、I_4、I_5、I_6、I_7 八个输入信号编成对应的三位二进制代码输出。其编码过程如下：

1. 确定二进制代码的位数

如果输入端 $I_0\sim I_7$ 代表八个信号，而 $8=2^3$，所以应确定三位二进制代码输出，分别设为 Y_2、Y_1、Y_0，共有 $2^3=8$ 种组合，每种组合表示输入的一种信号。因为有 8 个输入端、3 个输出端，所以这种编码器通常称为 8 线-3 线编码器。

2. 列真值表

用 3 位二进制代码表示八个信号的方案很多，表 2-6 所列的是其中一种。

3. 由真值表写出逻辑表达式

因为编码器的输入变量在任意时刻只允许其中的一个变量取值为 1，所以可直接写出输出逻辑表达式，即

$$Y_2=I_4+I_5+I_6+I_7=\overline{\overline{I_4+I_5+I_6+I_7}}=\overline{\overline{I_4}\cdot\overline{I_5}\cdot\overline{I_6}\cdot\overline{I_7}}$$

$$Y_1=I_2+I_3+I_6+I_7=\overline{\overline{I_2+I_3+I_6+I_7}}=\overline{\overline{I_2}\cdot\overline{I_3}\cdot\overline{I_6}\cdot\overline{I_7}}$$

$$Y_0=I_1+I_3+I_5+I_7=\overline{\overline{I_1+I_3+I_5+I_7}}=\overline{\overline{I_1}\cdot\overline{I_3}\cdot\overline{I_5}\cdot\overline{I_7}}$$

4. 由表达式画出逻辑图

逻辑图如图 2-8 所示。输入端不允许同时出现两个或两个以上的输入信号有效。例如，当 $I_1=1$，其余为 0 时，则输出为 001；当 $I_5=1$，其余为 0 时，则输出为 101。二进制代码 001 和 101 分别对应输入信号 I_1 和 I_5。当 $I_1\sim I_7$ 均为 0 时，输出为 000，即表示为 I_0。

表 2-6　3 位二进制编码器真值表

输入	输出		
	Y_2	Y_1	Y_0
I_0	0	0	0
I_1	0	0	1
I_2	0	1	0
I_3	0	1	1
I_4	1	0	0
I_5	1	0	1
I_6	1	1	0
I_7	1	1	1

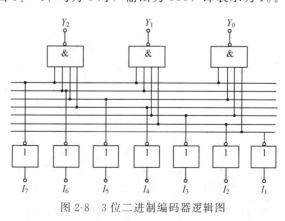

图 2-8　3 位二进制编码器逻辑图

二、二-十进制编码器

二-十进制编码器是将十进制的十个数码 0、1、2、3、4、5、6、7、8、9 编成二-十进制码的电路，其输入是 0~9 十个数码，输出为二-十进制码，现以 8421BCD 码编码器为例加以说明。

（1）确定二进制代码的位数　因为输入有十个信号，而 3 位二进制代码只有 8 种组合，所以输出应是 4 位（$2^n > 10$，取 $n=4$）二进制代码。这种编码器通常称为 10 线-4 线编码器。

（2）列真值表　根据要求，可列出二-十进制编码器的真值表，如表 2-7 所示。

（3）由真值表写出逻辑表达式

$$Y_3 = I_8 + I_9 = \overline{\overline{I_8} \cdot \overline{I_9}}$$

$$Y_2 = I_4 + I_5 + I_6 + I_7 = \overline{\overline{I_4} \cdot \overline{I_5} \cdot \overline{I_6} \cdot \overline{I_7}}$$

$$Y_1 = I_2 + I_3 + I_6 + I_7 = \overline{\overline{I_2} \cdot \overline{I_3} \cdot \overline{I_6} \cdot \overline{I_7}}$$

$$Y_0 = I_1 + I_3 + I_5 + I_7 + I_9 = \overline{\overline{I_1} \cdot \overline{I_3} \cdot \overline{I_5} \cdot \overline{I_7} \cdot \overline{I_9}}$$

（4）由逻辑表达式画出逻辑图　如图 2-9 所示的是有十个按键的 8421 码编码器的逻辑图。按下某个按键，输出相应的一个 8421BCD 码。例如，按下 S_5 键，输入 $I_5 = 1$，输出为 0101，即将十进制数码 5 编成 8421BCD 码 0101；按下 S_0 键，则输出为 0000。同样，输入不能有两个端同时为有效电平（低电平），即不允许同时申请编码。

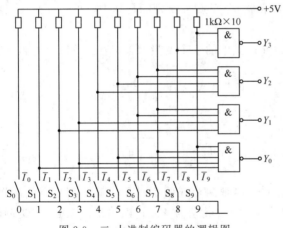

图 2-9　二-十进制编码器的逻辑图

表 2-7　8421 码编码器的真值表

输　入	输　出			
十进制数	Y_3	Y_2	Y_1	Y_0
I_0	0	0	0	0
I_1	0	0	0	1
I_2	0	0	1	0
I_3	0	0	1	1
I_4	0	1	0	0
I_5	0	1	0	1
I_6	0	1	1	0
I_7	0	1	1	1
I_8	1	0	0	0
I_9	1	0	0	1

三、优先编码器

上述的编码器每次只允许一个输入信号有效，而实际应用中常出现多个输入信号端同时有效的情况。例如计算机有许多输入设备，可能多台设备同时向主机发出编码请求，希望输入数据，为了避免在同时出现两个以上的输入信号（均为有效）时输出产生错误，这就要求采用优先编码，即编码器只对其中优先级别最高的输入信号进行编码，而对优先级别低的输入信号则不予响应，这种电路称为优先编码器。

优先编码器的每个输入具有不同的优先级别，因此它允许同时接受多个输入信号，并能识别各输入信号的优先级别，对其中优先级别最高的信号进行编码，做出相应的输出。

1. 二进制优先编码器

设 8 线-3 线优先编码器的编码输入信号为 $\overline{IN}_7 \sim \overline{IN}_0$，编码申请为低电平有效，编码输

出为 $\overline{Y_2}\sim\overline{Y_0}$（反码输出）如果不考虑附加电路 $\overline{ST}$、Y_S、$\overline{Y}_{EX}$，则可列出优先编码器的真值表如表 2-8 所示，并可写出各输出端逻辑表达式

$$\overline{Y_2}=\overline{\overline{IN_7}+\overline{IN_6}+\overline{IN_5}+\overline{IN_4}}=\overline{IN_7}\cdot\overline{IN_6}\cdot\overline{IN_5}\cdot\overline{IN_4}$$

$$\overline{Y_1}=\overline{IN_7}\cdot\overline{IN_6}\cdot(IN_5+IN_4+\overline{IN_3})\cdot(IN_5+IN_4+\overline{IN_2})$$

$$\overline{Y_0}=\overline{IN_7}\cdot(IN_6+\overline{IN_5})\cdot(IN_6+IN_4+\overline{IN_3})\cdot(IN_6+IN_4+IN_2+\overline{IN_1})$$

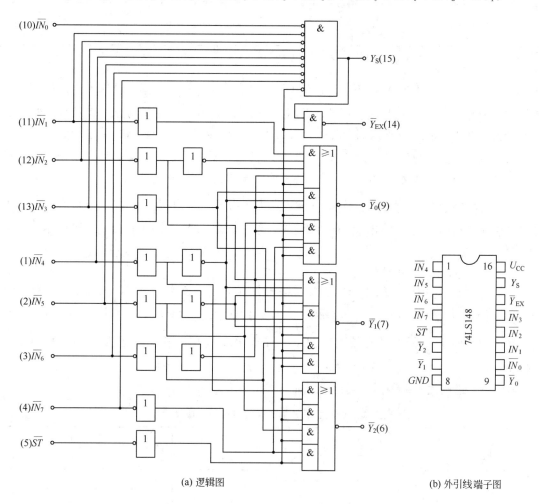

(a) 逻辑图　　　　　　　　　　　(b) 外引线端子图

图 2-10　8 线-3 线优先编码器逻辑图

表 2-8　8 线-3 线优先编码器真值表

输			入					输		出		
$\overline{ST}$	$\overline{IN_0}$	$\overline{IN_1}$	$\overline{IN_2}$	$\overline{IN_3}$	$\overline{IN_4}$	$\overline{IN_5}$	$\overline{IN_6}$	$\overline{IN_7}$	$\overline{Y_2}$	$\overline{Y_1}$	$\overline{Y_0}$	$\overline{Y_{EX}}$	Y_S
1	×	×	×	×	×	×	×	×	1	1	1	1	1
0	1	1	1	1	1	1	1	1	1	1	1	1	0
0	×	×	×	×	×	×	×	0	0	0	0	0	1
0	×	×	×	×	×	×	0	1	0	0	1	0	1
0	×	×	×	×	×	0	1	1	0	1	0	0	1

输入									输出				
$\overline{ST}$	$\overline{IN_0}$	$\overline{IN_1}$	$\overline{IN_2}$	$\overline{IN_3}$	$\overline{IN_4}$	$\overline{IN_5}$	$\overline{IN_6}$	$\overline{IN_7}$	$\overline{Y_2}$	$\overline{Y_1}$	$\overline{Y_0}$	$\overline{Y_{EX}}$	Y_S
0	×	×	×	×	0	1	1	1	0	1	1	0	1
0	×	×	×	0	1	1	1	1	1	0	0	0	1
0	×	×	0	1	1	1	1	1	1	0	1	0	1
0	×	0	1	1	1	1	1	1	1	1	0	0	1
0	0	1	1	1	1	1	1	1	1	1	1	0	1

注：1—高电平，0—低电平，×—任意；输入低电平有效。

当 $\overline{IN_0} \sim \overline{IN_7}$ 8 根输入线中有一个为 0 时，对应输出一组 3 位二进制代码。例如，当输入线 $\overline{IN_6}$ 为 0 时，输出 $\overline{Y_2}\,\overline{Y_1}\,\overline{Y_0}=001$，即用二进制代码（110）的反码形式表示数"6"。当在几个输入线上同时出现输入信号时，只对其中优先权最高的一个输入信号进行编码。其中输入线 $\overline{IN_7}$ 优先权最高，输入线 $\overline{IN_0}$ 优先权最低。8 线-3 线二进制编码器，74LS148 的逻辑电路如图 2-10(a) 所示，图 (b) 为其外引线端子排列图。

$\overline{ST}$ 为输入控制端，或称为选通输入端，低电平有效。只有 $\overline{ST}=0$ 时，编码器才正常工作，而在 $\overline{ST}=1$ 时，所有输出端均被封锁。Y_S 为选通输出端，$\overline{Y_{EX}}$ 为扩展端，可以用来扩展编码器功能。

2. 二-十进制优先编码器

二-十进制优先编码器的十条输入信号线分别代表十进制数 0 到 9，编码申请低电平有效，按数的大小顺序，$\overline{IN_9}$ 的优先级最高、依次为 $\overline{IN_8}$、$\overline{IN_7}$…；四线输出 $\overline{Y_3} \sim \overline{Y_0}$ 为 8421BCD 码的反码（低电平有效）。当 $\overline{IN_9} \sim \overline{IN_1}$ 均为 1 时，输出代码为 1111，相当于对 $\overline{IN_0}$ 的编码。

① 二-十进制优先编码器的真值表，如表 2-9 所示。

表 2-9 二-十进制优先编码器的真值表

输入									输出			
$\overline{IN_1}$	$\overline{IN_2}$	$\overline{IN_3}$	$\overline{IN_4}$	$\overline{IN_5}$	$\overline{IN_6}$	$\overline{IN_7}$	$\overline{IN_8}$	$\overline{IN_9}$	$\overline{Y_3}$	$\overline{Y_2}$	$\overline{Y_1}$	$\overline{Y_0}$
1	1	1	1	1	1	1	1	1	1	1	1	1
×	×	×	×	×	×	×	×	0	0	1	1	0
×	×	×	×	×	×	×	0	1	0	1	1	1
×	×	×	×	×	×	0	1	1	1	0	0	0
×	×	×	×	×	0	1	1	1	1	0	0	1
×	×	×	×	0	1	1	1	1	1	0	1	0
×	×	×	0	1	1	1	1	1	1	0	1	1
×	×	0	1	1	1	1	1	1	1	1	0	0
×	0	1	1	1	1	1	1	1	1	1	0	1
0	1	1	1	1	1	1	1	1	1	1	1	0

由表可见，电路有九个输入端 $\overline{IN_1} \sim \overline{IN_9}$，编码输入信号低电平有效，即有信号时输入

为 0；四个输出变量 $\overline{Y_3} \sim \overline{Y_0}$，输出组成反码。输入信号的优先次序为 $\overline{IN_9} \to \overline{IN_1}$。当 $\overline{IN_9}$ 为 0 时，无论其他输入端是 0 或 1（表中×表示任意态），只对 $\overline{IN_9}$ 编码，输出为 0110；当 $\overline{IN_9}$ 为 1、$\overline{IN_8}$ 为 0 时，无论其他输入端是 0 或 1，只对 $\overline{IN_8}$ 编码，输出为 0111；以此类推。

② 根据真值表写出逻辑表达式，经化简和变换后得各输出表达式

$$\overline{Y_0} = \overline{IN_9 + IN_7\,\overline{IN_8}\,\overline{IN_9} + IN_5\,\overline{IN_6}\,\overline{IN_8}\,\overline{IN_9} + IN_3\,\overline{IN_4}\,\overline{IN_6}\,\overline{IN_8}\,\overline{IN_9} + IN_1\,\overline{IN_2}\,\overline{IN_4}\,\overline{IN_6}\,\overline{IN_8}\,\overline{IN_9}}$$

$$\overline{Y_1} = \overline{IN_7\,\overline{IN_8}\,\overline{IN_9} + IN_6\,\overline{IN_8}\,\overline{IN_9} + IN_3\,\overline{IN_4}\,\overline{IN_5}\,\overline{IN_8}\,\overline{IN_9} + IN_2\,\overline{IN_4}\,\overline{IN_5}\,\overline{IN_8}\,\overline{IN_9}}$$

$$\overline{Y_2} = \overline{IN_7\,\overline{IN_8}\,\overline{IN_9} + IN_6\,\overline{IN_8}\,\overline{IN_9} + IN_5\,\overline{IN_8}\,\overline{IN_9} + IN_4\,\overline{IN_8}\,\overline{IN_9}}$$

$$\overline{Y_3} = \overline{IN_8 + IN_9}$$

根据化简后的逻辑表达式，画出逻辑电路图，如图 2-11 所示。此电路就是中规模集成电路 74LS147 10 线-4 线优先编码器。

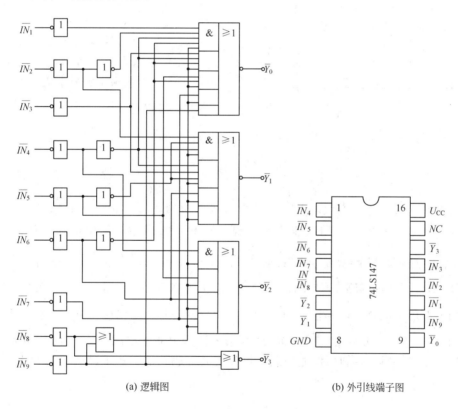

(a) 逻辑图　　　　　　　　(b) 外引线端子图

图 2-11　二-十进制优先编码器

常用的中规模优先编码器有：8 线-3 线优先编码器 74148、74LS148、CC4532 及 10 线-4 线优先编码器 74147、74LS147 等。

第三节　译　码　器

译码是编码的逆过程，它将输入的一组代码译成与之相对应的信号输出。能完成这种功

能的逻辑电路称为译码器，若译码器有 n 个输入信号，表示输入为 n 位的某种编码，输出线有 M 条，则 $M \leqslant 2^n$。当在输入端出现某种编码时，经译码后，相应的一条输出线为有效电平，而其余的输出线为无效电平（与有效电平相反）。若 $M = 2^n$，则称为全译码；反之，$M < 2^n$，则称为部分译码。

译码器种类很多，可归纳为二进制译码器、二-十进制译码器和显示译码器等。

一、二进制译码器

二进制译码器有 2 线-4 线译码器、3 线-8 线译码器和 4 线-16 线译码器等。

1. 3 位二进制译码器

（1）列出译码器的真值表　输入 3 位代码 ABC 共有 $2^3 = 8$ 种组合，$ABC = 000 \sim 111$。每一种组合对应一个输出，根据输出与输入之间的逻辑关系，可列出二进制译码器的真值表，如表 2-10 所示。

（2）在全译码电路中，输出共有 8 条线 $Y_7 \sim Y_0$　根据真值表可写出各输出的逻辑函数表达式，输出函数分别为

表 2-10　3 位二进制译码器真值表

输入			输出							
A	B	C	Y_0	Y_1	Y_2	Y_3	Y_4	Y_5	Y_6	Y_7
0	0	0	1	0	0	0	0	0	0	0
0	0	1	0	1	0	0	0	0	0	0
0	1	0	0	0	1	0	0	0	0	0
0	1	1	0	0	0	1	0	0	0	0
1	0	0	0	0	0	0	1	0	0	0
1	0	1	0	0	0	0	0	1	0	0
1	1	0	0	0	0	0	0	0	1	0
1	1	1	0	0	0	0	0	0	0	1

$$Y_0 = \overline{A}\,\overline{B}\,\overline{C} \qquad Y_1 = \overline{A}\,\overline{B}C$$

$$Y_2 = \overline{A}B\overline{C} \qquad Y_3 = \overline{A}BC$$

$$Y_4 = A\overline{B}\,\overline{C} \qquad Y_5 = A\overline{B}C$$

$$Y_6 = AB\overline{C} \qquad Y_7 = ABC$$

（3）根据逻辑表达式可画出逻辑电路图　如果要使输出端为低电平有效，可将上述各等式两边取反，这样就可全部用与非门来实现，如图 2-12 所示。图中增加了使能端 ST_A、$\overline{ST_B}$、$\overline{ST_C}$。选通端 $EN = ST_A\ \overline{\overline{ST_B} + \overline{ST_C}}$。当 $ST_A = 1$，$\overline{ST_B} = \overline{ST_C} = 0$ 时，$EN = 1$ 译码器工作，允许译码；否则，禁止译码，$\overline{Y_0} \sim \overline{Y_7}$ 全为高电平。此电路也就是 74LS138 集成译码器的内部逻辑电路。译码输入为 $A_2A_1A_0$（同 ABC），输出端为 $\overline{Y_7} \sim \overline{Y_0}$，低电平有效。例如，$A_2A_1A_0 = 000$ 时，$\overline{Y_0} = 0$，而其余未被译中的输出线（$\overline{Y_1} \sim \overline{Y_7}$）均为高电平，其功能见表 2-11。另外，利用使能控制端可扩展其译码功能。这种译码器又称为 3 线-8 线译码器。

表 2-11　74LS138 的功能表

输入					输出							
ST_A	$\overline{ST_B} + \overline{ST_C}$	A_2	A_1	A_0	$\overline{Y_0}$	$\overline{Y_1}$	$\overline{Y_2}$	$\overline{Y_3}$	$\overline{Y_4}$	$\overline{Y_5}$	$\overline{Y_6}$	$\overline{Y_7}$
1	0	0	0	0	0	1	1	1	1	1	1	1
1	0	0	0	1	1	0	1	1	1	1	1	1
1	0	0	1	0	1	1	0	1	1	1	1	1
1	0	0	1	1	1	1	1	0	1	1	1	1
1	0	1	0	0	1	1	1	1	0	1	1	1
1	0	1	0	1	1	1	1	1	1	0	1	1

续表

ST_A	$\overline{ST_B}+\overline{ST_C}$	A_2	A_1	A_0	$\overline{Y_0}$	$\overline{Y_1}$	$\overline{Y_2}$	$\overline{Y_3}$	$\overline{Y_4}$	$\overline{Y_5}$	$\overline{Y_6}$	$\overline{Y_7}$
输	入				输	出						
1	0	1	1	0	1	1	1	1	1	1	0	1
1	0	1	1	1	1	1	1	1	1	1	1	0
0	×	×	×	×	1	1	1	1	1	1	1	1
×	1	×	×	×	1	1	1	1	1	1	1	1

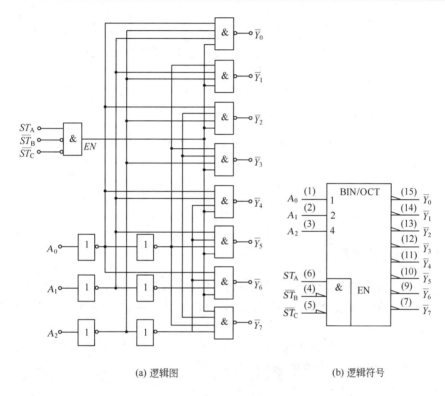

(a) 逻辑图　　　　　　　　　(b) 逻辑符号

图 2-12　3 线-8 线译码器 74LS138

2. 74LS138 应用

74LS138 译码器的应用很广,如在微型计算机中用 74LS138 作为地址译码器使用,译码器输出 $\overline{Y_0}$~$\overline{Y_7}$ 接到存储器或 I/O 接口芯片的片选端;用来实现组合逻辑函数等。

【例 2-6】　试用 74LS138 实现函数 $F=AB\overline{C}+\overline{A}BC+A\overline{BC}$。

解　将变量 A、B、C 分别接到 74LS138 的三个输入端 A_2、A_1、A_0,则有

$$F=AB\overline{C}+\overline{A}BC+A\overline{BC}=A_2A_1\overline{A_0}+\overline{A_2}A_1A_0+A_2\overline{A_1}\,\overline{A_0}=Y_3+Y_4+Y_6=\overline{\overline{Y_3}\cdot\overline{Y_4}\cdot\overline{Y_6}}$$

由上述表达式可画出逻辑图,如图 2-13 所示。

可见,用最小项译码器来实现组合逻辑函数是十分简便的。可先求出逻辑函数所包含的最小项,再将译码器对应的最小项输出端通过门电路组合起来,就可以实现逻辑函数。

3. 用 74LS138 扩展成 4 线-16 线译码器

用 3 线-8 线译码器扩展成 4 线-16 线译码器,4 条输入线 A_3、A_2、A_1、A_0 中 A_2、

A_1、A_0 接到 74LS138 的三个输入端 A_2、A_1、A_0，而将 A_3 接到使能端上，如图 2-14 所示。当 $A_3=0$ 时，使芯片 IC_1 工作；而当 $A_3=1$ 时，使芯片 IC_2 工作。所以，A_3 分别控制 IC_1 的 $\overline{ST}_B$、$\overline{ST}_C$ 端（令 $ST_A=1$）和 IC_2 的 ST_A 端（令 $\overline{ST}_B=\overline{ST}_C=0$）。

　　二进制译码器除上述用途外，还可用作脉冲分配器、数据分配器等。目前有不少集成译码器芯片可供使用者选用，如 74139/74LS139（2 线-4 线译码器）、74138/74LS138（3 线-8 线译码器）、74154/74LS154（4 线-16 线译码器）、CC4514（4 线-16 线译码器，输出高电平有效）、CC4515（4 线-16 线译码器，输出低电平有效）等。

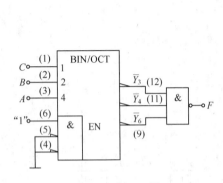

图 2-13　例 2-6 图

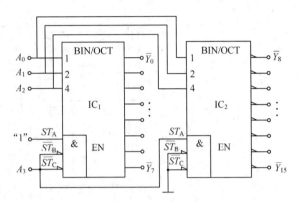

图 2-14　用 2 片 74LS138 扩展成 4 线-16 线译码器

二、二-十进制译码器

　　二-十进制译码器输入的是 4 位 BCD 码，用 4 位二进制数 $A_3A_2A_1A_0$ 表示；译成 10 个对应的输出信号，故称为二-十进制译码器、或 4 线-10 线译码器。因为 $10<2^4$，所以这种译码属于部分译码。

　　① 根据二-十进制译码器的逻辑功能列出真值表，如表 2-12 所示。

　　② 根据真值表可写出十个输出逻辑函数表达式

$$Y_0=\overline{A_3}\,\overline{A_2}\,\overline{A_1}\,\overline{A_0} \quad Y_1=\overline{A_3}\,\overline{A_2}\,\overline{A_1}\,A_0 \quad Y_2=\overline{A_3}\,\overline{A_2}\,A_1\,\overline{A_0} \quad Y_3=\overline{A_3}\,\overline{A_2}\,A_1\,A_0 \quad Y_4=\overline{A_3}\,A_2\,\overline{A_1}\,\overline{A_0}$$

$$Y_5=\overline{A_3}\,A_2\,\overline{A_1}\,A_0 \quad Y_6=\overline{A_3}\,A_2\,A_1\,\overline{A_0} \quad Y_7=\overline{A_3}\,A_2\,A_1\,A_0 \quad Y_8=A_3\,\overline{A_2}\,\overline{A_1}\,\overline{A_0} \quad Y_9=A_3\,\overline{A_2}\,\overline{A_1}\,A_0$$

　　③ 根据上述十个逻辑函数表达式，可画出逻辑电路图。用**与非门**实现的二-十进制译码器，如图 2-15 所示，它实际上是 4 线-10 线集成译码器系列产品 7442/74LS42 的逻辑电路图，译码输出低电平有效。当输入出现 1010～1111 无效码时，输出恒定为 1，不会出现乱码干扰。

　　另外 7443/74LS43、7444/74LS44、CC4028 等也可实现 4 线-10 线译码功能。

表 2-12　8421 BCD 译码器的真值表

序号	输入				输出									
	A_3	A_2	A_1	A_0	Y_0	Y_1	Y_2	Y_3	Y_4	Y_5	Y_6	Y_7	Y_8	Y_9
0	0	0	0	0	1	0	0	0	0	0	0	0	0	0
1	0	0	0	1	0	1	0	0	0	0	0	0	0	0
2	0	0	1	0	0	0	1	0	0	0	0	0	0	0

续表

序号	输		入		输				出					
	A_3	A_2	A_1	A_0	Y_0	Y_1	Y_2	Y_3	Y_4	Y_5	Y_6	Y_7	Y_8	Y_9
3	0	0	1	1	0	0	0	1	0	0	0	0	0	0
4	0	1	0	0	0	0	0	0	1	0	0	0	0	0
5	0	1	0	1	0	0	0	0	0	1	0	0	0	0
6	0	1	1	0	0	0	0	0	0	0	1	0	0	0
7	0	1	1	1	0	0	0	0	0	0	0	1	0	0
8	1	0	0	0	0	0	0	0	0	0	0	0	1	0
9	1	0	0	1	0	0	0	0	0	0	0	0	0	1

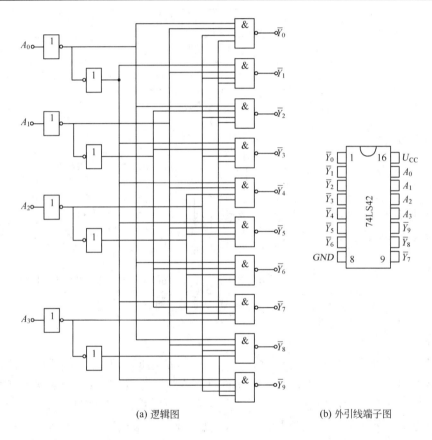

(a) 逻辑图　　　(b) 外引线端子图

图 2-15　二-十进制译码器 74LS42 的逻辑图

三、显示译码器

在数字系统中，经常需要将数字、文字和符号的二进制编码翻译并显示出来，以便直接观察。由于显示器件和显示方式不同，其译码电路也不同。显示器件有半导体数码管（LED）、液晶数码显示器（LCD）和荧光数码管等，目前荧光数码管在数字系统中用得比较少。

1. 半导体数码管（LED）

是用发光二极管组成的字形显示器件。发光二极管是用磷砷化镓等半导体材料制成。发光二极管的工作电压为 1.5～3V，工作电流为几毫安到十几毫安，颜色丰富（有红、绿、黄及双色等），寿命很长。

半导体数码管分成七个字段，每段为一发光二极管，其符号如图 2-16 所示。选择不同字段发光，可组合显示出不同字形。半导体数码管有共阴极和共阳极两种接法，如图 2-17（a）、（b）所示。

图（a）是共阴极七段发光数码管的原理图，图（b）是共阳极七段发光数码管的原理图，图（c）是共阴型数码管的外引线端子图。前一接法中，译码器需要输出高电平来驱动各显示段发光；而后一种接法中，译码器输出低电平来驱动显示段发光。

半导体数码管的每段发光二极管，既可用半导体三极管驱动，也可直接用 TTL 门电路驱动。

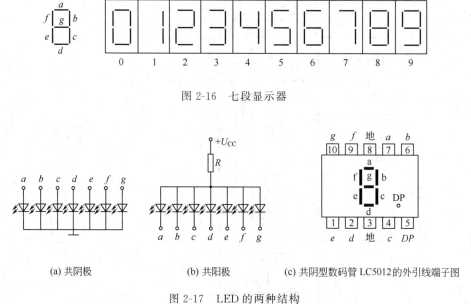

图 2-16　七段显示器

(a) 共阴极　　　　　　(b) 共阳极　　　　　(c) 共阴型数码管 LC5012 的外引线端子图

图 2-17　LED 的两种结构

2. 液晶显示器(LCD)

液态晶体简称液晶，是一种有机化合物。在一定的温度范围内，它既具有液体的流动性，又具有晶体的某些光学特性，其透明度和颜色随外界电场、磁场、光和温度等的变化而变化。液晶显示器是一种被动显示器件，本身不发光，在黑暗中不能显示数字，只有当外界光线照射时靠调制外界光线，使液晶的不同部位呈现明与暗或透光与不透光来达到显示目的。利用液晶的这一特点，可做成电场控制的七段数码显示器件。液晶显示器件从结构上说，属于平板显示器件，呈平板形。典型液晶显示器件基本结构如图 2-18(a) 所示。由两片光刻上透明导电电极的基板，夹持一个液晶层，封接成一个扁平盒，在外表面还贴装上前后偏振片等构成。

通常在液晶显示器的两个电极上加数十至数百赫兹的交变电压，此交变电压的产生是通过**异或**门来实现的，如图 2-18(a) 所示。u_i 为外加方波，A 端接译码输出，当 $A=0$ 时，液晶显示器两端的电压 $u_L=0$，显示器不工作；当 $A=1$ 时，加到液晶显示器上的电压是幅值等于 u_i 的交变方波，如图 2-18(b) 所示，则显示器工作。为驱动液晶显示器而专门设计的译码驱动电路，有的内部已设置了**异或**门输出。

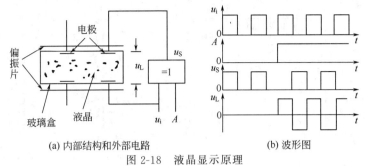

(a) 内部结构和外部电路 　　　　　(b) 波形图

图 2-18　液晶显示原理

3. 七段字形译码器

七段字形译码器的功能是把"8421"BCD 码翻译成对应于数码管的七个字段信号，驱动数码管显示出相应的十进制数码，属于代码转换译码器。集成七段显示译码器 74LS48 的原理图、逻辑符号见图 2-19，逻辑功能如表 2-13 所示。74LS48 主功能电路有四个输入端 A_3、A_2、A_1、A_0 和七个输出端 $Y_a \sim Y_g$（高电平有效），内含 $2k\Omega$ 上拉电阻，输出端可直接驱动共阴极七段数码管。当 $\overline{LT}$、$\overline{RBI}$、$\overline{BI}/\overline{RBO}$ 均为 1 时，输出表达式为

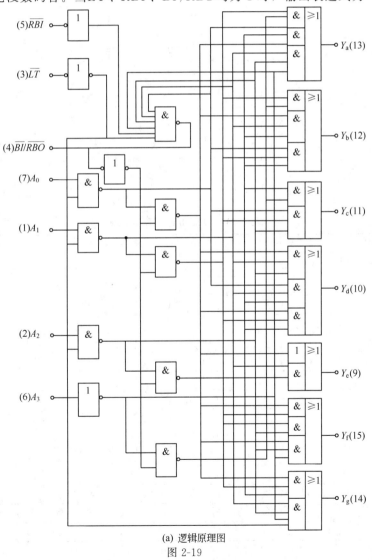

(a) 逻辑原理图

图 2-19

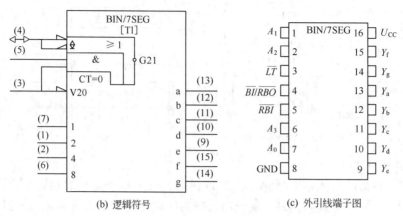

(b) 逻辑符号　　　　　　　(c) 外引线端子图

图 2-19　74LS48 的逻辑原理图、逻辑符号和外部端子

$$Y_a = \overline{\overline{A_3 \overline{A_1} + A_2 \overline{A_0}} + \overline{\overline{A_3}\ \overline{A_2}\ \overline{A_1} A_0}}$$

$$Y_b = \overline{\overline{A_3 \overline{A_1}} + \overline{A_2 \overline{A_1} A_0} + \overline{A_2 A_1 \overline{A_0}}}$$

$$Y_c = \overline{\overline{A_3 \overline{A_2}} + \overline{\overline{A_2} A_1 \overline{A_0}}}$$

$$Y_d = \overline{\overline{A_2}\ \overline{A_1} A_0 + A_2 \overline{A_1}\ \overline{A_0} + A_2 A_1 A_0}$$

$$Y_e = \overline{A_2 \overline{A_1} + A_0}$$

$$Y_f = \overline{A_1 A_0 + \overline{A_2} A_1 + \overline{A_3}\ \overline{A_2} A_0}$$

$$Y_g = \overline{\overline{A_3}\ \overline{A_2}\ \overline{A_1} + A_2 A_1 A_0}$$

表 2-13　74LS48 的逻辑功能表

十进制数或功能	输入						$\overline{BI}/\overline{RBO}$	输出						
	$\overline{LT}$	$\overline{RBI}$	A_3	A_2	A_1	A_0		Y_a	Y_b	Y_c	Y_d	Y_e	Y_f	Y_g
0	1	1	0	0	0	0	1	1	1	1	1	1	1	0
1	1	×	0	0	0	1	1	0	1	1	0	0	0	0
2	1	×	0	0	1	0	1	1	1	0	1	1	0	1
3	1	×	0	0	1	1	1	1	1	1	1	0	0	1
4	1	×	0	1	0	0	1	0	1	1	0	0	1	1
5	1	×	0	1	0	1	1	1	0	1	1	0	1	1
6	1	×	0	1	1	0	1	0	0	1	1	1	1	1
7	1	×	0	1	1	1	1	1	1	1	0	0	0	0
8	1	×	1	0	0	0	1	1	1	1	1	1	1	1
9	1	×	1	0	0	1	1	1	1	1	0	0	1	1
10	1	×	1	0	1	0	1	0	0	0	1	1	0	1
11	1	×	1	0	1	1	1	0	0	1	1	0	0	1
12	1	×	1	1	0	0	1	0	1	0	0	0	1	1
13	1	×	1	1	0	1	1	1	0	1	0	1	0	1

续表

十进制数或功能	输　入					$\overline{BI}/RBO$	输　出						
	$\overline{LT}$	$\overline{RBI}$	A_3	A_2	A_1	A_0		Y_a	Y_b	Y_c	Y_d	Y_e	Y_f	Y_g
14	1	×	1	1	1	0	1	0	0	0	1	1	1	1
15	1	×	1	1	1	1	1	0	0	0	0	0	0	0
消隐	×	×	×	×	×	×	0	0	0	0	0	0	0	0
脉冲消隐	1	0	0	0	0	0	0	0	0	0	0	0	0	0
灯测试	0	×	×	×	×	×	1	1	1	1	1	1	1	1

此外，电路还有三个输入辅助控制端，其功能如下所述。

$\overline{LT}$灯测试输入端：当$\overline{LT}=0$且$\overline{BI}=1$（无效）时，无论A_3、A_2、A_1、A_0为何状态，输出均为1，数码管七段全亮，显示"8"字。用来检验数码管的七段是否能正常工作。

$\overline{RBI}$为动态灭0输入端：当$\overline{LT}=1$，$\overline{BI}=1$，$\overline{RBI}=0$时，若$A_3\sim A_0$为0000，则此时$Y_a\sim Y_g$均为低电平，不显示"0"字；但如$A_3\sim A_0$不全为0时，仍照常显示。

$\overline{BI}/RBO$是"灭灯输入/动态灭灯输出"双重功能端口。作为输入端使用时，在该端输入低电平，则不论其他端为何种状态，输出均为低电平，各段均为消隐；如果在该端加一个控制脉冲，则各字将按控制脉冲的频率闪烁显示数字。该端作为动态灭零输出端时，用作串行灭零输出，当$\overline{RBI}=0$且$A_3\sim A_0$均为0时，$\overline{RBO}$端输出为0，将它送到相邻位的$\overline{RBI}$作为灭零信号，可以熄灭不希望显示的0。应用电路如图2-20所示。

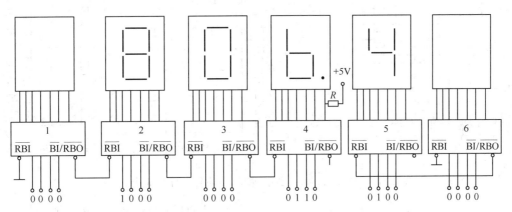

图2-20　六位混合小数显示电路利用$\overline{BI}/RBO$实现消隐无用的"0"

上述三个输入控制端均为低电平有效，在正常工作时均接高电平。

中规模集成显示译码器件较多，常用的有：7446/74LS46、7447/74LS47、7448/74LS48、7449/74LS49、CC4511、CC4513、CC4543、CC4547、CC4055、CC40110等。

第四节　数据选择器及数据分配器

一、数据选择器

数据选择器又称多路开关，其功能是从多路数据中选择一路进行传输。也可以用它将并行输入的代码转换为串行输出的代码，或作 N 线-1 线选择器，常用的数据选择器有 2 选 1、4 选 1、8 选 1、16 选 1 等几种。

1. 4 选 1 数据选择器

图 2-21 所示为一个 4 选 1 的数据选择器。图中，$D_3 \sim D_0$ 为数据输入端，其个数称为通道数，本例中为 4 通道。A_1、A_0 为控制信号端，或称地址控制端，根据 A_1、A_0 的取值，电路的输出选取 $D_0 \sim D_3$ 中的一个，如表 2-14 所示。$\overline{ST}$ 为选通端，当 $\overline{ST} = 1$ 时，选择器不工作，输出 $Y = 0$；当 $\overline{ST} = 0$ 时，选择器工作，选取 $D_0 \sim D_3$ 中的一个，其输出逻辑表达式为

$$Y = \bar{A}_1 \bar{A}_0 D_0 + \bar{A}_1 A_0 D_1 + A_1 \bar{A}_0 D_2 + A_1 A_0 D_3$$

显然

$$A_1 A_0 = 00 \qquad Y = D_0$$
$$A_1 A_0 = 01 \qquad Y = D_1$$
$$A_1 A_0 = 10 \qquad Y = D_2$$
$$A_1 A_0 = 11 \qquad Y = D_3$$

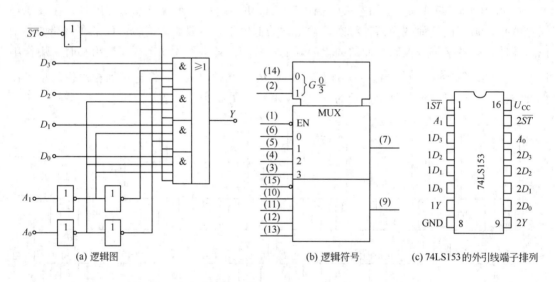

(a) 逻辑图   (b) 逻辑符号   (c) 74LS153 的外引线端子排列

图 2-21　4 选 1 数据选择器原理图、逻辑符号与外部引线端子

表 2-14　4 选 1 数据选择器功能表

$\overline{ST}$	A_1	A_0	Y
0	0	0	D_0
0	0	1	D_1
0	1	0	D_2
0	1	1	D_3
1	$\times$	$\times$	0

74LS153 为双 4 选 1 数据选择器，它内部含有两个 4 选 1 数据选择器，共用地址控制端 A_1、A_0。

可以把 A_1、A_0 视作地址信号，那么选择器是利用对地址的译码来选择 4 路数据中的一路作为输出的。

2. 8 选 1 数据选择器

74LS251 是 8 选 1 的数据选择器，采用三态门输出，由使能端 $\overline{EN}$ 控制，只有当 $\overline{EN} = 0$ 时，选择器方能正常工作，根据地址输入 A_2、A_1、A_0 选择 $D_7 \sim D_0$ 中的一路输出；否则如 $\overline{EN} = 1$，输出为高阻态（三态门处于禁止态）。

电路有两路互补的输出 Y、$\overline{W}$，其中 Y 逻辑表达式为

$$Y=\overline{A_2}\,\overline{A_1}\,\overline{A_0}D_0+\overline{A_2}\,\overline{A_1}A_0D_1+\overline{A_2}A_1\,\overline{A_0}D_2+\overline{A_2}A_1A_0D_3+A_2\,\overline{A_1}\,\overline{A_0}D_4+A_2\,\overline{A_2}A_0D_5$$

$$+A_2A_1\,\overline{A_0}D_6+A_2A_1A_0D_7$$

其逻辑图及符号如图 2-22 所示。

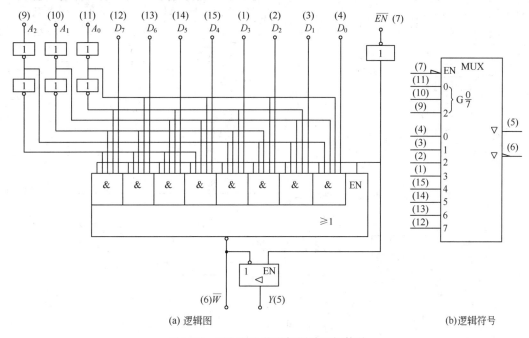

(a) 逻辑图   (b)逻辑符号

图 2-22　74LS251 的逻辑图及逻辑符号

CC4512 是 CMOS 电路的 8 选 1 数据选择器。其工作原理与 74LS251 相似。

3. 数据选择器的应用

（1）实现组合逻辑函数

【例 2-7】　用 8 选 1 数据选择器实现下述组合逻辑函数：

$$F=\overline{ABCD}+\overline{ABC}\,\overline{D}+\overline{AB}\,\overline{CD}+\overline{A}BCD+A\overline{BCD}+A\overline{B}\,\overline{CD}+A\,\overline{BC}$$

解　先将函数写成最小项之和形式，变成：

$$F=\overline{ABCD}+\overline{ABC}\,\overline{D}+\overline{A}BCD+\overline{AB}\,\overline{CD}+A\overline{BCD}+A\,\overline{BC}\,\overline{D}+A\,\overline{B}CD+A\overline{B}\,\overline{CD}$$

将 8 选 1 数据选择器的地址控制变量 A_2、A_1、A_0 分别用 A、B、C 代替，则其输出 Y 的逻辑表达式将变成下式：

$$Y=\overline{ABC}D_0+\overline{ABC}D_1+\overline{A}B\,\overline{C}D_2+\overline{A}BCD_3+A\,\overline{B}\,\overline{C}D_4+A\,\overline{B}CD_5+AB\,\overline{C}D_6+ABCD_7$$

比较上面两式，并填入表格，如表 2-15 所示。

根据表 2-15，两相对照则可确定 $D_0\sim D_7$ 中每个数据端应该接的变量，按此方法就可以实现逻辑函数 F 了，接线如图 2-23 所示。

采用类似的方法，可以用 2^n 选 1 数据选择器来实现 $n+1$ 个变量的逻辑函数，其中 n 个变量作为地址输入，剩下的那个变量以原变量或反变量的形式接到相应的数据输入端即可。

（2）分时多路传送 利用累加计数器的输出作为地址码，使地址码由 $000\rightarrow001\rightarrow$ $010\cdots\rightarrow111$，周而复始变化，这样，顺序接通数据选择器的每一通道，将数据选择器数据输入端的 8 位并行代码，依次由数据选择器的输出 Y 端输出，通过输出端以串行方式传送出去。图 2-24 所示为分时传输四路信息的电路和波形。

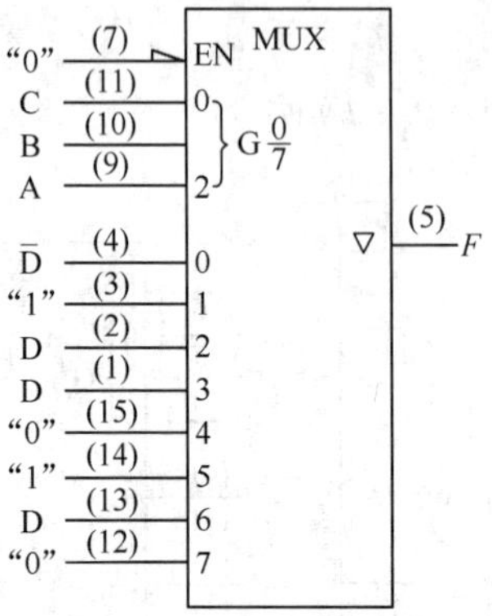

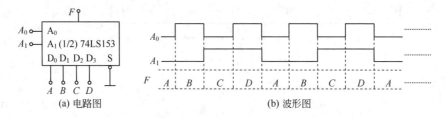

图 2-23 用数据选择器实现组合逻辑函数

表 2-15 例 2-7 的对照表

数据选择器		函数 F
控制端	数据端	要求数据端
$\overline{A}\,\overline{B}\,\overline{C}$	D_0	$\overline{D}$
$\overline{A}\,\overline{B}C$	D_1	$D+\overline{D}=1$
$\overline{A}B\,\overline{C}$	D_2	D
$\overline{A}BC$	D_3	D
$A\,\overline{B}\,\overline{C}$	D_4	0
$A\,\overline{B}C$	D_5	$D+\overline{D}=1$
$AB\,\overline{C}$	D_6	D
ABC	D_7	0

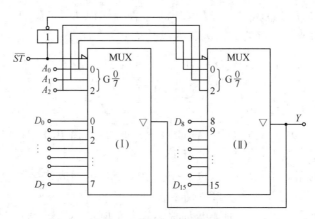

(a) 电路图   (b) 波形图

图 2-24 分时传输四路信息

（3）数据选择器通道的扩展 如果现有的集成数据选择器的通道数不足，则可以通过它的选通端 $\overline{ST}$，将两片数据选择器连接起来，扩展它的通道数。

图 2-25 所示为用两片 74LS251——8 选 1 数据选择器来扩展成的 16 选 1 数据选择器。由于 74LS251 是三态输出，所以两片 74LS251 的输出端可以直接并联。

图 2-25 数据选择器的扩展

当 $\overline{ST}=0$ 时，则芯片 Ⅰ 工作，芯片 Ⅱ 处于禁止状态。根据 $A_2A_1A_0$ 的取值，输出低 8

路数据 $D_0 \sim D_7$ 中的一路；当 $ST = 1$ 时，则芯片 II 工作，芯片 I 处于禁止状态。根据 $A_2A_1A_0$ 的取值，输出高 8 路数据 $D_8 \sim D_{15}$ 中的一路。就可实现 16 选 1 的功能。

常用的数据选择器有：74150/74LS150、74151/74LS151、74153/74LS153、74157/74LS157、74251/74LS251、CC4512、CC14539 等。

二、数据分配器

数据分配器的功能是将一个输入数据分时传送到多个输出端输出，也就是一路输入、多路输出，但在同一时刻只能把输入的数据送到一个特定的输出端，而这个特定的输出端是由选择输入控制信号的不同组合所控制的。它的功能也类似于一个单刀多掷开关，如有 3 个选择输入控制信号，则可控制 8 路输出，称为八路数据分配器。八路数据分配器实际上就是一个 3 线-8 线译码器，译码器 74LS138 可用作八路数据分配器。

下面说明四路数据分配器的工作，图 2-26(a) 为四路数据分配器的示意图。

在图中由数据总线送来的数据 D，根据地址信号 A_1A_0 的取值，分配到不同的输出端 $Y_0 \sim Y_3$：

当 $A_1A_0 = 00$ 时，$Y_0 = D$；

当 $A_1A_0 = 01$ 时，$Y_1 = D$；

当 $A_1A_0 = 10$ 时，$Y_2 = D$；

当 $A_1A_0 = 11$ 时，$Y_3 = D$。

利用有使能端的 2 线-4 线译码器 74LS139 可以实现上述功能，如图 2-26(b) 所示。此时，数据 D 接至选通端 $\overline{ST}$，而把原来的代码输入端 A_1A_0 作为数据分配器的地址码控制端，输出为反变量，如需原变量，只要加上反相器即可。

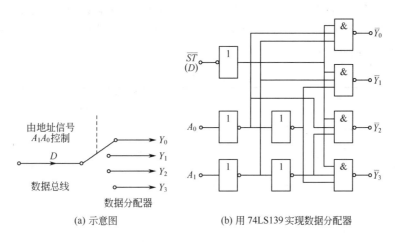

(a) 示意图　　　　(b) 用 74LS139 实现数据分配器

图 2-26　四路数据分配器

第五节　数值比较器

数值比较器就是对两个二进制数 A、B 进行比较、以判断其大小的逻辑电路，比较结果可能有 $A > B$、$A < B$ 和 $A = B$ 三种情况。

一、一位数值比较器

两个一位二进制数 A、B 相比较，如表 2-16 所示，输出有三种可能：

当 $A=1$，$B=0$ 时，$A>B$，用 $F_{A>B}$ 表示，$F_{A>B}=A\bar{B}$；

当 $A=0$，$B=1$ 时，$A<B$，用 $F_{A<B}$ 表示，$F_{A<B}=\bar{A}B$；

当 $A=B=0$ 或 $A=B=1$ 时，$A=B$，用 $F_{A=B}$ 表示，$F_{A=B}=\bar{A}\bar{B}+AB=\overline{A\oplus B}=A\odot B$

根据 $F_{A>B}$、$F_{A<B}$、$F_{A=B}$ 的表达式，可画出它们的逻辑图，如图 2-27 所示。

表 2-16　一位数值比较器的真值表

输　　入		输　　　　出		
A	B	$F_{A>B}$	$F_{A<B}$	$F_{A=B}$
0	0	0	0	1
0	1	0	1	0
1	0	1	0	0
1	1	0	0	1

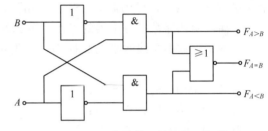

图 2-27　一位数值比较器的逻辑图

二、多位数值比较器 74LS85

当两个多位二进制数进行比较时，首先应从最高位比起，最高位大的数值一定大，最高位小的数值一定小。如果最高位相等，则需要比次高位，依次类推，直至最低位。只有当两数的所有对应位全相等时，两数才相等。下面以 4 位二进制数 $A=A_3A_2A_1A_0$ 和 $B=B_3B_2B_1B_0$ 为例，说明多位二进制数比较器 74LS85 的工作过程。74LS85 是实现 4 位二进制数比较的中规模集成电路器件，其功能见表 2-17。

表 2-17　74LS85 的功能表

比　较　输　入				级　联　输　入			输　　　出		
A_3　B_3	A_2　B_2	A_1　B_1	A_0　B_0	$I_{A>B}$	$I_{A<B}$	$I_{A=B}$	$F_{A>B}$	$F_{A<B}$	$F_{A=B}$
$A_3>B_3$	$\times$	$\times$	$\times$	$\times$	$\times$	$\times$	1	0	0
$A_3<B_3$	$\times$	$\times$	$\times$	$\times$	$\times$	$\times$	0	1	0
$A_3=B_3$	$A_2>B_2$	$\times$	$\times$	$\times$	$\times$	$\times$	1	0	0
$A_3=B_3$	$A_2<B_2$	$\times$	$\times$	$\times$	$\times$	$\times$	0	1	0
$A_3=B_3$	$A_2=B_2$	$A_1>B_1$	$\times$	$\times$	$\times$	$\times$	1	0	0
$A_3=B_3$	$A_2=B_2$	$A_1<B_1$	$\times$	$\times$	$\times$	$\times$	0	1	0
$A_3=B_3$	$A_2=B_2$	$A_1=B_1$	$A_0>B_0$	$\times$	$\times$	$\times$	1	0	0
$A_3=B_3$	$A_2=B_2$	$A_1=B_1$	$A_0<B_0$	$\times$	$\times$	$\times$	0	1	0
$A_3=B_3$	$A_2=B_2$	$A_1=B_1$	$A_0=B_0$	1	0	0	1	0	0
$A_3=B_3$	$A_2=B_2$	$A_1=B_1$	$A_0=B_0$	0	1	0	0	1	0
$A_3=B_3$	$A_2=B_2$	$A_1=B_1$	$A_0=B_0$	$\times$	$\times$	1	0	0	1
$A_3=B_3$	$A_2=B_2$	$A_1=B_1$	$A_0=B_0$	1	1	0	0	0	0
$A_3=B_3$	$A_2=B_2$	$A_1=B_1$	$A_0=B_0$	0	0	0	1	1	0

若 $A_3 > B_3$，则不论低位数大小如何，有 $A > B$，

$A_3 < B_3$，则不论低位数大小如何，有 $A < B$；

若 $A_3 = B_3$，$A_2 > B_2$，则 $A > B$，

$A_3 = B_3$，$A_2 < B_2$，则 $A < B$；

若 $A_3 = B_3$，$A_2 = B_2$，$A_1 > B_1$，则 $A > B$，

$A_3 = B_3$，$A_2 = B_2$，$A_1 < B_1$，则 $A < B$；

若 $A_3 = B_3$，$A_2 = B_2$，$A_1 = B_1$，$A_0 > B_0$，则 $A > B$，

$A_3 = B_3$，$A_2 = B_2$，$A_1 = B_1$，$A_0 < B_0$，则 $A < B$；

若 $A_3 = B_3$，$A_2 = B_2$，$A_1 = B_1$，$A_0 = B_0$，则 $A = B$。

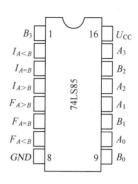

图 2-28 74LS85 的引线端子图

图 2-28 所示为 74LS85 的外引线端子排列图，$A_3 \sim A_0$、$B_3 \sim B_0$ 为两组数据输入端；三个扩展输入端 $I_{A>B}$、$I_{A=B}$、$I_{A<B}$ 是为了实现两片 74LS85 的级联而设置的；$F_{A>B}$、$F_{A=B}$、$F_{A<B}$ 为比较器的比较输出。

三、数值比较器的扩展

当比较的数位多于 4 位时，可以用多片 4 位数值比较器级联的方法来扩展数值比较器的位数。图 2-29 为使用两片 4 位数值比较器组成的一个 8 位数值比较器的逻辑电路图，图中输入的两个 8 位数码同时加到比较器的输入端，将低 4 位的输出端 $F_{A>B}$、$F_{A<B}$、$F_{A=B}$ 分别联至高 4 位的级联输入端 $I_{A>B}$、$I_{A<B}$、$I_{A=B}$，并使低 4 位的级联输入 $I_{A=B}$ 端接高电平，$I_{A>B}$ 和 $I_{A<B}$ 级联输入端接低电平。高位三条输出线 $F_{A>B}$、$F_{A<B}$、$F_{A=B}$ 表示最终的比较结果。

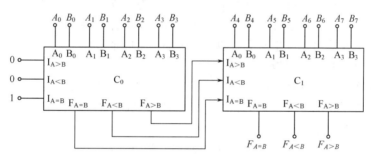

图 2-29 数值比较器的扩展

*第六节 组合逻辑电路中的竞争冒险

一、竞争冒险现象及其产生原因

前面在分析和设计组合逻辑电路时，把所有的信号看成是理想脉冲，所有的逻辑门都看成理想的开关器件，实际上信号都有上升和下降时间，门电路都存在传输延迟时间。因此输入到同一门的一组信号，由于信号在传输过程中经过的门的数量不同，各个具体逻辑门的传输时间不同，还有导线的长短等因素，到达的时间会有先有后，这种现象叫做竞争。

以图 2-30 为例，来分析当变量 $AB = 11$，仅 C 由 1 变 0 时，电路会发生什么情况。

如果不考虑门的传输延迟，并且信号的变化是立即的，那么在 C 由 1 变为 0 时，图 2-30 (a) 所示电路的输出为

$$F=AC+B\,\overline{C}=C+\overline{C}=1$$

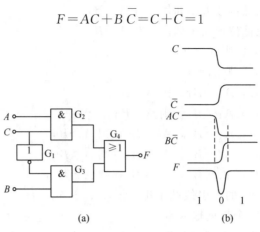

图 2-30 竞争产生"0"型冒险

因为前一项 AC 由 1 变 0，后一项 $B\,\overline{C}$ 也由 0 变 1。

但是由于门的传输延迟，门 G_3 的输入 $\overline{C}$ 滞后于门 G_2 的输入 C，C 的变化到达 G_4 的输入端是不同的。也就是说，前一个与项 AC 已经由 1 变 0，而后一个与项 $B\,\overline{C}$ 还没有来得及由 0 变 1，这样，G_4 的输出在短时间内为 0，即输出表现为"0"型的负向脉冲，如图 2-30(b) 所示。

竞争的结果是随机的。有些竞争并不影响电路的逻辑功能，但有些竞争却引起输出信号出现非预期的错误输出，把这种由竞争存在而出现干扰脉冲的现象称为冒险。冒险是一种瞬态现象，它表现为在输出端产生不应有的干扰脉冲，暂时地破坏正常逻辑关系。一旦这一瞬态过程结束，即可恢复正常逻辑关系。

根据输出端产生的干扰脉冲的极性，可将冒险现象分为两种：一种是"0"冒险，它是指在输出维持高电平情况下出现的负脉冲；另一种是"1"冒险，它是指在输出应维持低电平时出现的正脉冲。

根据逻辑的对偶性，在图 2-31 所示的电路中，当 $A=B=0$，且 C 由 0 变 1 时，有

$$F=(A+C)(B+\overline{C})=C\,\overline{C}$$

F 本应为 0，但如果考虑 C 的变化在前，$\overline{C}$ 的变化在后，则 F 会出现短时间为 1，即出现"1"型冒险。

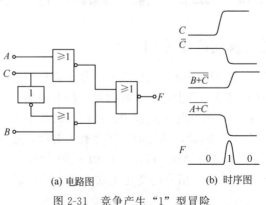

(a) 电路图   (b) 时序图

图 2-31 竞争产生"1"型冒险

二、冒险现象的消除

当电路中存在竞争冒险时，必须加以消除，以免出现逻辑错误。消除竞争冒险的方法很多，常见的方法是修改逻辑设计，如增加冗余项。冗余项的选择可以通过在函数卡诺图上增加多余的卡诺圈来实现。在卡诺图上将两个相切的圈中相邻的最小项用一个多余的圈圈起来，则与这个多余的圈对应的"与"项就是要增加到函数表达式中的冗余项。图 2-30(a) 所示电路在增加冗余项消除竞争冒险后的逻辑图及卡诺图如图 2-32 所示。增加冗余项 AB 项后，其逻辑表达式为：$F=AB+AC+B\bar{C}$，并不改变原逻辑关系。此时当 $A=B$ 时，输出 F 始终为"1"，不再产生冒险。显然，这是以增加冗余项为代价来换取冒险的消除的，如图2-32(b) 所示。

另外，也可通过在输入端引入选通脉冲，或在输出端加滤波电容等办法消除冒险。

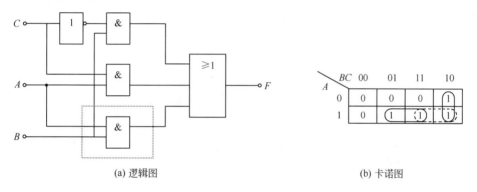

(a) 逻辑图   (b) 卡诺图

图 2-32　图 2-31(a) 电路增加冗余项消除冒险

第七节　技　能　训　练

一、组合逻辑电路设计和功能测试

（一）技能训练目的
① 熟悉小规模集成电路的使用方法。
② 掌握组合逻辑电路的设计、安装和调试方法。
③ 用实验验证所设计电路的逻辑功能。

（二）技能训练器材
数字逻辑实验箱。
万用表、示波器、其他工具。
集成电路：74LS00、74LS04、74LS20 等。

（三）技能训练原理
组合电路在任何时刻的输出仅取决于该时刻的输入信号的组合，而与输入信号作用前电路的状态无关。组合逻辑电路设计的一般过程如下。
① 根据设计任务要求列出真值表。
② 由真值表写出表达式，用公式法或卡诺图法化简逻辑表达式。

③ 根据化简后表达式画出逻辑图。如有特殊要求，可将表达式进行转换，选择器件来实现此逻辑函数。

④ 检查电路是否可能存在竞争冒险，若存在则应设法消除。

对符合设计要求的表达式进行逻辑化简，是组合逻辑设计的关键步骤之一。为使电路结构简单，提高经济效益，往往要求逻辑表达式尽可能简化。由于实际使用要考虑电路工作速度和稳定可靠等因素，在较复杂的电路中，还要求逻辑清晰易懂，所以最简单的设计不一定是最佳的。但一般说来，在保证速度和稳定可靠与逻辑清晰的前提下，尽量使用最少的器件，以降低成本，这是逻辑设计者的任务。

在设计逻辑电路时，还应当考虑组合电路的竞争现象，本次实验不讨论竞争冒险问题，相关内容在实训内容三中讨论。

本次实验要用到的 TTL 集成电路 74LS00、74LS20 分别是六反相器和四输入双与非门。其外引线排列分别如图1-27、图 1-28 中所示。

（四）技能训练内容与步骤

1. 设计一个半加器

电路有两个输入端，一个是被加数、一个是加数；有两个输出端，一个是两数相加在本位的和，另一个是向高位的进位信号。试用与非门实现并测试其逻辑功能。

2. 偶校验电路

设计一个偶校验电路，输入四个变量，当其中有偶数个 1 时，输出为 1，否则为 0。

（五）技能训练注意事项

① 按电路设计正确连线；

② 检查连线是否接触良好后再接通电源；

③ 检查故障应断开电源。

（六）技能训练报告要求

按技能训练报告格式要求写出报告，重点是内容和步骤、实验过程和结果。

（七）预习要求

① 复习组合电路的设计方法；

② 熟悉要用的集成电路的内部结构和引线排列；

③ 根据实验任务要求和所给定的集成电路器件，设计出逻辑电路，并拟定实验步骤和相关表格。

二、译码器功能测试与应用实验

（一）技能训练目的

① 熟悉中规模组合逻辑电路的功能和使用。

② 掌握中规模组合逻辑电路的设计方法。

③ 练习数字电路的连接及故障的查找与排除方法。

（二）技能训练器材

数字逻辑实验箱。

万用表及其他工具。

集成电路：74LS00、74LS20、74LS138、74LS48/248、LC5011 等。

（三）技能训练原理

常用的组合电路器件较多，主要有编码器、译码器、全加器、多路选择器和数据比较器等，应用广泛。早期的组合逻辑电路设计往往是通过列表、化简等设计方法用小规模逻辑门电路实现的，随着集成电路的发展，中规模集成电路则是以小规模集成电路为基础而设计出来的，在使用时，可以把它当做小规模门电路高一级的模块来处理。这样可以省去很多内部设计，使电路得到简化。

中规模集成译码器因其内部构成仍然是组合电路，所以对数据没有存贮能力，任何时刻的输出仅仅取决于当时的输入，故可用来实现组合逻辑电路。

译码器可分为通用译码器和显示译码器，见表 2-18。

表 2-18　常用译码器芯片

名　　　称	类　　型	TTL	CMOS
通用译码器	3 线-8 线	74LS138	HC138
	双 2 线-4 线	74LS139	4555
	4 线-16 线	74LS154	4514
	BCD 十进制	74LS42	4511、4028
显示译码器	BCD7 段	74LS46、47	CC4511
	译码/驱动器	74LS48、49	CC14543

1. 通用译码器

通用译码器又称时序分配译码器，包括变量译码器和码制变换译码器。本实验使用的通用译码器是变量译码器，其类型有 3 线-8 线译码器（如 LS/HC137-138、LS/HC237-238 等）、双 2 线-4 线译码器（如 LS/HC139、CC4555/4556 等）、4 线-16 线译码器（如 HC/C4514、LS/HC154 等）。常用的是 74LS/HC138。

74LS138 是 3-8 线译码器，其逻辑符号如图 2-12 所示。功能参见表 2-11。其中 $A_2A_1A_0$ 是地址，$\overline{Y_0}$、$\overline{Y_1}$、$\cdots\cdots\overline{Y_7}$ 为输出端，低电平有效，ST_A、$\overline{ST_B}$、$\overline{ST_C}$ 为选通端（或称使能端），$ST = ST_A \cdot \overline{\overline{ST_B} + \overline{ST_C}}$，当 $ST = 1$ 即 $ST_A = 1$，$\overline{ST_B} = \overline{ST_C} = 0$ 时，器件被选通（使能），器件将根据输入地址线上 $A_2A_1A_0$ 代码的取值组合，在一个对应的输出端以低电平译出。输出与输入之间的关系为：$Y_i = ST \cdot m_i$，其中 m_i 为最小项。当 $ST = 0$ 时，器件被禁止工作，所有输出端均为高电平，图 2-33 给出了 74LS138 的外引线端子排列。

图 2-33　74LS138 的外引线端子排列　　　　图 2-34　用 74LS138 实现组合逻辑函数

译码器应用广泛，合理地使用选通端，可以扩展其功能。例如：用两片 3 线-8 线译码器可以构成 4 线-16 线译码器；利用 3 线-8 线译码器还可以用作数据分配器，如将数据加在选通(使能)端 ST_A，并使 $\overline{ST_B}=\overline{ST_C}=0$，地址码加到 $A_2A_1A_0$，当地址为 000 时，数据从 $\overline{Y_0}$ 端反码(是输入数据的逻辑非)输出，当地址为 110 时，数据就从 $\overline{Y_6}$ 端反码输出；译码器还可以实现组合逻辑函数，因它的每个输出端都与输入的某一最小项相对应，只要附加某些门电路就可以方便地实现逻辑函数，如：

$$F=\sum m(0,1,3,5,6)=\overline{m_2}\cdot\overline{m_4}\cdot\overline{m_7}=\overline{Y_2}\cdot\overline{Y_4}\cdot\overline{Y_7}$$

用 74LS138 实现组合逻辑函数如图 2-34 所示。

2. 显示译码器

74LS48/248 能将四位 8421BCD 码译成七段（a、b、c、d、e、f、g）输出，直接驱动共阴极 LED 数据显示器，以显示对应的十进制数；器件 74LS48/248 不仅能将 BCD 码译码输出，而且对多余状态也能给出显示。另外，还可以进行灯测试、灭灯和灭零等试验。

74LS48/248 的有效输出为高电平，其原理图、逻辑符号和引线排列见图 2-19，七段码排列见图 2-16，其功能见表 2-13。74LS48 与 74LS248 的区别仅在于 6 和 9 的显示字形不同。

七段 LED 数码管有共阴型和共阳型两类。实验中使用共阴数码管，其图形符号和内部电路如图 2-16、图 2-17（a）所示。不同的数码管，要求配用与之相应的译码/驱动器，LC5011 为七段 LED 数码管，可将 74LS48/248 输出的 a、b、c、d、e、f、g 直接接到 LC5011 相应的输入引线上，便可根据 74LS48/248 的输出显示相应的数码。

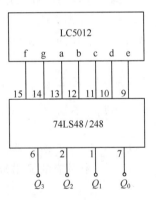

图 2-35 译码/驱动显示电路的直接驱动形式

在实验中，采用 74LS48/248 作为译码驱动器，用 LC5011 作为显示器时，可以直接驱动，也可以在它们的连接处串联七只几百欧姆的限流电阻，以保证译码/驱动器的输出高电平不致被显示器中的发光二极管拉下太大。图 2-35 所示电路为直接驱动形式。如果用 CC4511 或其他门电路驱动显示器，则要用限流电阻。

（四）技能训练内容与步骤

① 74LS138 的功能测试。

按表 2-11 逐项测试 74LS138 的功能。

② 用 74LS138 实现逻辑函数。

$$F=\sum m(1,2,4,5,7)$$

③ 74LS48/248 与 LC5012 连接和功能测试。

按图 2-35 连线，$Q_3Q_2Q_1Q_0$ 从 0000→1111 顺序改变译码器电路输入端信号，通过指示灯或数码管显示观察状态变化，记录于自拟的表中。

（五）技能训练报告要求

① 画出技能训练内容中的原理图；

② 记录技能训练过程和结果；

③ 说明技能训练过程中遇到的问题和解决办法。

（六）预习要求

① 认真阅读教材内容，熟悉相关器件的原理、功能和外引线排列；

② 画出技能训练实用原理图、连线图；

③ 自拟技能训练的步骤及记录表格。

三、组合逻辑电路的竞争冒险现象仿真训练

（一）技能训练目的

① 进一步熟悉利用 Multisim 构建逻辑电路图的方法。

② 分析给定组合逻辑电路有无竞争冒险，并用虚拟仪器观察。

③ 采用修改逻辑设计方法消除竞争冒险现象。

（二）技能训练器材

① 时钟信号发生器	一台
② 双踪示波器	一台
③ 二输入与门	两个
④ 二输入或门	一个
⑤ 非门	一个
⑥ 缓冲门	一个
⑦ ＋5V 电源	一个

（三）技能训练原理

组合逻辑电路中的竞争冒险是指：由于门电路存在传输延迟，当组合电路输入信号发生变化时，电路输出由竞争存在而出现尖峰干扰脉冲的现象。如果负载对尖峰脉冲敏感的话，可能造成输出逻辑错误，因此必须设法消除。

消除竞争冒险通常采用修改逻辑设计的方法来完成。

图 2-36 所示逻辑电路，可写出其逻辑表达式为：$L = \overline{A}B + AC$。

当 $B = C = 1$ 时，$L = A + \overline{A}$，理想情况下（当非门没有传输延迟时），$L = 1$ 为恒定的高电平。

但实际电路中，任何逻辑门电路都存在传输延迟时间 t_{pd}，由于 t_{pd} 的存在，当 A 从 1 变为 0 时，$\overline{A}$ 要滞后一段时间才由 0 变为 1，导致在时间 t_{pd} 内的 L 输出为低电平，既存在尖峰脉冲干扰。

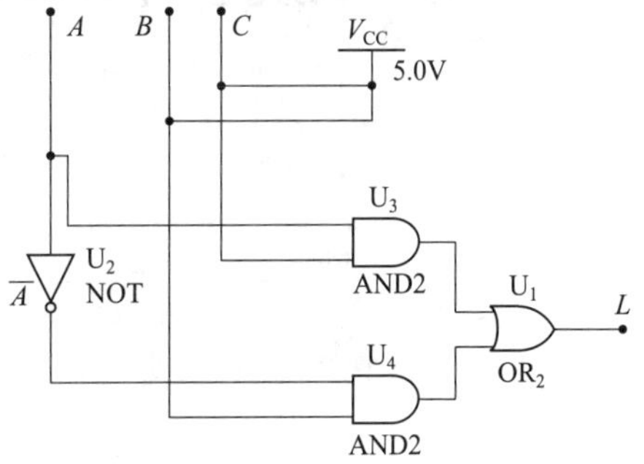

图 2-36　含竞争冒险的组合逻辑电路

（四）技能训练内容与步骤

1. 构建逻辑电路图并检查是否存在竞争冒险

（1）按图 2-36 建立逻辑电路图，输入 B、C 均接高电平，写出电路输出逻辑表达式。

（2）连接所需要的测试仪器：A 输入端接时钟（clock）信号发生器，占空比设为 0.5，频率设置为 1Hz；用双踪示波器分别观察 A 输入端和 L 输出端的波形，是否满足上述对应表达式，分析电路会出现什么问题（将连接逻辑电路输出端与示波器输入端的连线设置为红色，此时示波器显示该路波形的颜色也为红色，以便区别二路不同的波形）。

（3）单击仿真按钮，运行动态分析。其仿真波形如图 2-37 所示。

（4）根据输出波形分析出现问题的原因。

2. 修正电路，消除竞争冒险

采用增加冗余项的方法，在与门 U_3 前增加一个缓冲门 U_5，使 A 和 $\overline{A}$ 信号到达两个与门的延迟时间相同，从而消除竞争冒险。

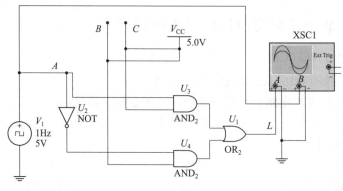

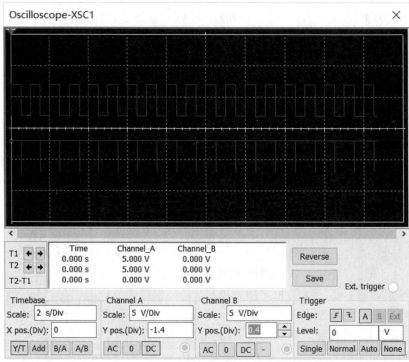

图 2-37　图 2-36 电路的仿真

（1）按图 2-38 构建电路，写出电路输出逻辑表达式。

（2）按图示电路连接测试仪表并设置相应参数，然后用示波器分别观察 A 输入端和 L 输出端的波形，电路输出是否满足对应表达式。

（3）单击仿真运行开关，分析动态运行情况，并与图 2-37 进行比较。

（五）技能训练报告要求

① 记录并分析测试结果，比较两个组合逻辑电路的功能特点和可靠性。

② 自行设计一个组合逻辑电路，用仿真实验的方法判断是否存在竞争冒险，并设法消除。

（六）预习要求

① 复习基本逻辑门的功能和组合逻辑电路竞争冒险的概念。

② 预习时钟信号发生器的参数设置方法和双踪示波器各个功能键的作用，达到熟练使用的目的。

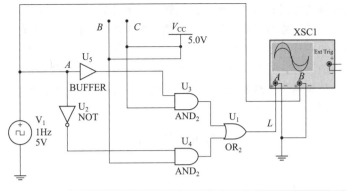

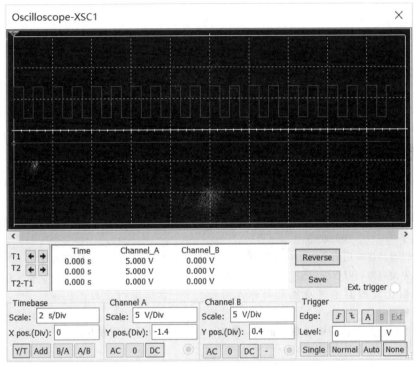

图 2-38　图 2-36 电路的修正电路的仿真

本章小结

　　组合逻辑电路的特点是：在任何时刻电路的输出状态仅取决于该时刻的输入信号状态，而与电路原来的状态无关。最常用的组合逻辑电路组件有编码器、译码器、数码选择器、数据分配器、比较器、加法器、码制变换电路等。

　　分析组合逻辑电路的目的在于找出电路的输出与输入之间的逻辑关系，确定电路的逻辑功能。其步骤为：

　　根据已知组合逻辑电路图→写出逻辑函数表达式→用公式或卡诺图进行化简→列真值表→说明电路的逻辑功能。

　　组合逻辑电路的设计任务是根据实际问题的要求，找出一个能满足逻辑功能的逻辑电路。设计的过程实际是分析的逆过程，其中的关键是如何把实际问题抽象为逻辑问题，确定输入逻辑变量、输出逻辑变量，建立它们之间的逻辑关系并用逻辑电路来实现。

由于中、大规模集成电路的组件具有通用性强、兼容性好、可扩展功能强以及价廉等一系列优点，在构成数字系统时，应尽可能采用中、大规模集成电路组件。本章结合一些常用的组合逻辑电路，介绍了相应的中规模电路组件，通过分析其逻辑函数表达式、真值表、逻辑功能表，达到掌握运用这类组件的目的，并由此培养学生的实际应用能力。

竞争冒险是组合逻辑电路中经常会遇到的一种现象，应对它的产生原因及其消除办法有所了解。

思考题与习题

一、填空题

2-1 组合逻辑电路的特点是：任意时刻的＿＿＿＿状态仅取决于该时刻＿＿＿＿的状态，而与信号作用前电路的＿＿＿＿。

2-2 组合逻辑电路在结构上不存在输出到输入的＿＿＿＿，因此＿＿＿＿状态不影响＿＿＿＿状态。

2-3 组合逻辑电路中不包含存储信号的＿＿＿＿元件，它一般是由各种＿＿＿＿组合而成。

2-4 组合逻辑分析是找出组合逻辑电路的＿＿＿＿和＿＿＿＿的关系，确定在什么样的＿＿＿＿取值组合下，对应的＿＿＿＿为"1"。

2-5 组合逻辑设计是组合逻辑分析的＿＿＿＿，它是根据＿＿＿＿要求来实现某种逻辑功能，画出实现该功能的＿＿＿＿电路。

2-6 常用的组合电路有＿＿＿＿、＿＿＿＿、＿＿＿＿、＿＿＿＿、＿＿＿＿等。

2-7 SSI 是指＿＿＿＿；MSI 是指＿＿＿＿；LSI 是指＿＿＿＿；VLSI 是指＿＿＿＿。

2-8 数据选择器又称＿＿＿＿，它是一种＿＿＿＿输入端＿＿＿＿输出端的逻辑构件。控制信号端实现对＿＿＿＿的选择。

2-9 数据分配器的结构与＿＿＿＿相反，它是一种＿＿＿＿输入端＿＿＿＿输出端的逻辑构件。从哪一路输出取决于＿＿＿＿端的状态。

2-10 译码器的逻辑功能是将某一时刻的＿＿＿＿输入信号译成＿＿＿＿输出信号。

2-11 优先编码器只对优先级别＿＿＿＿的输入信号编码，而对＿＿＿＿的输入信号不予理睬。

2-12 数据比较器的逻辑功能是对输入的＿＿＿＿数据进行比较，它有＿＿＿＿、＿＿＿＿、＿＿＿＿三个输出端。

2-13 为了检测数据传输中出现的错误，常用＿＿＿＿方法。可以使用＿＿＿＿校验，也可以使用＿＿＿＿校验。

2-14 组合逻辑电路中的竞争冒险是由＿＿＿＿原因引起的。

2-15 消除竞争冒险的常用方法有：① 电路输出端加＿＿＿＿；② 输入端加＿＿＿＿；③ 修改＿＿＿＿。

二、选择题（可多选）

2-16 组合逻辑电路通常由＿＿＿＿组合而成。
A. 门电路　　B. 触发器　　C. 计数器　　D. 寄存器

2-17 在下列逻辑电路中，不是组合逻辑电路的有＿＿＿＿。
A. 译码器　　B. 编码器　　C. 全加器　　D. 寄存器

2-18 a_1、a_2、a_3 是三个开关，设它们闭合时为逻辑 1，断开时为逻辑 0，电灯 $F=1$ 时表示灯亮，$F=0$ 时表示灯灭。若在三个不同的地方控制同一个电灯的灭亮，逻辑函数 F 的表达式是＿＿＿＿。
A. $a_1a_2a_3$　　B. $a_1+a_2+a_3$　　C. $a_1\oplus a_2\oplus a_3$　　D. $a_1\odot a_2\odot a_3$

2-19 设 A_1、A_2 为四选一数据选择器的地址码，$X_0\sim X_3$ 为数据输入，Y 为数据输出，则输出 Y 与 X_i 和 A_i 之间的逻辑表达式为＿＿＿＿。

A. $\overline{A}_1\overline{A}_0X_0+\overline{A}_1A_0X_1+A_1\overline{A}_0X_2+A_1A_0X_3$

B. $A_1A_0X_0+A_1\overline{A}_0X_1+\overline{A}_1A_0X_2+\overline{A}_1\overline{A}_0X_3$

C. $\overline{A}_1 A_0 X_0 + \overline{A}_1 \overline{A}_0 X_1 + A_1 A_0 X_2 + \overline{A}_1 A_0 X_3$

D. $A_1 \overline{A}_0 X_0 + A_1 A_0 X_1 + \overline{A}_1 \overline{A}_0 X_2 + \overline{A}_1 A_0 X_3$

2-20　十六路数据选择器，其地址输入(选择控制输入)端有_____个。

　　A. 16　　B. 2　　C. 4　　D. 8

2-21　四路数据选择器，其地址输入端有_____个。

　　A. 4　　B. 2　　C. 1　　D. 8

2-22　八路数据分配器，其地址输入(选择控制)端有_____个。

　　A. 8　　B. 4　　C. 3　　D. 16

2-23　十六路数据分配器，其地址输入(选择控制)端有_____个。

　　A. 4　　B. 8　　C. 16　　D. 2

2-24　要使 3 线-8 线译码器(74LS138)正常工作，使能控制端 ST_A、$\overline{ST}_B$、$\overline{ST}_C$ 的电平信号应是_____。

　　A. 100　　B. 111　　C. 011　　D. 000

2-25　3 线-8 线译码器(74LS138)的输出有效电平是_____电平。

　　A. 高　　B. 低　　C. 三态　　D. 任意

2-26　一位 8421BCD 码译码器的数据输入线与译码输出线组合是_____。

　　A. 4∶16　　B. 1∶10　　C. 4∶10　　D. 2∶4

2-27　8 线-3 线优先编码器(74LS148)，8 条数据输入线 $\overline{I}_0 \sim \overline{I}_7$ 同时有效时，若优先级最高的为 $\overline{I}_7$ 线，则输出线 $\overline{Y}_2 \overline{Y}_1 \overline{Y}_0$ 的值应是_____。

　　A. 000　　B. 010　　C. 101　　D. 111

2-28　四位比较器(74LS85)的三个输出信号 $A>B$、$A=B$、$A<B$ 中，只有一个是有效信号，它呈现_____电平。

　　A. 高　　B. 低　　C. 高阻　　D. 任意

2-29　采用四位比较器(74LS85)对两个四位数比较时，先比较_____位。

　　A. 最低　　B. 次高　　C. 次低　　D. 最高

2-30　逻辑函数 $F = \overline{A}C + AB + \overline{BC}$，当变量的取值为_____时，将出现冒险现象。

　　A. $B=C=1$　　B. $B=C=0$　　C. $A=1$, $C=0$　　D. $A=0$, $B=0$

三、电路分析与设计

2-31　分析图 2-39 所示电路，写出输出 F 的逻辑表达式并进行化简。

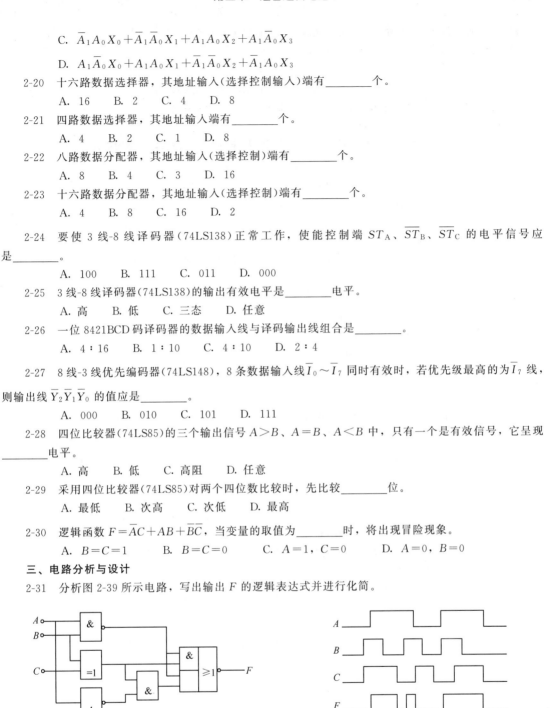

图 2-39　题 2-31 图　　　　　　图 2-40　题 2-32 图

2-32　已知某逻辑电路的输入 A、B、C 及输出 F 的波形图，如图 2-40 所示，试写出逻辑函数表达式。

2-33　试用 2 输入**与非门**和反相器设计一个 4 位的奇偶校验器，当 4 个输入中有偶数个 1 时输出为 1，否则为 0。

2-34　设输入既可用原变量又可用反变量，用**与非门**设计实现下面函数的组合逻辑电路

　　$F(A, B, C, D) = \sum m(0, 2, 6, 7, 10, 13, 14, 15)$

2-35　有原变量又有反变量，用**与非门**实现下列多输出函数的组合逻辑电路

$$F_1(A,B,C,D)=\sum m(2,4,5,6,7,10,13,14,15)$$

$$F_2(A,B,C,D)=\sum m(2,5,8,9,10,11,12,13,14,15)$$

2-36　设输入既有原变量又有反变量，用**或非门**设计实现下面函数的组合电路

$$F(A,B,C,D)=\sum m(2,4,6,10,11,14,15)$$

约束条件　　$\sum m(0,3,9)=0$

2-37　设输入只有原变量而无反变量，用最少的三级**与非门**设计下面函数的逻辑电路

$$F=\overline{A}B+A\,\overline{C}+A\,\overline{B}$$

2-38　设计一个电路实现将四位循环码转换成四位 8421 二进制码。

2-39　用红、黄、绿三个指示灯表示三台设备的工作情况：绿灯亮表示全部正常；红灯亮表示有一台不正常；黄灯亮表示两台不正常；红、黄灯全亮表示三台都不正常。列出控制电路真值表，写出各灯点亮时的逻辑函数表达式，并选用合适的集成电路来实现。

2-40　三个车间，每个车间各需 1kW 电力。这三个车间由两台发电机组供电，一台是 1kW，另一台是 2kW。三个车间经常不同时工作，有时只一个车间工作，也可能有两个车间或三个车间工作。为了节省能源，又保证电力供应，请设计一个逻辑电路，能自动完成配电任务。

2-41　仿照全加器的设计方法，设计 1 位全减器，其中 A_i 为被减数，B_i 为减数，BO_{i-1} 为低位向本位的借位，BO_i 为本位向高位的借位，D_i 为本位的差。

2-42　使用一个 4 线-16 线译码器和**与非门**实现下列函数：

① $F(A,B,C,D)=\sum m(0,1,5,7,10)$

② $F=AB\,\overline{CD}+\overline{A}BD+AC\,\overline{D}$

2-43　使用一片 BCD 码/十进制译码器和附加门实现 8421 码至余 3 码的转换电路。

2-44　用四选一数据选择器实现下列函数：

① $F=A\,\overline{B}C+AB\,\overline{C}+AB$

② $F=\sum m(1,3,5,7)$

③ $F=\sum m(0,2,5,7,8,10,13,15)$

④ $F=\sum m(0,3,12,13,14)$

2-45　用八选一数据选择器实现下列函数：

① $F=\sum m(0,2,5,7,8,10,13,15)$

② $F=\sum m(0,3,4,5,9,10,12,13)$

③ $F=A\,\overline{C}+\overline{B}D+C\,\overline{D}+\overline{A}B$

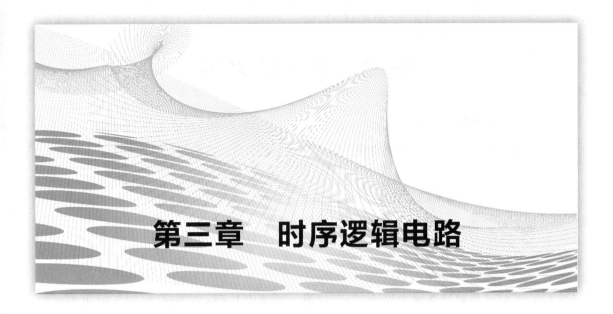

第三章　时序逻辑电路

目的与要求　学习时序逻辑电路的基本器件、基本电路和基本分析方法；熟练掌握各类触发器的逻辑功能并分析由其组成的应用电路；熟练掌握数据寄存器、移位寄存器功能；利用集成电路手册合理选用集成计数器，并熟练掌握利用集成计数器接成任意进制计数器的方法；了解计数器在分频、测量及程控方面的应用；能够利用集成数字器件组成简单的应用电路、掌握检测功能并学会排除简单故障。

概　　述

时序逻辑电路（简称时序电路）是指任意时刻电路的输出状态不仅取决于当时的输入信号状态，而且还与电路原来的状态有关。也就是说，它是具有记忆功能的逻辑电路。从电路结构上讲，时序电路有两个特点：第一，时序电路一般包含组合电路和具有记忆功能的存储电路，且存储电路是必不可少的；第二，存储电路的输出状态反馈到输入端，与输入信号共同决定组合电路的输出。

数字电路中，将能够存储一位二进制信息的逻辑电路称为触发器（flip-flop），每个触发器都有两个互补的输出端 Q 和 $\overline{Q}$。它是构成时序逻辑电路的基本逻辑单元，是具有记忆功能的逻辑器件。

1. 触发器的分类

① 按逻辑功能分为：RS 触发器、D 触发器、JK 触发器、T 触发器等。

② 按结构分为：主从型、维持阻塞型和边沿型触发器等。

③ 按有无统一动作的时间节拍分为：基本触发器和时钟触发器。

2. 触发器的基本性质

① 触发器有 0 和 1 两个稳定的工作状态。一般定义 Q 端的状态为触发器的输出状态。在没有外加信号作用时，触发器维持原来的稳定状态不变。

② 触发器在一定外加信号作用下，可以从一个稳态转变为另一个稳态，称为触发器的状态翻转。

第一节 RS 触发器

一、基本 RS 触发器

基本 RS 触发器也称为 RS 锁存器,是各种触发器中最简单但却是最基本的组成部分。

1. 电路组成

图 3-1 是由两个**与非门**交叉连接组成的基本 RS 触发器及其逻辑符号,$\overline{S}_d$、$\overline{R}_d$ 是两个输入端,Q 和 $\overline{Q}$ 是两个互补的输出端。

2. 逻辑功能分析

① RS 触发器具有两个稳定的输出状态。分析图 3-1(a),当接通电源后,若 $\overline{S}_d = \overline{R}_d = 1$,此时,若触发器输出处于"1"状态,则这个状态一定是稳定的。因为 $Q = 1$,$\overline{R}_d = 1$,G_1 输入端为全 1,则 G_1 门的输出 $\overline{Q} = 0$,G_2 门输入端有 0,其输出必为 1。所以 $Q = 1$ 是稳定的;若触发器输出处于"0"态,同理可分析这个状态在输入端不加低电平信号时也是稳定的。这表明,触发器在未接收低电平输入信号时,无论处于"0"或者"1"状态都是稳定的。所以说触发器有两个稳定输出状态,且具有保持原来的稳定状态的功能。

② 在输入低电平信号作用下,触发器可以从一个稳态转换为另一个稳态。

若触发器的原始稳定状态(称为初态)Q 为 1,那么当 $\overline{R}_d = 0$,$\overline{S}_d = 1$ 时,G_1 门因输入端有 0 而使 $\overline{Q}$ 由 0 变 1,使 G_2 门输入端全 1,Q 必然由 1 翻转为 0;在触发器原始稳态为 0 时,如果使 $\overline{S}_d = 0$,$\overline{R}_d = 1$ 时,则 G_2 门有 0 输出 1,G_1 门输入端全 1 使 $\overline{Q}$ 由 1 翻转为 0,即触发器从 0 状态翻转为 1 状态。

此时,一旦电路进入新的稳定状态后,即使撤销 $\overline{R}_d$ 或 $\overline{S}_d$ 端的低电平信号(即 $\overline{R}_d = \overline{S}_d = 1$),触发器翻转后的状态也能够稳定地保持,这就是触发器的"记忆"功能。

由上述分析可见,当 $\overline{S}_d = 0$ 时,可使触发器的状态变为"1"态,因此 $\overline{S}_d$ 被称为置 1 端或置位端(Set);当 $\overline{R}_d = 0$ 时,可使触发器的状态变为"0"态,因此 $\overline{R}_d$ 被称为置 0 端或复位端(Reset)。

需要注意的是:当 $\overline{S}_d = \overline{R}_d = 0$ 时,由于 G_1、G_2 门输入端均有 0 信号输入,迫使 $Q = \overline{Q} = 1$,这就破坏了 Q 与 $\overline{Q}$ 的互补关系;另外,当输入的低电平信号同时撤销时(即 $\overline{S}_d$、$\overline{R}_d$ 同时由 0 变为 1 时),G_1、G_2 门的输入端全为"1",两个门均有变"0"的趋势,但究竟哪个先变为 0,取决于两个与非门的开关速度,这就形成了"竞争"。因此,由于门电路传输延迟时间 t_{pd} 的随机性和离散性,致使触发器的最终状态难以预定,称为不定状态。在正常工作时,不允许 $\overline{R}_d = \overline{S}_d = 0$ 的情况出现。

综上所述,基本 RS 触发器有两个稳定的输出状态,由低电平触发翻转。图 3-1(b)所示的逻辑符号中,$\overline{R}_d$、$\overline{S}_d$ 文字符号上的"非号"和输入端上的"小圆圈"均表示这种触发器的触发信号是低电平有效，其功能真值表如表 3-1 所示。

表 3-1 基本 RS 触发器功能真值表

$\bar{R}_d$	$\bar{S}_d$	Q^n	Q^{n+1}	逻辑功能
0	1	0	0	置 0
0	1	1	0	
1	0	0	1	置 1
1	0	1	1	
1	1	0	0	保持
1	1	1	1	
0	0	0	$\times$	不允许
0	0	1	$\times$	

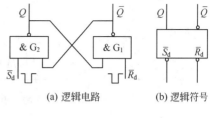

图 3-1 基本 RS 触发器

二、同步 RS 触发器

在实际应用中，通常要求触发器的状态翻转在统一的时间节拍控制下完成，为此，需要在输入端设置一个控制端。控制端引入的信号称为同步信号也称为时钟脉冲信号，简称为时钟信号，用 CP（Clock pulse）表示。

1. 同步 RS 触发器的电路组成

图 3-2 所示为同步 RS 触发器的逻辑电路和逻辑符号图。由 G_1、G_2 门组成基本 RS 触发器，G_3、G_4 门组成输入控制门电路。

2. 逻辑功能分析

当 $CP = 0$ 时：G_3、G_4 门被封锁，无论 R、S 端信号如何变化，其输出均为 1，触发器保持原态不变。

当 $CP = 1$ 时：G_3、G_4 门解除封锁，触发器接收输入端信号 R、S，并由 R、S 端电平变化决定触发器的输出。不难看出，同步

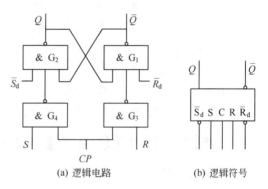

图 3-2 同步 RS 触发器

RS 触发器是将 R、S 信号经 G_3、G_4 门倒相后控制基本 RS 触发器工作，因此同步 RS 触发器是高电平触发翻转，故其逻辑符号中不加小圆圈。同时，当 $R = S = 1$ 时，导致 $Q = \bar{Q} = 0$，破坏了触发器互补输出关系；且当 $R = S = 1$ 同时撤销变 0 后，触发器状态不能预先确定，因此，$R = S = 1$ 的输入情况不允许出现。

3. 触发器初始状态的预置

在实际应用中，经常需要在 CP 脉冲到来之前，预先将触发器预置成某一初始状态。为此，同步 RS 触发器中设置了专用的直接置位端 $\bar{S}_d$ 和直接复位端 $\bar{R}_d$，通过在 $\bar{S}_d$ 或 $\bar{R}_d$ 端加低电平直接作用于基本 RS 触发器，完成置 1 或置 0 的工作，而不受 CP 脉冲的限制，故称其为异步置位端和异步复位端。初始状态预置后，应使 $\bar{S}_d$ 和 $\bar{R}_d$ 处于高电平，触发器即可进入正常工作状态。

【例 3-1】 RS 触发器应用举例。

用 RS 触发器组成的无抖动开关如图 3-3（c）所示，这种开关在电源和输出之间加入一个基本 RS 触发器，单刀双掷开关使触发器工作于置"0"或置"1"状态，使输出端产生一次性的阶跃电压，避免了机械开关在扳动（或按动）过程中的接触抖动而引起的输出波形的紊乱。

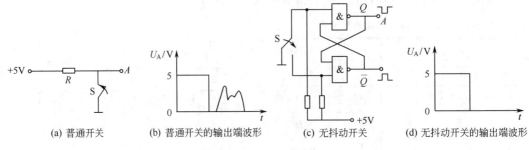

图 3-3　普通机械开关和无抖动开关的比较

这种无抖动开关称为逻辑开关，若将开关 S 来回扳动一次，则可在 Q 端得到无抖动的负脉冲（而在 $\overline{Q}$ 端可得到一个单拍正脉冲）。

4. 同步触发器的空翻问题

时序逻辑电路增加时钟脉冲的目的是为了统一电路动作的节拍。对触发器而言，在一个时钟脉冲作用下，要求触发器的状态只能翻转一次。而同步型触发器在一个时钟脉冲作用下（即 $CP=1$ 期间），如果 R、S 端输入信号多次发生变化，可能引起输出端 Q 状态翻转两次或两次以上，时钟失去控制作用，这种现象称为"空翻"。要避免"空翻"现象，则要求在时钟脉冲作用期间，不允许输入信号（R、S）发生变化；另外，要求 CP 的脉宽不能太大，显然，这种要求是较为苛刻的。

由于同步触发器存在空翻问题，限制了其在实际工作中的作用。为了克服该现象，对触发器电路作进一步改进，进而产生了主从型、边沿型等各类触发器。

三、触发器逻辑功能的表述方法

1. 术语和符号

① 时钟脉冲 CP：同步脉冲信号。

② 数据输入端：又称控制输入端，RS 触发器的数据输入端是 R 和 S；D 触发器的数据输入端是 D 等。

③ 初态 Q^n——某个时钟脉冲作用前触发器的状态，即老状态，也称为"现态"。

④ 次态 Q^{n+1}——某个时钟脉冲作用后触发器的状态，即新状态。

2. 触发器逻辑功能的五种表述方式

（1）状态表　状态表以表格的形式表达了在一定的控制输入条件下，在时钟脉冲作用前后，初态向次态的转化规律，称为状态转换真值表，简称为状态表，也称为功能真值表。

以 RS 触发器为例，因触发器的次态 Q^{n+1} 与初态 Q^n 有关，因此将初态 Q^n 作为次态 Q^{n+1} 的一个输入逻辑变量，那么，同步 RS 触发器 Q^{n+1} 与 R、S、Q^n 间的逻辑关系可用表 3-2 表示。

表中当 $R=S=1$ 时，无论 Q^n 状态如何，在正常工作情况下是不允许出现的，所以在对应输出 Q^{n+1} 处打"×"，化简时作为约束项处理。

（2）特性方程　特性方程以方程的形式表达了在时钟脉冲作用下，次态 Q^{n+1} 与初态 Q^n 及控制输入信号间的逻辑函数关系。

由状态表可以画出 RS 触发器的次态卡诺图如图 3-4 所示，化简可得同步 RS 触发器的特性方程为

$$Q^{n+1}=S+\overline{R}Q^n$$
$$RS=0（约束条件）$$

（3）激励表 激励表以表格的形式表达了在时钟脉冲作用下实现一定的状态转换（由初态 Q^n 到次态 Q^{n+1}），应施加怎样的控制输入条件。RS 触发器的激励表可由表 3-2 转化而来，如表 3-3 所示。

举例说明：激励表中第一行表明，触发器状态为 0，若要求 CP 脉冲作用后，次态 Q^{n+1} 仍然为 0，从状态表中可发现，当 $R=S=0$ 时触发器保持原态可满足此要求；$R=1$，$S=0$ 时触发器置 "0" 也可满足次态为 0 的要求。因此，R 的取值是任意的，用 "×" 表示，而 $S=0$。

表 3-2 同步 RS 触发器状态表

R	S	Q^n	Q^{n+1}	逻辑功能
0	0	0	0	保持
0	0	1	1	
0	1	0	1	置1
0	1	1	1	
1	0	0	0	置0
1	0	1	0	
1	1	1	×	不允许
1	1	0	×	

表 3-3 同步 RS 触发器激励表

$Q^n \rightarrow Q^{n+1}$		R	S
0	0	×	0
0	1	0	1
1	0	1	0
1	1	0	×

（4）状态图 以图形的形式表示在时钟脉冲作用下，状态变化与控制输入间的变化关系，又叫做状态转换图。图 3-5 所示为 RS 触发器的状态转换图。

（5）时序图 反映时钟脉冲 CP、控制输入及触发器状态 Q 对应关系的工作波形图称为时序图。时序图能够清楚地表明时钟信号及控制输入信号间的即时控制关系。图 3-6 所示为在已知 CP、R、S 波形情况下，触发器 Q 端的输出波形。

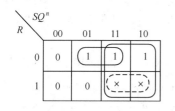

图 3-4 RS 触发器次态卡诺图

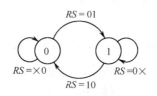

图 3-5 同步 RS 触发器状态转换图

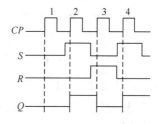

图 3-6 同步 RS 触发器时序图

第二节 JK 触发器

一、主从型 JK 触发器

1. 电路结构

图 3-7 所示为主从型 JK 触发器的逻辑图和逻辑符号。它由两个同步 RS 触发器按照主

从结构连接组成，FF_1 称为主触发器，FF_2 称为从触发器。主触发器的 S_1 端是 $\overline{Q}$ 端和 J 端信号的逻辑**与**运算，即 $S_1=\overline{Q}\cdot J$；R_1 端是 Q 端信号和 K 端信号的**与**运算，即 $R_1=Q\cdot K$。$\overline{S}_d$ 是直接置 1 端，$\overline{R}_d$ 是直接置 0 端，用来预置触发器的初始状态，触发器正常工作时，应使 $\overline{S}_d=\overline{R}_d=1$。

互补的时钟脉冲信号分别作用于主触发器和从触发器。

2. 工作原理

当 $CP=1$ 时，$\overline{CP}=0$，从触发器被封锁，则触发器的输出状态保持不变；此时主触发器被打开，主触发器的状态随 J、K 端控制输入而改变。

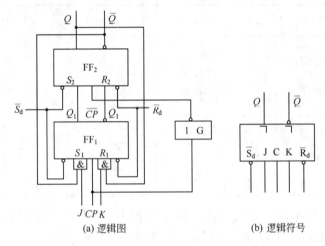

(a) 逻辑图　　　　　　　　(b) 逻辑符号

图 3-7　主从型 JK 触发器

当 $CP=0$ 时，$\overline{CP}=1$，主触发器被封锁，不接收 J、K 输入信号，主触发器状态不变；而从触发器解除封锁，由于 $S_2=Q_1$，$R_2=\overline{Q}_1$，所以当主触发器输出 $Q_1=1$ 时，$S_2=1$，$R_2=0$，从触发器被置"1"，当主触发器 $Q_1=0$ 时，$S_2=0$，$R_2=1$，从触发器被置"0"。即：从触发器的状态由主触发器决定。

图 3-7(b) 逻辑符号中，时钟脉冲端直接引入用 C 表示，在 $CP=1$ 期间接收输入控制信号；输出端 Q 和 $\overline{Q}$ 加"￢"表示 CP 脉冲由高电平变为低电平时从触发器接收主触发器的输出状态（即：触发器延迟到下降沿时输出）。所以，主从 JK 触发器在 CP 脉冲为高电平时接收输入信号，CP 脉冲下降沿时使输出发生变化，即：主从 JK 触发器是在 CP 脉冲的下降沿触发动作，克服了 RS 触发器的空翻现象。

3. 逻辑功能分析

基于主从型 JK 触发器的结构，分析其逻辑功能时只需分析主触发器的功能即可。

当 $J=K=0$ 时，因主触发器保持原态不变，所以当 CP 脉冲下降沿到来时，触发器保持原态不变，即 $Q^{n+1}=Q^n$。

当 $J=1$，$K=0$ 时，设初态 $Q^n=0$，$\overline{Q^n}=1$，当 $CP=1$ 时，$Q_1=1$，$\overline{Q}_1=0$；CP 脉冲下降沿到来后，从触发器置"1"，即 $Q^{n+1}=1$。若初态 $Q^n=1$ 时，也有相同的结论。

当 $J=0$，$K=1$ 时，设初态 $Q^n=1$，$\overline{Q^n}=0$，当 $CP=1$ 时，$Q_1=0$，$\overline{Q}_1=1$；CP 脉冲

下降沿到来后，从触发器置"0"，即 $Q^{n+1}=0$。若初态 $Q^n=0$ 时，也有相同的结论。

当 $J=K=1$ 时，设初态 $Q^n=0$，$\overline{Q^n}=1$，当 $CP=1$ 时，$Q_1=1$，$\overline{Q_1}=0$；CP 脉冲下降沿到来后，从触发器状态翻转为1；设初态 $Q^n=1$，$\overline{Q^n}=0$，当 $CP=1$ 时，$Q_1=0$，$\overline{Q_1}=1$ 时；CP 脉冲下降沿到来后，从触发器状态翻转为0。即次态与初态相反，$Q^{n+1}=\overline{Q^n}$。

可见，JK 触发器是一种具有保持、翻转、置1、置0功能的触发器，它克服了 RS 触发器的禁用状态，是一种使用灵活、功能强、性能好的触发器。JK 触发器的状态功能表如表 3-4 所示；表 3-5 为其激励表；图 3-8(a)、(b) 分别为其状态转换图和时序图。

将 JK 触发器的状态表填入卡诺图化简，可得到其特性方程

$$Q^{n+1}=J\overline{Q^n}+\overline{K}Q^n$$

表 3-4　JK 触发器状态表

J	K	Q^n	Q^{n+1}	逻辑功能
0	0	0	0	保持
0	0	1	1	
0	1	0	0	置0
0	1	1	0	
1	0	0	1	置1
1	0	1	1	
1	1	0	1	翻转
1	1	1	0	

表 3-5　JK 触发器激励表

$Q^n \rightarrow Q^{n+1}$		J	K
0	0	0	$\times$
0	1	1	$\times$
1	0	$\times$	1
1	1	$\times$	0

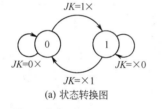

(a) 状态转换图

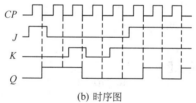

(b) 时序图

图 3-8　JK 触发器的状态转换图和时序图

4. 主从触发器的一次翻转问题

主从触发器采用分步工作方式，解决了同步触发器的空翻问题，提高了电路性能，但在实际应用中仍有一些限制。

例如：假设触发器的现态 $Q^n=0$，当 $J=0$，$K=0$ 时，根据 JK 触发器的逻辑功能应维持原状态不变。但是，在 $CP=1$ 期间若遇到外界干扰，使 J 由 0 变为了 1，主触发器则被置成了 1 状态，发生一次空翻现象。当正脉冲干扰消失后，输入又回到 $J=K=0$，此时主触发器维持已被置成的 1 状态。其后，若再遇到干扰信号，因为主触发器受从触发器的反馈，$Q^n=0$ 锁闭 K 端信号，K 信号变化不起作用，因此主触发器状态不再变化。所以，当 CP 脉冲下降沿到来后，从触发器接收主触发器输出，状态变为 1 状态，而不是维持原来的 0 状态不变。显然因为 $CP=1$ 期间外界干扰产生了状态变化。

主从型触发器在 $CP=1$ 期间，主触发器能且仅能翻转一次的现象叫一次翻转。由于一次翻转问题的存在，降低了主从 JK 解发器的抗干扰能力，因而限制了主从型触发器的使用。

为了避免这种现象出现，要求在 $CP=1$ 期间 J、K 状态不能改变。

二、抗干扰能力更强的触发器

1. 维持阻塞型触发器

维持阻塞型触发器是利用电路内的维持——阻塞线所产生的"维持阻塞"作用来克服空翻现象的时钟触发器。它的触发方式是边沿触发（国产的维持阻塞型触发器一般为上升沿触发），即仅在时钟脉冲上升沿接收控制输入信号并改变输出状态。在一个时钟作用下，维持阻塞型触发器最多在 CP 脉冲作用边沿改变一次状态，因此不存在空翻现象，抗干扰能力更强。

2. 边沿型触发器

边沿型触发器是利用电路内部的传输延迟时间实现边沿触发克服空翻现象的。它采用边沿触发，一般集成电路采用下降沿触发方式（即负边沿），触发器的输出状态是根据 CP 脉冲触发沿到来时刻输入信号的状态来决定的。边沿触发器只要求在时钟脉冲的触发边沿前后的几个门延迟时间内保持激励信号不变即可，因而这种触发器的抗干扰能力较强。

维持阻塞型和边沿型触发器内部结构复杂，因此不再讲述其内部结构和工作原理，只需掌握其触发特点，会灵活应用即可。

【例 3-2】 74LS112 为集成双下降沿 JK 触发器（带预置和清除端），74111 为集成双主从 JK 触发器，其外引线端子如图 3-9(a) 和(b) 所示，图 3-9(c) 为负边沿 JK 触发器的逻辑符号。当输入信号 J、K 的波形如图 3-9(d) 所示时，请分别画出两种触发器的输出波形（假设各触发器初态均为 0）。

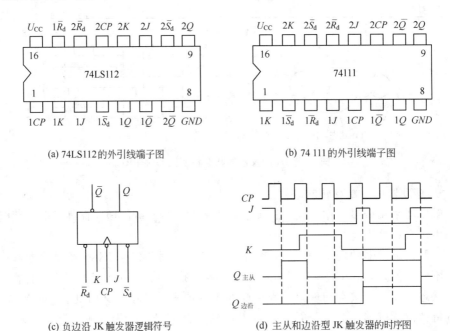

(a) 74LS112的外引线端子图

(b) 74 111 的外引线端子图

(c) 负边沿 JK 触发器逻辑符号

(d) 主从和边沿型 JK 触发器的时序图

图 3-9 例 3-2 图

解 按照 JK 触发器的逻辑功能和触发特点，分别画出两种触发器的输出波形如图 3-9 (d) 所示。由主从型和边沿型触发器的时序图可以看出

① 主从型触发器在 $CP=1$ 期间，接收 J、K 输入信号并决定主触发器输出；在 $CP=0$ 时，从触发器向主触发器看齐。因此，触发器状态的改变发生在 CP 脉冲的下降沿时刻。

主从型触发器如果在 $CP=1$ 期间，J、K 输入信号有变化时，主触发器按其逻辑功能判断，仅第一次状态变化有效；以后 J、K 再改变时将不起作用。

② 边沿型触发器因其为下降沿触发方式，仅在 CP 脉冲负跳变时接收控制端输入信号并改变触发器输出状态。

第三节　D、T 触发器及触发器的使用注意事项

一、D 和 T 触发器

1. D 触发器

D 触发器只有一个控制输入端 D，另有一个时钟输入端 CP。D 触发器可以由 JK 触发器演变而来。图 3-10 所示即为由负边沿 JK 触发器转换成的 D 触发器的逻辑图及逻辑符号。将 JK 触发器的 J 端通过一级非门与 K 端相连，定义为 D 端。

由 JK 触发器的逻辑功能可知：当 $D=1$ 时，$J=1$，$K=0$ 时，时钟脉冲下降沿到来后触发器置"1"；当 $D=0$ 时，$J=0$，$K=1$，时钟脉冲下降沿到来后触发器置"0"态。可见，D 触发器在时钟脉冲作用下，其输出状态与 D 端的输入状态一致，显然，D 触发器的特性方程为：$Q^{n+1}=D$。

D 触发器在 CP 脉冲作用下，具有置 0、置 1 逻辑功能。表 3-6 为 D 触发器状态表。这种由负边沿 JK 触发器转换而来的 D 触发器也是由 CP 下降沿触发翻转的。图 3-11 为 D 触发器的状态图和时序图。

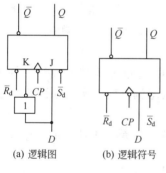

(a) 逻辑图　(b) 逻辑符号

图 3-10　D 触发器

表 3-6　D 触发器状态表

D	Q^n	Q^{n+1}	逻辑功能
0	0	0	置 0
0	1	0	
1	0	1	置 1
1	1	1	

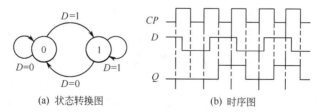

(a) 状态转换图　(b) 时序图

图 3-11　D 触发器的状态图和时序图

使用时要特别注意的是，国产集成 D 触发器全部采用维持阻塞型结构，它的逻辑功能与上述完全相同，不同之处只是在 CP 脉冲上升沿到达时触发。

54/74LS74 双上升沿 D 触发器的外引线端子排列如图 3-12(a) 所示；图 3-12 (b) 为其

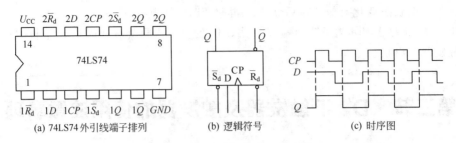

(a) 74LS74 外引线端子排列   (b) 逻辑符号   (c) 时序图

图 3-12　上升沿触发的 D 触发器

逻辑符号，在 CP 输入端没有小圆圈表示上升沿触发；图 3-12（c）为其时序波形图。

2. T 触发器

把 JK 触发器的 J、K 端连接起来作为 T 端输入，则构成 T 触发器，如图 3-13 所示。T 触发器的逻辑功能是：$T=1$ 时，每来一个 CP 脉冲，触发器状态翻转一次，为计数工作状态；$T=0$ 时，保持原状态不变。即具有可控制计数功能。

表 3-7 为 T 触发器的状态表。

将 D 触发器的 $\bar{Q}$ 端接至 D 输入端，也可构成 T 触发器，如图 3-14 所示。

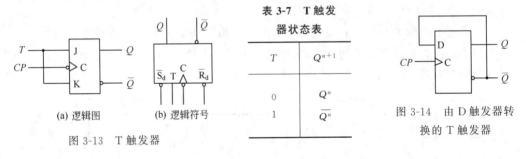

(a) 逻辑图   (b) 逻辑符号

图 3-13　T 触发器

表 3-7　T 触发器状态表

T	Q^{n+1}
0	Q^n
1	$\bar{Q}^n$

图 3-14　由 D 触发器转换的 T 触发器

若将 T 触发器的输入端 T 接成固定高电平"1"，则 T 触发器就变成了"翻转型触发器"或"计数型触发器"，每来一个 CP 脉冲，触发器状态就改变一次，这样的 T 触发器有些资料上称其为 T' 触发器。

实际应用的集成触发器电路中不存在 T 和 T' 触发器，而是由其他功能的触发器转换而来的。

二、集成触发器使用注意事项

1. 品种和类型

目前，市场上出现的集成触发器按工艺分有 TTL、CMOS4000 系列和高速 CMOS 系列等，其中 TTL 集成电路中 LS 系列市场占有率最高。

LS 系列的 TTL 触发器具有高速低功耗特点，工作电源为 4.5～5.5V。CMOS4000 系列具有微功耗、抗干扰性能强的特点，工作电源一般为 3～18V，但其工作速度较低，一般小于 5MHz。高速 CMOS 电路保持了 CMOS4000 系列的微功耗特性，速度与 LS 型 TTL 电路相当，可达 50MHz；高速 CMOS 有两个常用的子系列，HC 系列的工作电源为 2～6V；HCT 系列与 TTL 系列兼容，工作电源为 4.5～5.5V。

2. 触发器的逻辑符号

实用的集成触发器种类繁多，各种功能的触发器又可具有不同的电路结构。因而，对于一般使用者来说，熟悉集成触发器的逻辑符号的定义规律对分析电路功能和实际应用是有帮助的。现将各种触发器的逻辑符号列于表 3-8 中。鉴于目前器件手册及部分教科书中仍采用惯用符号，因此将惯用符号和本书采用的新标准符号一起列出，以便对照。

从表中可看出：触发器逻辑符号中 CP 端加 ">"（或 "∧"），表示为边沿触发；不加 ">" 则表示电平触发。CP 端加入 ">" 且有 "o" 表示下降沿触发；不加 "o" 表示上升沿触发。

表 3-8 中，用惯用符号表示主从型 JK 触发器与边沿型触发器是相同的，但在新标准符号中则能表示出主从触发器的特点：CP 输入端不加 ">" 也不加 "o"，表示为高电平时主触发器接受输入控制信号并决定主触发器输出，输出端 $\bar{Q}$ 和 Q 加 "⌐" 表示 CP 脉冲由高电平变为低电平时，从触发器向主触发器看齐，表示延迟输出。

表 3-8 触发器的逻辑符号

触发器类型	由与非门构成的基本 RS 触发器	由或非门构成的基本 RS 触发器	同步式时钟触发器（以 RS 功能触发器为例）	维持阻塞触发器和上升沿触发器的边沿触发器（以 D 功能触发器为例）	边沿式触发器及下降沿触发器的维持阻塞触发器（以 JK 功能触发器为例）	主从式触发器（以 JK 功能触发器为例）
惯用符号	（逻辑符号图）	（逻辑符号图）	（逻辑符号图）	（逻辑符号图）	（逻辑符号图）	（逻辑符号图）
新标准符号	（逻辑符号图）	（逻辑符号图）	（逻辑符号图）	（逻辑符号图）	（逻辑符号图）	（逻辑符号图）

3. 触发器的有关时间参数

由于触发器都是由门电路组成的，因此其输入、输出特性与门电路大致相似。这里主要介绍几个与触发器动态特性有关的参数。

（1）触发器对时钟脉冲的要求 为使触发器可靠工作，CP 脉冲必须遵循手册中给出的最高时钟频率 f_{max} 的要求，使用时，CP 脉冲的重复频率 f 应小于 f_{max}。否则触发器来不及反应而造成误动作。f_{max} 越高，表示触发器的工作速度越快。

f_{max} 的典型值：TTL 电路是 30MHz；CMOS4000 系列 1.5MHz；高速 CMOS 是 20MHz。

（2）传输延迟时间 从时钟脉冲的触发边沿到触发器完成状态转换所经历的延迟时间：

t_{phl}——从 CP 脉冲作用时刻到输出完成由高电平向低电平的延迟时间。

t_{plh}——从 CP 脉冲作用时刻到输出完成由低电平向高电平的延迟时间。

传输延迟时间反映了触发器的工作速度，一般 74 系列的 JK 触发器中 $t_{phl} \approx t_{plh} \approx 50ns$。

（3）建立和保持时间　为使触发器能可靠工作，输入控制信号应在 CP 有效触发沿作用前一段时间建立，即要有建立时间" t_{set} "；而且输入信号还应在 CP 脉冲作用后保持一定时间，即要有"保持时间 t_{hold}"。这两者之和称为触发器的"非稳定时间"。为了稳定可靠地工作，任何触发器的输入控制信号都不允许在这段时间内变化。

显然，边沿触发器的"非稳定时间"越短，工作越可靠。

第四节　计　数　器

计数器与人们的生产、生活息息相关。如钟表、电子记分牌、列车的自动测速装置及数控机床等都离不开计数器。所谓计数，就是累计输入脉冲的个数，能够实现这种功能的时序部件称为计数器。计数器除具有计数功能外，还可用于定时、分频及进行数字运算等。

计数器的种类很多。首先按计数进制的不同可分为十进制计数器、二进制计数器及任意进制计数器（如钟表的分和秒计时为六十进制、钟点计时为二十四或十二进制计数等）；按照组成计数器的各触发器动作步调是否一致可分为同步计数器和异步计数器；按累计数值的增减可分为加法（递增）计数器、减法（递减）计数器和可逆（可增可减）计数器。目前市场上出售的集成计数器按集成工艺的不同可分为双极型（TTL）和单极型（CMOS）计数器。

一、二进制计数器

在数字电路中，广泛地采用二进制计数体制，与此相适应的计数器为二进制计数器。在输入脉冲的作用下，计数器按自然态序循环经历 2^n 个独立状态（n 为构成计数器的触发器个数），因此又称作模 2^n 进制计数器，模数 $M = 2^n$。

（一）异步二进制计数器

1. 异步二进制加法计数器

以三位二进制加法计数器为例，找出其规律后，再推广到一般。

首先，按照二进制加法运算的规则可以列出三位二进制加法计数器的状态转换表，如表 3-9 所示，从中不难发现以下规律：

① 最低位触发器 FF_0 的输出状态 Q_0，在时钟脉冲作用下每来一个脉冲状态就翻转一次。

② 次高位触发器 FF_1 的输出状态 Q_1，在 Q_0 由 1 变为 0 时翻转一次。也即当 Q_0 原来为 1，作加 1 计数时，"1+1"使本位得 0、并向高位进 1（逢二进一）时，迫使它的相邻高位状态翻转，以满足进位要求。

③ 最高位 FF_2 的状态 Q_2 与 Q_1 相似，在相邻低位 Q_1 由 1→0（进位）时翻转。

可见，要构成异步二进制加法计数器，各触发器间的连接规律如下：

① 只需用具有 T' 功能的触发器构成计数器的每一位；

② 最低位时钟脉冲输入端接计数脉冲源 CP 端；

③ 其他各位触发器的时钟脉冲输入端则接到它们相邻低位的输出端 Q 或者 $\overline{Q}$。究竟接 Q 还是 $\overline{Q}$，则应视触发器的触发方式而定。

表 3-9 二进制加法计数器状态转换表

输入脉冲数	触发器状态		
	Q_2	Q_1	Q_0
0	0	0	0
1	0	0	1
2	0	1	0
3	0	1	1
4	1	0	0
5	1	0	1
6	1	1	0
7	1	1	1
8	0	0	0
9	0	0	1

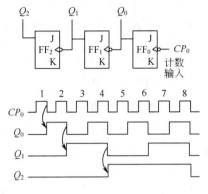

图 3-15 下降沿触发的三位二进制
异步加法计数器及其时序图

如果触发器为上升沿触发，则在相邻低位由 1→0 变化（进位）时，应迫使相邻高位翻转，需向其输出一个 0→1 的上升脉冲，可由相邻低位的 $\overline{Q}$ 端引出；如果触发器为下降沿触发，则在相邻低位由 1→0（进位）变化时，其 Q 端刚好给出下跳变，满足使高位翻转的需要，因此时钟脉冲输入端应接相邻低位的 Q 端。

图 3-15 所示为下降沿触发的 JK 触发器构成的三位异步二进制加计数器，其中各触发器 J、K 端均悬空，其功能相当于 T' 触发器。且由图 3-15 可以看出，如果 CP 的频率为 f_0，那么 Q_0、Q_1、Q_2 的频率分别为 $1/2f_0$、$1/4f_0$、$1/8f_0$，说明计数器具有分频作用，因此也称为分频器。每经过一级 T' 触发器，输出脉冲频率就被二分频，则相对于 f_0 来说，Q_0、Q_1 和 Q_2 输出依次为 f_0 的二分频、四分频和八分频。

n 位二进制计数器最多能累计的脉冲个数为 2^n-1，这个数称为计数长度（或容量）。如三位二进制计数器的计数长度为 $2^n-1=7$，包含 $Q_2\ Q_1\ Q_0 = 000$ 在内，共有 8 个状态，即 $M=2^3=8$，M 称为计数器的循环长度，也称为计数器的模。

图 3-16 所示为上升沿触发的 D 触发器构成的异步四位二进制加计数器。将各 D 触发器的 $\overline{Q}$ 端反馈至 D 端，即可将 D 触发器转换为 T' 触发器。同上所述，该四位二进制计数器的循环长度为 $M=2^4=16$，即它应有 16 个状态。

如果计数位数较多时，可按此规律逐级增加高位触发器。

2. 异步二进制减法计数器

仍以三位二进制计数器为例，按照二进制减法运算规律，可以做出三位二进制减计数器

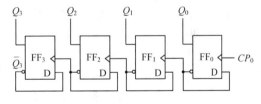

图 3-16 上升沿触发的 D 触发器构成的
四位二进制加计数器

随输入脉冲计数状态递减的状态转换表，如表 3-10 所示。不难发现以下规律。

① 最低位触发器 FF_0 的状态 Q_0 在时钟脉冲 CP_0 的作用下，每来一个脉冲状态翻转一次。

② 次高位触发器 FF_1 的状态 Q_1 在其相邻低位 Q_0 由 0→1（借位）时翻转一次。

也即：Q_0 原来为 0，来一脉冲作减 1 运算，因不够减而向高位借"1"时，使它相邻高位 FF_1 翻转一次，同时本位 Q_0 变为 1。

③ 最高位 FF_2 的状态与 FF_1 相似，在相邻低位"0→1"时，产生借位翻转。

可见，要构成异步二进制减法计数器，各触发器应具有 T' 功能，最低位时钟脉冲输入端接计数脉冲源 CP，其他位的时钟端则应接相邻低位的输出端 Q 或 $\bar{Q}$ 端；究竟是接 Q 还是 $\bar{Q}$ 端，要视触发器的触发方式而定。

如果触发器为下降沿触发，则相邻低位由 $0 \to 1$ 变化时，其 $\bar{Q}$ 端刚好产生 $1 \to 0$ 的下跳沿，因此应接相邻低位的 $\bar{Q}$ 端；如果是上升沿触发，则应接相邻低位的 Q 端。

图 3-17 给出了下降沿触发的二进制减法计数器逻辑图及时序图，请读者自行画出由上升沿触发器构成的二进制减法计数器逻辑图及时序图。

3. 异步计数器的特点

异步计数器的最大优点是电路结构简单。其主要缺点是：由于各触发器翻转时存在延迟时间，级数越多，延迟时间越长，因此计数速度慢；同时由于延迟时间在有效状态转换过程中会出现过渡状态造成逻辑错误。因此，在高速的数字系统中，大都采用同步计数器。

表 3-10　二进制减法数状态转换表

输入脉冲个数	触发器状态		
	Q_2	Q_1	Q_0
0	0	0	0
1	1	1	1
2	1	1	0
3	1	0	1
4	1	0	0
5	0	1	1
6	0	1	0
7	0	0	1
8	0	0	0

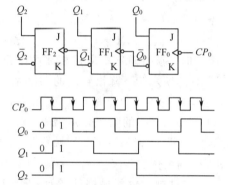

图 3-17　下降沿触发的三位二进制异步减法计数器及其时序图

（二）同步二进制计数器

1. 同步二进制加计数器

在同步计数器中，各个触发器的时钟端均由同一时钟脉冲源作用，各触发器若要动作，应在时钟脉冲作用下同时完成。因此，在相同的时钟条件下，触发器是否翻转，是由各触发器的数据控制端状态决定的。从表 3-9 中可发现，在统一的时钟脉冲作用下，各触发器状态转换的规律为：

① 最低位每来一个脉冲就翻转一次；

② 其他位均是在其所有低位为 1 时才翻转。因为此时再来一个脉冲，低位向本位应有进位。

所以，用 T 触发器构成的三位二进制加计数器，存在以下关系：
$$T_1 = 1, \quad T_2 = Q_1, \quad T_3 = Q_2 Q_1;$$
$$CP_1 = CP_2 = CP_3 = CP$$

其逻辑图如图 3-18 所示（图中已将 JK 触发器转换为 T 触发器使用）。

以上讨论的是三位二进制计数器，如果位数更多，控制进位的规律可依次类推。对其中任一位触

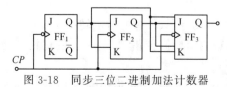

图 3-18　同步三位二进制加法计数器

发器来说，假如是第 n 位，在其所有低位均为 1 时，下一个 CP 脉冲作用时它将改变状态。因此 T 触发器控制端的表达式可写成

$$T_n = Q_{n-1} \cdots Q_2 \cdot Q_1$$

如果用 JK 触发器，则可写成

$$J_n = K_n = Q_{n-1} \cdots Q_2 \cdot Q_1$$

2. 同步二进制减计数器

与加计数相似，由表 3-10 可以找出在统一时钟脉冲作用下：

① 最低位每来一个脉冲翻转一次；

② 其他位均是在其所有低位为 0 时才翻转，因为此时低位需向本位借位。

由此，由 T 触发器构成二进制减计数器时，应有

$$CP_1 = CP_2 = \cdots CP_n = CP$$

$$T_1 = 1, \quad T_2 = \overline{Q}_1, \quad \cdots, \quad T_n = \overline{Q}_{n-1} \cdots \overline{Q}_2 \overline{Q}_1$$

读者可以自行画出逻辑图。

同步计数器具有计数速度高、过渡干扰脉冲小的优点。对同步计数器来说，计数器任一状态的改变，自计数脉冲有跳变沿到稳定输出只需 t_{pd} 时间，与异步计数器相比速度要快得多。但它要求计数脉冲源信号功率较大，级数 n 越多，负载越重。同时，级数越多，高位触发器 J、K 端数目越多，低位触发器负载越重。通常用门电路来扩展 JK 端数目以减轻低位触发器的负载，当然，相应的传输时间也要增加一些。

市场上，同步二进制计数器的产品种类繁多，有些还辅加了一些控制功能，例如：带有直接清除功能的同步 4 位二进制计数器 74LS161；具有可预置数功能的二进制计数器 74LS177；具有可预置和清除功能的同步二进制可逆计数器 74LS193 等。

二、十进制计数器

虽然二进制计数器有电路结构简单、运算方便等优点，但人们仍习惯于用十进制计数，特别是当二进制数的位数较多时，要较快地读出数据就比较困难。因此，数字系统中经常要用到十进制计数器。

十进制计数器的每一位计数单元需要有十个稳定的状态，分别用 0～9 十个数码表示。直接找到一个具有十个稳定状态的元件是非常困难的。目前广泛采用的方法，是用若干个最简单的具有两个稳态的触发器组合成一位十进制计数器。如果用 M 表示要求的计数器的模数，n 表示组成计数器的触发器个数，则应有 $2^n \geqslant M$ 的关系。对于十进制计数器而言，$M = 10$，则 n 至少为 4，即由四位触发器组成一位十进制计数器。前面已经讨论了，四位触发器可组成四位二进制计数器，有 16 个状态，用其组成十进制计数器只需 10 个状态来分别对应 0～9 十个数码，而需剔除其余的 6 个状态。这种表示一位十进制数的一组四位二进制数码，称为二-十进制代码或称 BCD 码，所以十进制计数器也常称为二-十进制计数器。

从四位二进制的 16 组数码中选取 10 组二-十进制代码的方法称为编码，常见的 BCD 码有"8421"码、"2421"码、"5421"码等。下面通过两个具体电路来说明十进制计数器的功能及分析方法。

图 3-19 给出了两个异步十进制计数器的逻辑电路图，由图可见，各触发器的时钟脉冲端不受同一脉冲控制，各个触发器的翻转除受 J、K 端控制外还要看是否具备翻转的时钟条件。

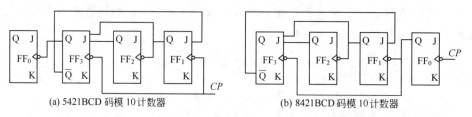

(a) 5421BCD 码模 10 计数器　　　(b) 8421BCD 码模 10 计数器

图 3-19　异步十进制计数器

图 3-19(a) 所示的电路分析步骤如下。

（1）写出时钟方程

$$CP_1=CP$$
$$CP_2=Q_1$$
$$CP_3=CP$$
$$CP_0=Q_3$$

（2）写出驱动方程

$$J_1=\overline{Q_3} \qquad K_1=1$$
$$J_2=1 \qquad K_2=1$$
$$J_3=Q_2 \cdot Q_1 \qquad K_3=1$$
$$J_0=1 \qquad K_0=1$$

（3）写出次态方程　此时要特别注意各触发器次态变化的时刻。

$$Q_1^{n+1}=\overline{Q_3}\,\overline{Q_1} \cdot CP_1 \downarrow \qquad (CP_1=CP)$$
$$Q_2^{n+1}=\overline{Q_2} \cdot CP_2 \downarrow \qquad (CP_2=Q_1)$$
$$Q_3^{n+1}=\overline{Q_3}Q_2Q_1 \cdot CP_3 \downarrow \qquad (CP_3=CP)$$
$$Q_0^{n+1}=\overline{Q_0} \cdot CP_0 \downarrow \qquad (CP_0=Q_3)$$

（4）列出状态转换表　依次假设现态，代入次态方程进行计算，计算时要特别注意次态方程中的每一个表达式有效的时钟条件。各触发器只有当相应的触发沿（如 FF$_2$ 触发器的触发沿是 Q_1 的下跳沿）到来时，才能按次态方程决定其次态的转换，否则将保持原态不变。依此方法可列出表 3-11。

表 3-11　图 3-19(a) 的状态转换表

计数脉冲 CP	触发器状态				对应十进制数
	Q_0	Q_3	Q_2	Q_1	
0	0	0	0	0	0
1	0	0	0	1	1
2	0	0	1	0	2
3	0	0	1	1	3
4	0	1	0	0	4
5	1	0	0	0	5
6	1	0	0	1	6
7	1	0	1	0	7
8	1	0	1	1	8
9	1	1	0	0	9
10	0	0	0	0	0

表 3-12　图 3-19(b) 的状态转换表

计数脉冲 CP	触发器状态				对应十进制数
	Q_3	Q_2	Q_1	Q_0	
0	0	0	0	0	0
1	0	0	0	1	1
2	0	0	1	0	2
3	0	0	1	1	3
4	0	1	0	0	4
5	0	1	0	1	5
6	0	1	1	0	6
7	0	1	1	1	7
8	1	0	0	0	8
9	1	0	0	1	9
10	0	0	0	0	0

由表 3-11 可画出图 3-19(a) 的时序图，如图 3-20(a) 所示。如果由于某种原因该电路进入六个任意态时，经过计算在 CP 脉冲作用下其状态转换的结果与表 3-11 的状态转换表结合起来，可画出图 3-19(a) 的全状态转换图如图 3-20(b) 所示。由图可见，该电路是具有自启动功能的。

(5) 归纳逻辑功能　由状态转换表、时序图或状态转换图均可得出，图 3-19(a) 所示电路是 5421 BCD 码的异步十进制加法计数器。

将图 3-19(a) 中高位触发器 FF_0 移至低位，即为图 3-19(b) 所示电路。

按照上述方法，可列出图 3-19(b) 的状态转换表及全状态转换图和时序图，见表 3-12、图 3-21(a) 和 (b)。可见，图 3-19(b) 是 8421 BCD 码的异步加法计数器，也具有自启动功能。

实际上，从时序图可以看出，$FF_3 \sim FF_1$ 构成一个异步五进制加计数器，FF_0 构成了一位二进制计数器，两个计数器级联构成了 "$5 \times 2 = 10$" 的十进制计数器。如果将 FF_0 放在最高位，两个计数器级联构成了 "$2 \times 5 = 10$"，也是十进制计数器，但由于各位权数不同，就构成了不同编码方式的十进制计数器。

由此，可以得出由小模数计数器级联构成大模数计数器的方法：两个模数分别为 m 和 n 的计数器级联，可构成模 ($m \times n$) 计数器。

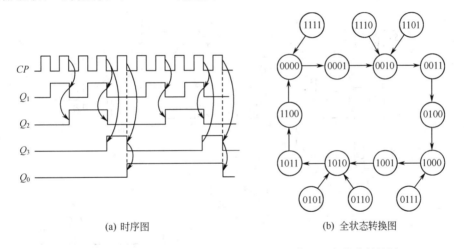

(a) 时序图 (b) 全状态转换图

图 3-20　图 3-19(a) 5421 BCD 码计数器的时序图和全状态转换图

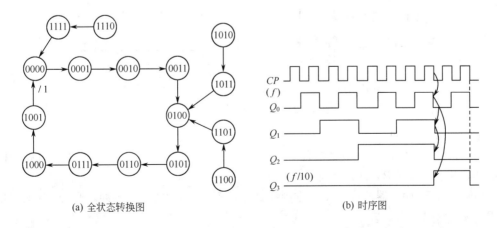

(a) 全状态转换图 (b) 时序图

图 3-21　图 3-19(b) 的 8421 BCD 码计数器全状态转换图和时序图

第五节　集成计数器及其功能扩展

集成计数器属于中规模集成电路，其种类较多，应用也十分广泛。按其工作步调一般可分为同步计数器和异步计数器两大类，通常为 BCD 码十进制和四位二进制计数器，这些计数器功能比较完善，同时还附加了辅助控制端，可进行功能扩展。现以两个常用集成计数器为例来说明它们的功能及扩展应用。

一、异步集成计数器 7490

按照图 3-19 电路制成的中规模集成计数器 7490、74196、74290 及原部标型号 T210 等具有相似的功能，其中 7490、74290 和 T210 的功能相同，只是外引线排列不同；74196 增加了可预置功能。现以 7490 为例介绍其芯片功能及扩展应用。

1. 电路结构

7490 的全称为二-五-十进制计数器，图 3-22(a) 是它的逻辑电路图；(b) 和 (c) 是其逻辑符号图和外引线排列图。

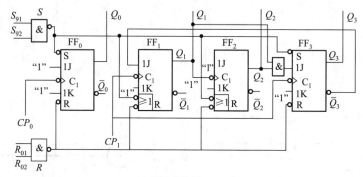

(a) 逻辑电路图

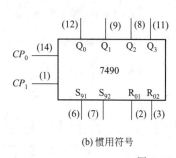

(b) 惯用符号

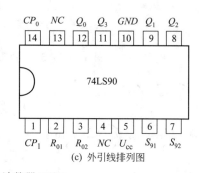

(c) 外引线排列图

图 3-22　异步集成计数器 7490

由图 3-22(a) 可见：

① FF_0 触发器具有 T' 触发器功能，是一个一位二进制计数器，若在 CP_0 端输入脉冲，则 Q_0 的输出信号是 CP_0 的二分频。

② $FF_1 \sim FF_3$ 触发器组成异步五进制计数器，若在 CP_1 处输入脉冲，则 Q_3 的输出信号是 CP_1 的五分频。

③ 若将 Q_0 接 CP_1，由 CP_0 输入计数脉冲，由 $Q_3 Q_2 Q_1 Q_0$ 输出，则构成 8421BCD 码

十进制计数器；若将 Q_3 接 CP_0，由 CP_1 输入计数脉冲，由 $Q_0 Q_3 Q_2 Q_1$ 输出，则构成 5421BCD 码十进制计数器。

2. 电路功能

① 复位。当复位输入端 R_{01}、R_{02} 全为"1"（而置"9"输入端 S_{91}、S_{92} 中有"0"）时，使各触发器清零，实现计数器清零功能。

② 置"9"。当置"9"输入端 S_{91}、S_{92} 全为"1"（同时，复位输入端 R_{01}、R_{02} 中有"0"）时，可使触发器 FF_0、FF_3 置"1"，而 FF_1、FF_2 置"0"；即当计数器连接成 8421BCD 码方式，则置"9"为 $Q_3 Q_2 Q_1 Q_0 = 1001$；当计数器连接成 5421BCD 码方式，则置"9"为 $Q_0 Q_3 Q_2 Q_1 = 1100$。

因为复位和置9均不需要时钟脉冲 CP 作用，因此又称为异步复位和异步预置"9"。

③ 计数。当 R_{01}、R_{02} 和 S_{91}、S_{92} 中均有"0"时，各触发器恢复JK触发器功能而实现计数功能。究竟按什么进制计数，则依据外部接线情况而定，可分别实现二、五、十等进制计数。CP_0、CP_1 时钟脉冲下降沿有效。

7490集成计数器的功能如表3-13所示。

表 3-13   7490 功能表

输入控制端					输 出 端
CP	R_{01}	R_{02}	S_{91}	S_{92}	$Q_3 Q_2 Q_1 Q_0$
$\times$	1	1	0	$\times$	0 0 0 0
$\times$	1	1	$\times$	0	0 0 0 0
$\times$	0	$\times$	1	1	1 0 0 1
$\times$	$\times$	0	1	1	
$\downarrow$	0	$\times$	0	$\times$	计 数
$\downarrow$	0	$\times$	$\times$	0	
$\downarrow$	$\times$	0	0	$\times$	
$\downarrow$	$\times$	0	$\times$	0	

3. 功能扩展

在二-五-十进制计数器的基础上，利用其辅助控制端子，通过不同的外部连接，用7490集成计数器可构成任意进制计数器。

【例 3-3】 用7490构成六进制加法计数器。

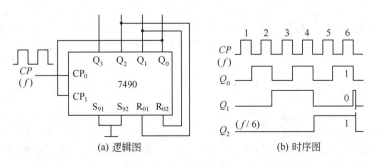

(a) 逻辑图   (b) 时序图

图 3-23   7490 构成的六进制加法计数器

解 图 3-23(a) 是一个用 7490 集成计数器构成的六进制计数器；(b) 是它的时序图。图中，将 Q_0 接 CP_1，计数脉冲由 CP_0 接入，使 7490 连接成 8421BCD 码加计数器；若将 Q_2、Q_1 反馈至 R_{01} 和 R_{02} 端，则当第 6 个 CP 脉冲作用后，计数器输出 0110 时，迫使计数器复位。因此计数器实际计数循环为 0000～0101 六个有效状态，跳过了 0110～1001 四个无效状态，构成模 6 计数器。从时序图可见，"0110" 状态有一个极短暂的过程，一旦计数器复位该状态就消失了。

这种用反馈复位使计数器清零跳过无效状态，构成所需进制计数器的方法，称为"反馈复位法"。

【例 3-4】 用 7490 构成 82 进制计数器。

解 图 3-24(a) 为由两片 7490 构成的 M＝82 的 82 进制计数器，其中每一片 7490 均接成 8421BCD 码十进制计数器形式，将个位片的进位输出 Q_3 接至十位片的计数脉冲输入端 CP_0，两片 7490 就级联成一个 8421BCD 码的 100 进制计数器。

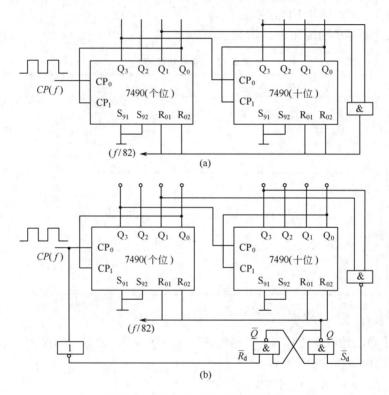

图 3-24 7490 构成的模 82 计数器

当十位片计数至"8"（即 1000）和个位片计数至"2"（即 0010）时，**与**门输出高电平，使计数器复位。**与**门输出又是 82 进制计数器的进位输出端，可获得 CP 脉冲的 82 分频信号。

由此可见，运用反馈复位法，改变**与**门输入端接线，7490 集成芯片可构成不同 M 值的任意进制计数器。

图 3-24(a) 电路的缺点是可靠性较差。当计数到 M 值时，**与**门立刻输出正脉冲使计数器复位，迫使计数器迅速脱离 M 状态，所以正脉冲极窄。由于器件制造的离散性，集成计数器的复位时间有长有短，复位时间短的芯片一旦复位变为 0，正脉冲立刻消失，这就可能

使复位时间较长的芯片来不及复位，于是计数不能恢复到全 0 状态，造成误动作。为了克服这一缺点，常采用图 3-24(b) 所示的改进电路，当计数到 M 值时，**与非门**输出负脉冲将基本 RS 触发器置 1，使计数器复位。基本 RS 触发器的作用是将**与非门**输出的反馈复位窄脉冲锁住，直到计数脉冲作用完（对下降沿触发器指的是 $CP=0$ 期间）为止。因而 Q 端输出脉冲有足够的宽度，保证计数器可靠复位。到下一个计数脉冲上升沿到来时，$\overline{R}_d=0$，基本 RS 触发器置 0，将复位信号撤销，并从 CP 脉冲下降沿开始重新循环计数。

若使用上升沿触发的触发器构成的计数器，图 3-24(b) 中的**与非门**改为**与门**即可。

二、同步集成计数器 74161

74161 是同步可预置四位二进制计数器，并具有异步清零功能，共有 74161 和 74LS161 两种型号。

1. 电路功能

图 3-25(a) 给出了同步四位二进制计数器 74161 的逻辑电路图，它由四个 JK 触发器和一些辅助控制电路组成，其逻辑符号和外引线排列图分别见图 3-25(b)、(c)。

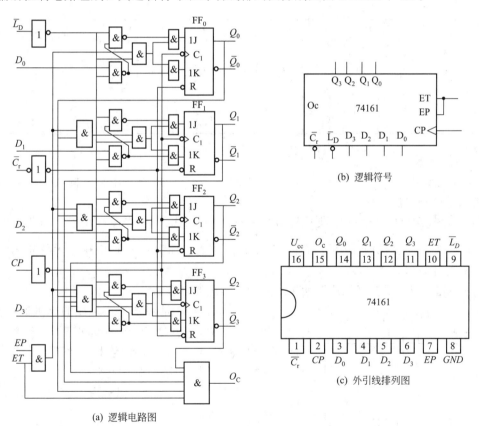

(a) 逻辑电路图

(b) 逻辑符号

(c) 外引线排列图

图 3-25 同步集成计数器 74161

下面介绍 74161 的功能。

(1) 异步清零　当 $\overline{C}_r=0$ 时，计数器为全零状态。因清零不需与时钟脉冲 CP 同步作用，因此称为"异步清零"。清零控制信号$\overline{C_r}$低电平有效。

（2）同步预置　当清零控制端$\overline{C_r}=1$，使能端$EP=ET=1$，预置控制端$\overline{L_D}=0$时，电路完成同步预置数功能。即：在CP脉冲上升沿作用下，计数器输出$Q_3Q_2Q_1Q_0=D_3D_2D_1D_0$。

（3）保持功能　当$\overline{L_D}=\overline{C_r}=1$时，只要$EP$、$ET$中有一个为0，即封锁了四个触发器的$J$、$K$端使其全为0，此时无论有无$CP$脉冲，各触发器状态保持不变。

（4）计数　当$\overline{L_D}=\overline{C_r}=EP=ET=1$时，电路完成四位同步二进制加法计数器功能。当此计数器累加到"1111"状态时，溢出进位输出端O_c输出一个高电平的进位信号。

值得注意的是：74161内部采用的是下降沿触发的JK触发器，但CP脉冲是经过非门后才引入到JK触发器时钟端的，因此集成芯片的"同步预置"和"计数"功能均是在CP上升沿实现的。

74161功能如表3-14所示。

表 3-14　74161 功能表

CP	$\overline{C_r}$	$\overline{L_D}$	EP	ET	D_3	D_2	D_1	D_0	Q_3	Q_2	Q_1	Q_0
×	0	×	×	×	×	×	×	×	0	0	0	0
↑	1	0	×	×	d_3	d_2	d_1	d_0	d_3	d_2	d_1	d_0
×	1	1	0	×	×	×	×	×	保		持	
×	1	1	×	0	×	×	×	×	保		持	
↑	1	1	1	1	×	×	×	×	计		数	

2. 功能扩展

74161是集成同步四位二进制计数器，也就是模16计数器，用它可构成任意进制计数器，有以下两种方法。

（1）反馈复位法　与7490集成计数器一样，74161也有异步清零功能，因此可以采用"反馈复位法"，使复位输入端$\overline{C_r}$为零，迫使计数器在正常计数过程中跳过无效状态，实现所需进制的计数器。

【例3-5】　用"反馈复位法"使74161构成十进制计数器。

解　图3-26是用74161构成的十进制计数器。当计数器从$Q_3Q_2Q_1Q_0=0000$状态开始计数，计到$Q_3Q_2Q_1Q_0=1001$时，计数器正常工作；当第十个计数脉冲上升沿到来时计数器出现1010状态，**与非门G立刻输出"0"使计数器复位至0000状态，完成一个十进制计数循环。**

（2）反馈预置法　利用74161具有的同步预置功能，通过反馈使计数器返回至预置的初态，也能构成任意进制计数器。

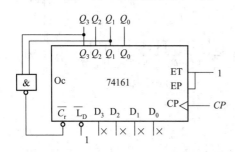

图 3-26　反馈复位法实现十进制计数器

【例3-6】　用74161集成计数器通过"反馈预置法"构成十进制计数器。

解　图 3-27（a）所示为按自然序态变化的十进制计数器电路。图中，$D_3D_2D_1D_0 =$ 0000，$\overline{C_r}=1$，当计数器从 $Q_3Q_2Q_1Q_0 = 0000$ 开始计数后，计到第九个脉冲时，$Q_3Q_2Q_1Q_0=1001$，此时**与非门 G** 输出"0"使 $\overline{L_D}=0$，为 74161 同步预置做好了准备；当第十个 CP 脉冲上升沿作用时，完成同步预置使 $Q_3Q_2Q_1Q_0=D_3D_2D_1D_0=0000$，计数器按自然序态完成0～9的十进制计数。

与用异步复位实现的反馈复位法相比，这种方法构成的任意进制计数器，在第 M 个脉冲到来时，输出端不会出现瞬间的过渡状态。

另外，利用 74161 的进位输出端 O_c，也可实现反馈预置构成任意进制计数器。

例如把 74161 的初态预置成 $D_3D_2D_1D_0 = 0110$ 状态，利用溢出进位端 O_c 形成反馈预置，则计数器就在 0110～1111 的后十个状态间循环计数，构成按非自然序态计数的十进制计数器。如图 3-27（b）所示。

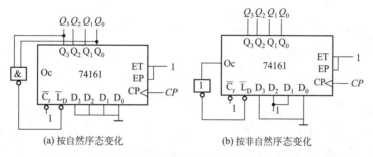

(a) 按自然序态变化　　　　(b) 按非自然序态变化

图 3-27　用"反馈预置法"构成的十进制计数器

当计数模数 $M>16$ 时，可以利用 74161 的溢出进位信号 O_c 去链接高四位的 74161 芯片，构成八位二进制计数器等。读者可自行思考实现的方案。

第六节　寄存器和移位寄存器

在计算机或其他数字系统中，经常要求将运算数据或指令代码暂时存放起来，把能够暂存数码（或指令代码）的数字部件称为寄存器。每个触发器能存储一位二进制数码，存放 n 位二进制数码则需要 n 个触发器。

寄存器能够存放数码；移位寄存器除具有存放数码的功能外，还能将数码移位。

一、寄存器

寄存器要存放数码，必须有以下三个方面的功能：①数码要存得进；②数码要记得住；③数码要取得出。因此寄存器中除触发器外，通常还有一些控制作用的门电路相配合。

在数字集成电路手册中，寄存器通常有"锁存器"和"寄存器"之别，实际上，"锁存器"常指用同步型触发器构成的寄存器；而一般所说的"寄存器"是指用无空翻现象的时钟触发器（即边沿型触发器）构成的寄存器。

图 3-28 为由 D 触发器组成的四位数码寄存器，将欲寄存的数码预先分别加在各 D 触发器的输入端，在存数指令（CP 脉冲上升沿）的作用下，待存数码将同时存入相应的触发器中，又可以同时从各触发器的 Q 端输出，所以称其为并行输入、并行输出的寄存器。

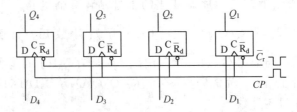

图 3-28 四位数码寄存器

这种寄存器的特点是在存入新的数码时自动清除寄存器的原始数码，即只需要一个存数脉冲就可将数码存入寄存器，常称其为单拍接收方式的寄存器。

集成寄存器的种类很多，在掌握其基本工作原理的基础上，通过查阅手册可进一步了解其特性并灵活应用。

二、移位寄存器

寄存器中存放的各种数据，有时需要依次移位（或低位向相邻高位移动或高位向相邻低位移动），以满足数据处理的需求。如：将一个四位二进制数左移一位相当于该数进行乘以 2 运算；右移一位相当于该数进行除以 2 的运算。具有移位功能的寄存器称为移位寄存器。

（一）单向移位寄存器

由 D 触发器构成的右移寄存器如图 3-29 所示。左边触发器的输出接至相邻右边触发器的输入端 D，输入数据由最左边触发器 FF_0 的输入端 D_0 接入，D_0 为串行输入端，Q_3 为串行输出端，$Q_3 \sim Q_0$ 为并行输出端。

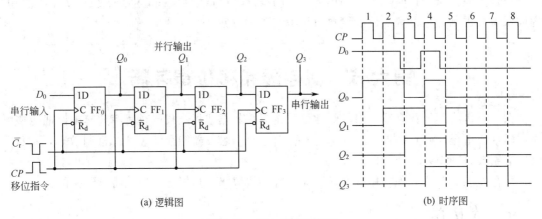

(a) 逻辑图   (b) 时序图

图 3-29 单向右移寄存器

设寄存器的原始状态为 $Q_3 Q_2 Q_1 Q_0 = 0000$，欲将数据 1101 从高位至低位依次移至寄存器时，因为逻辑图中最高位寄存器单元 FF_3 位于最右侧，因此待存数据需先送入最高位数据，则

第一个 $CP\uparrow$ 到来时，$Q_3 Q_2 Q_1 Q_0 = 0001$
第二个 $CP\uparrow$ 到来时，$Q_3 Q_2 Q_1 Q_0 = 0011$
第三个 $CP\uparrow$ 到来时，$Q_3 Q_2 Q_1 Q_0 = 0110$
第四个 $CP\uparrow$ 到来时，$Q_3 Q_2 Q_1 Q_0 = 1101$

此时，并行输出端 $Q_3 Q_2 Q_1 Q_0$ 的数码与输入相对应，完成了将四位串行数据输入并转

换为并行数据输出的过程。其工作时序图由图 3-29(b) 所示。显然，若以 Q_3 端作为输出端，再经 4 个 CP 脉冲后，已经输入的并行数据可依次从 Q_3 端串行输出，即可组成串行输入、串行输出的移位寄存器。

如果将右边触发器的输出端接至相邻左边触发器的数据输入端，待存数据由最右边触发器的数据输入端串行输入，则构成左移移位寄存器。请读者自行画出该电路图。

除用 D 触发器外，也可用 JK、RS 触发器构成寄存器，只需将 JK 或 RS 触发器转换为 D 触发器功能即可。但 T 触发器不能用来构成移位寄存器。

（二）双向移位寄存器

在单向移位寄存器的基础上，增加由门电路组成的控制电路就可以构成既能左移也能右移的双向移位寄存器。图 3-30 所示为集成双向移位寄存器 74194 的逻辑图、逻辑符号和外引线端子图。

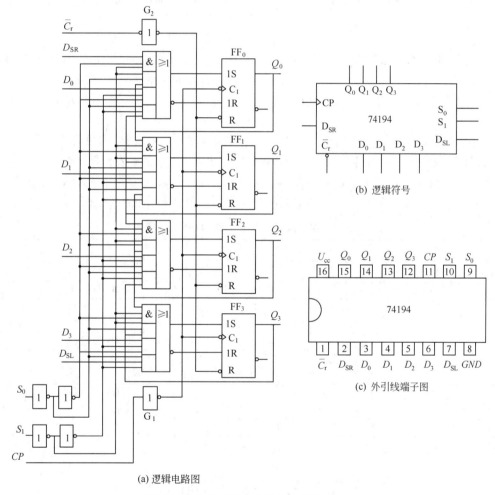

(a) 逻辑电路图

图 3-30　集成四位双向移位寄存器 74194

1. 电路结构

四位双向通用移位寄存器 74194（74LS194、74S194 等）的逻辑图由图 3-30 （a）所示，它由 4 个下降沿触发器的 RS 触发器和四个**与或**（**非**）门及缓冲门组成。D_3、D_2、D_1、D_0 为并行数据输入端，Q_3、Q_2、Q_1、Q_0 为并行输出端，D_{SL} 为左移串行数据输入端，D_{SR} 为右移串行数据输入端，$\overline{C_r}$ 为异步清零端，CP 为脉冲控制端，S_1、S_0 为工作方式控制端。

2. 逻辑功能

（1）异步清零　当 $\overline{C_r}=0$ 时，经缓冲门 G_2 送到各 RS 触发器一个复位信号，使各位触发器在该复位信号作用下清零。因为清零工作不需要 CP 脉冲的作用，称为异步清零。

移位寄存器正常工作时，必须保持 $\overline{C_r}=1$（高电平）。

（2）静态保持功能　当 $CP=0$ 时，各触发器没有时钟变化沿，因此将保持原来状态。

（3）正常工作时

① 并行置数。当 $S_1S_0=11$ 时，4 个与或（非）门中自上而下的第三个与门被打开（其他 3 个与门关闭），并行输入数据 A、B、C、D 在时钟脉冲上升沿作用下，送入各 RS 触发器中（因为 $R=\overline{S}$，因此 RS 触发器工作于 D 触发器功能），即各触发器的次态为

$$(Q_0Q_1Q_2Q_3)^{n+1}=D_0D_1D_2D_3$$

② 右移。当 $S_1S_0=01$ 时，4 个与或（非）门中自上而下的第一个与门打开，右移串行输入数据 D_{SR} 送入 FF$_0$ 触发器使 $Q_0^{n+1}=D_{SR}$；$Q_1^{n+1}=Q_0^n$，…；在 CP 脉冲上升沿作用下完成右移。

③ 左移。当 $S_1S_0=10$ 时，4 个与或（非）门中自上而下的第四个与门打开，左移串行输入数据 D_{SL} 送入 FF$_3$ 触发器使 $Q_3^{n+1}=D_{SL}$；$Q_2^{n+1}=Q_3^n$，…；在 CP 脉冲上升沿作用下完成左移。

④ 保持（动态保持）。当 $S_1S_0=00$ 时，4 个与或（非）门中自上而下的第二个与门打开，各触发器将其输出送回自身输入端，所以，在 CP 脉冲作用下，各触发器仍保持原状态不变。

由以上分析可见，集成移位寄存器 74194 具有清零、静态保持、并行置数、左移、右移和动态保持功能，是功能较为齐全的双向移位寄存器，其逻辑功能归纳于表 3-15 中。

表 3-15　四位双向移位寄存器 74194 的功能表

输　　　　入					输　　出				功　能
清零	方式控制	时钟	串行输入	并行输入					
$\overline{C_r}$	S_1S_0	CP	$D_{SL}\ D_{SR}$	$D_0\ D_1\ D_2\ D_3$	Q_0^{n+1}、	Q_1^{n+1}、	Q_2^{n+1}、	Q_3^{n+1}	
0	××	×	××	××××	0	0	0	0	清零
1	××	0	××	××××	Q_0^n	Q_1^n	Q_2^n	Q_3^n	保持
1	1 1	↑	××	$D_0\ D_1\ D_2\ D_3$	D_0	D_1	D_2	D_3	并行置数
1	1 0	↑	0 ×	××××	Q_1^n	Q_2^n	Q_3^n	0	左移
1	1 0	↑	1 ×	××××	Q_1^n	Q_2^n	Q_3^n	1	
1	0 1	↑	× 0	××××	0	Q_0^n	Q_1^n	Q_2^n	右移
1	0 1	↑	× 1	××××	1	Q_0^n	Q_1^n	Q_2^n	
1	0 0	↑	××	××××	Q_0^n	Q_1^n	Q_2^n	Q_3^n	保持

第七节　技 能 训 练

一、讨论课　计数器、移位寄存器的应用

（一）计数器应用

计数器是用来累计脉冲个数的逻辑部件，前面已经介绍了计数器可以作为分频器使用，

一个 M 进制的计数器同时又是一个 M 分频器。另外，计数器在程控和测量方面也有很广泛的应用。下面以频率计为例介绍计数器在测量脉冲频率方面的应用。

将频率待测的脉冲信号和频率已知的取样脉冲一起加到**与门**上，如图 3-31 所示，在取样脉冲为"1"期间($t_1 \sim t_2$)，**与门**打开，输出待测脉冲，由计数器计数，计数值就是取样时间 T($T = t_2 - t_1$) 内的脉冲数 N，那么，被测脉冲频率为

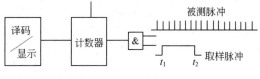

$$f = \frac{N}{T}$$

图 3-31 频率计组成框图

例如，若脉冲频率为 8800Hz，则 $T = t_2 - t_1 = 1s$ 时间内计数器的值应是 8800；在 0.01s 内计数器的值为 88。

显然，这种测量方法的精度取决于取样脉冲时间(即 $T = t_2 - t_1$) 的精度。为了提高测量精度，可采用图 3-32 所示的方法，由石英晶振产生频率精确的方波信号，频率为 100kHz，经逐级分频分别得到周期为 $100\mu s$、1ms、10ms、0.1s 和 1s 的方波信号，将此信号加到 JK 触发器的时钟端，经二分频后，就可以得到取样时间分别为 $100\mu s$、1ms、10ms、0.1s 和 1s 的取样脉冲。

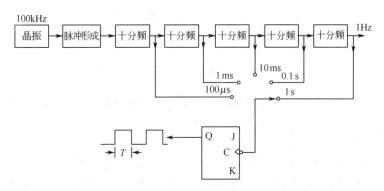

图 3-32 时间准确的取样脉冲产生电路

为保证测量的准确性，在每次计数之前，应先将计数器清零，使每次测量计数器均从零开始计数。清零脉冲可由单稳态触发器产生。图 3-33(a) 为频率计的框图，(b) 为其时序图。其大致工作过程如下。

开始工作时，JK 触发器为"0"态，第一取样脉冲到来时($t_1 \sim t_2$ 期间) **与门**未打开；当取样脉冲为下降沿时(t_2) JK 触发器置"1"，输出一个上跳变使单稳态触发器输出一个清零脉冲，将计数器清零，做好计数准备。当第二个取样脉冲($t_3 \sim t_4$ 期间) 到来后，**与门**开启，输出待测频率脉冲，经计数器计数后，通过译码器驱动显示器件，显示脉冲的频率值。

取样脉冲结束(t_4 时刻) 后，JK 触发器置"0"，**与门**关闭，$t_4 \sim t_6$ 这段时间显示器保持计数状态不变；到 t_6 时刻，再重复上述过程。

上述频率计是按计数、显示、清零的重复过程工作的，它的缺点是所显示的数字闪烁，使观察者眼睛感到疲劳。为消除这一缺陷，可将计数器的数据送至 D 触发器保存，除非下一取样脉冲被测频率为新的数值，否则 D 触发器将保持其数据不变。

(二) 寄存器应用

移位寄存器除具有数码寄存和将数码移位的功能外，还可以构成各种计数器和分频器。

1. 环形计数器

若将移位寄存器的串行输出端反馈至移位寄存器的串行输入端，就构成环形计数器。

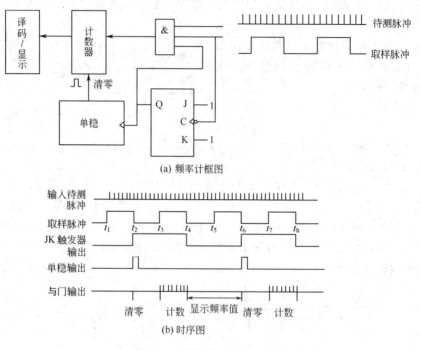

(a) 频率计框图

(b) 时序图

图 3-33　频率计工作原理图

图 3-34 所示为三位右移寄存器构成的环形计数器（将右移串行输出端 Q_2 接至串行输入端 D_0）。

功能特点如下。

① 每经三个时钟脉冲，电路状态循环一周，因此相当于一个 $M=n=3$ 的三进制计数器；各触发器的输出信号频率均为 CP 脉冲频率的三分之一，组成三分频电路。

② 若构成移位寄存器的触发器个数为 n（大于 1 的正整数），则环形计数器的模数 $M=n$。

③ 若环形计数器的初态均为"0"或"1"则电路进入死循环。因此环形计数器无自启动能力，常需要在其工作前合理预置初态。

2. 扭环形计数器

若将移位寄存器的串行输出端反相后再接至移位寄存器的串行输入端，就构成了扭环形计数器。

图 3-35 所示为由三位右移寄存器（将串行输出信号 Q_2 的反信号 $\overline{Q_2}$ 反馈至串行输入端 D_0）构成的扭环形计数器。

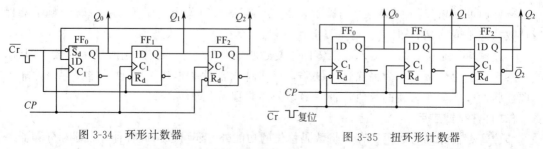

图 3-34　环形计数器

图 3-35　扭环形计数器

功能特点

① 若构成移位寄存器的触发器个数为 n，则扭环形计数器的模数 $M=2n$，是一个偶数进制的计数器。各触发器输出端信号频率均为 CP 脉冲的 $2n$ 分频。

② 与环形计数器一样无自启动能力。进入无效循环后，必须加复位信号（使各位触发器置零）回归有效循环状态。

3. 奇数分频器

图 3-36(a) 所示为由 74194 集成移位寄存器构成的七分频计数器逻辑图。图中，集成移位寄存器由 $\overline{C}_r$ 端先清零后，工作方式选择 $S_1 S_0 = 01$，则在 CP 脉冲作用下，完成右移操作。由电路可知：$D_{SR} = \overline{Q_3 \cdot Q_2}$，推出 74194 的状态转换表如表 3-16 所示。

由状态转换表可见，该电路经 7 个脉冲循环一周，组成模 7 计数器，也是一个七分频电路，其时序波形图如图 3-36(b) 所示。奇数分频与扭环形计数一样无自启动能力。

表 3-16　七分频计数器状态转换表

CP	Q_0	Q_1	Q_2	Q_3
0	0	0	0	0
1	1	0	0	0
2	1	1	0	0
3	1	1	1	0
4	1	1	1	1
5	0	1	1	1
6	0	0	1	1
7	0	0	0	1

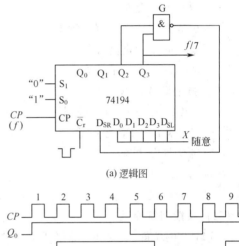

(a) 逻辑图

(b) 时序图

图 3-36　七分频计数器

图 3-37 分别给出了 3 分频、5 分频、13 分频电路，请读者根据上面介绍的方法，讨论
① 推出它们的状态转换表。
② 找出构成奇数分频的信号连接规律。
③ 思考"霓虹灯"的实施方案。

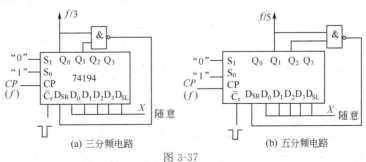

(a) 三分频电路　　　　　(b) 五分频电路

图 3-37

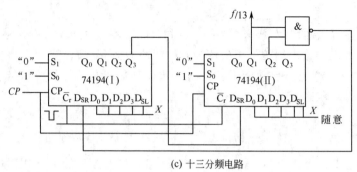

(c) 十三分频电路

图 3-37 三种奇数分频器

二、计数器功能扩展及计数、译码、显示综合应用仿真训练

（一）技能训练目的

① 分析集成同步十进制计数器 74160、74162 的逻辑功能。

② 用集成同步十进制计数器 74160 构成其他进制的计数器。

③ 计数、译码、显示综合应用。

（二）技能训练器材

① 74160、74162 同步十进制计数器　　　　　　　　各 1 个

② 带译码器的 LED 数码管　　　　　　　　　　　　2 个

③ 时钟信号发生器　　　　　　　　　　　　　　　　1 个

④ 逻辑指示灯　　　　　　　　　　　　　　　　　　1 个

⑤ 逻辑分析仪　　　　　　　　　　　　　　　　　　1 台

（三）技能训练原理

① 74160 的功能　　74160 是集成同步十进制加计数器，具有同步预置、异步清零和保持的功能。功能表如表 3-17 所示。

表 3-17　74160 的功能表

输入					输出
时钟 CLK	清除 $\overline{\text{CLR}}$	预置 LOAD	使能 ENP	使能 ENT	$Q_A Q_B Q_C Q_D$
$\times$	0	$\times$	$\times$	$\times$	0　0　0　0
$\uparrow$	1	0	X	$\times$	A　B　C　D
$\uparrow$	1	1	1	1	计数
$\times$	1	1	0	$\times$	不计数
$\times$	1	1	$\times$	0	不计数

② 74162 的功能　　74162 是集成同步十进制加计数器，具有同步预置、同步清零和保持的功能。功能表如表 3-18 所示。

表 3-18　74162 的功能表

输入					输出
时钟 CLK	清除 $\overline{\text{CLR}}$	预置 $\overline{\text{LOAD}}$	使能 ENP	使能 ENT	$Q_A Q_B Q_C Q_D$
$\uparrow$	0	$\times$	$\times$	$\times$	0　0　0　0
$\uparrow$	1	0	$\times$	$\times$	A　B　C　D
$\uparrow$	1	1	1	1	计数
$\times$	1	1	0	$\times$	不计数
$\times$	1	1	$\times$	0	不计数

由表 3-17 和表 3-18 可见，74160 与 74162 的区别仅在于清零方式的不同。

　　③ 集成计数器构成任意进制计数器　用集成计数器构成其他进制计数器，可采用反馈复位法和反馈预置数法。

（四）技能训练内容与步骤

　　① 在 Multisim 平台上建立集成同步十进制计数器 74160 技能训练电路如图 3-38 所示。各端子按图示连接，输出 Q_D、Q_C、Q_B、Q_A 接带有译码器的 LED 数码管观察计数状态的变化，同时接逻辑分析仪观察时序波形。

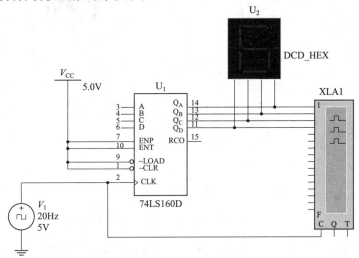

图 3-38　74160 十进制计数器仿真电路

　　② 打开仿真开关，单击逻辑分析仪面板上的 Reset 按键，在连续 CP 的作用下，观察数码管显示数字的变化规律，并用逻辑分析仪观察计数器状态转换规律，如图 3-39 所示。

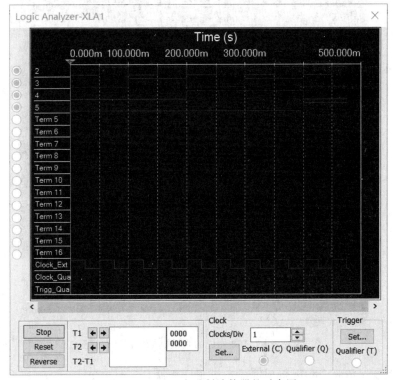

图 3-39　74160 十进制计数器的时序图

③ 用反馈复位法将同步十进制计数器 74160 构成同步六进制计数器。将十进制计数器 Q_B 端和 Q_C 端接至与非门输入端，与非门输出端接异步清零端 $\overline{CLR}$。输出端的 Q_D、Q_C、Q_B、Q_A 同时接数码管元器件和逻辑分析仪，如图 3-40 所示。

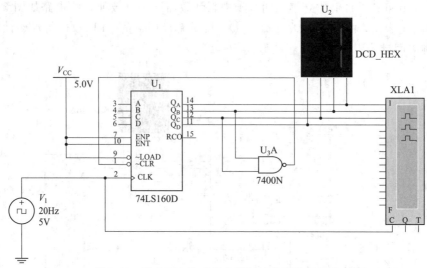

图 3-40　用 74160 构成的六进制计数器仿真电路

④ 打开仿真开关，在连续 CP 的作用下，观察数码管显示数字的变化规律，并用逻辑分析仪观察计数器状态的转换规律。如图 3-41 所示。

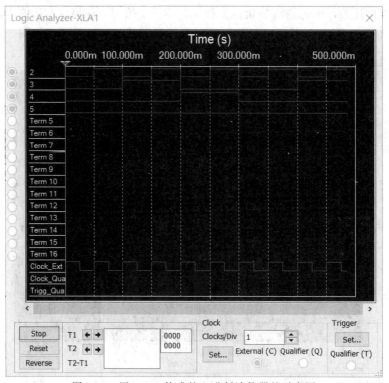

图 3-41　用 74160 构成的六进制计数器的时序图

⑤ 用反馈复位法将 74162 构成同步六进制计数器。

由于 74162 的复位采用同步方式，因此构成六进制计数器时，应将 $Q_DQ_CQ_BQ_A=0101$ 状态通过与非门反馈至复位控制端 $\overline{CLR}$，在第六个时钟脉冲上升沿到达时完成清零任务。电路连接如图 3-42 所示，仿真时序图如图 3-43 所示。

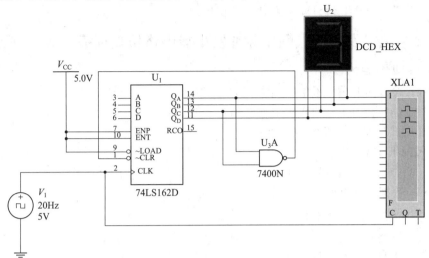

图 3-42　用 74162 构成的六进制计数器仿真电路

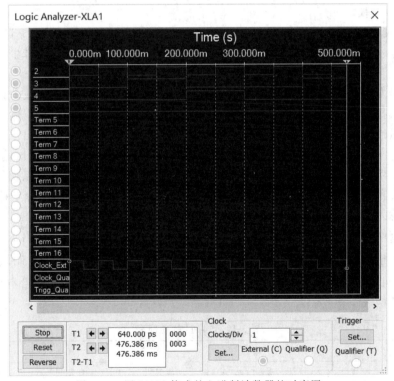

图 3-43　用 74162 构成的六进制计数器的时序图

（五）技能训练报告要求

① 分析图 3-41 时序图中存在的问题，指出窄脉冲出现的原因。

② 比较图 3-43 的时序图，说明利用异步复位和同步复位构成任意进制计数器时哪种方式可靠性更强。

③ 将 74162 用预置数法构成七进制计数器，并仿真其时序图。

（六）预习要求

① 复习集成计数器组成任意进制计数器的方法。

② 进一步熟悉 MULTISIM 仿真软件的使用。

三、序列信号发生器、顺序脉冲发生器电路仿真训练

（一）技能训练目的

① 设计一个序列信号发生器，能循环产生串行数据 01010011。

② 观察在连续脉冲 CP 的作用下，电路输出的序列信号。

③ 仿真测试顺序脉冲发生器的功能。

（二）技能训练器材

① 74163、74169 计数器	各 1 个
② 74151 数据选择器	1 个
③ 74154 四——十六译码器	1 个
④ 时钟信号发生器	2 个
⑤ 逻辑指示灯	1 个
⑥ 带译码器的 LED 数码管	2 个
⑦ 逻辑分析仪	1 台

（三）技能训练原理

序列信号发生器的功能是产生序列信号，即在时钟信号作用下，自动产生一组特定的串行数字信号。

序列信号发生器构成的方法很多，本训练采用计数器和数据选择器构成。计数器的状态输出接数据选择器的地址输入，需要输出的序列信号送至数据选择器的数据输入端。当计数器的时钟信号连续输入时，所需序列信号将会依次从数据选择器输出端输出。

顺序脉冲发生器也称为节拍发生器，是在时钟脉冲作用下，各输出端依次输出脉冲信号，在工业控制中经常利用顺序脉冲发生器发出指令信号，指挥整个系统完成一系列的操作。

① 74163 的功能简介 74163 是四位二进制同步计数器，具有同步清除功能，两个高电平有效允许输入 ENT 和 ENP 及动态进位输出 RCO 使计数器易于级联；ENT 为允许动态进位输出控制端，在允许态时，若计数器处于最大值状态，动态进位输出 RCO 变为高电平，即：动态进位输出 $RCO = ENT \cdot Q_A Q_B Q_C Q_D$；$\overline{LOAD}$ 为同步预置控制端（低电平有效）；$\overline{CLR}$ 为同步清除控制端（低电平有效）；CLK 为时钟脉冲端（上升沿有效）。表 3-19 为 74163 的功能表。

表 3-19 74163 的功能表

输入					输出
时钟 CLK	清除 $\overline{CLR}$	预置 $\overline{LOAD}$	使能 ENP	使能 ENT	$Q_A Q_B Q_C Q_D$
↑	0	×	×	×	0 0 0 0
↑	1	0	×	×	$A\ B\ C\ D$
↑	1	1	1	1	计数
×	1	1	0	×	不计数
×	1	1	×	0	不计数

② 74151 的功能简介 74151 为八选一数据选择器，其功能表如表 3-20 所示。

③ 74169 是可预置同步可逆四位二进制计数器，ENP 和 ENT 为允许控制端，U/$\overline{\text{D}}$ 为可逆计数控制端，高电平时加计数、低电平时减计数（注意：Multisim 软件中该符号画反了）。

④ 74154 是集成 4——16 线译码器，地址输入端为 DCBA，译码输出为 $Y_{15} \sim Y_0$，$\overline{G_1}$、$\overline{G_2}$ 为选通端。

表 3-20 74151 的功能表

输入				输出
选择			选通	
C	B	A	$\overline{G}$	Y
×	×	×	1	0
0	0	0	0	D_0
0	0	1	0	D_1
0	1	0	0	D_2
0	1	1	0	D_3
1	0	0	0	D_4
1	0	1	0	D_5
1	1	0	0	D_6
1	1	1	0	D_7

（四）技能训练内容与步骤

① 在 Multisim 平台上构建由四位二进制同步计数器 74163 和八选一数据选择器 74151 构成的序列信号发生器，如图 3-44 所示。计数器的状态输出端 Q_C、Q_B、Q_A 接在数据选择器的地址输入端 C、B、A。按图连接测试仪表，数码管显示输入脉冲数；逻辑指示灯显示输出脉冲的状态；逻辑分析仪接至各输入和输出信号端。

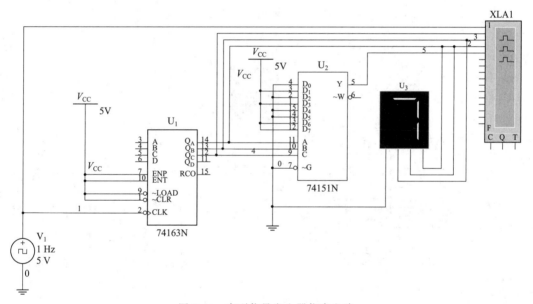

图 3-44 序列信号发生器仿真电路

② 打开仿真开关，用逻辑分析仪观察各信号波形：双击逻辑分析仪，按图 3-45 所示设置参数，单击逻辑分析仪面板上的 Reset 按键，显示波形。其中：第一条波形线为输入时钟信号（蓝色），第二条至第四条为计数器输出 Q_C、Q_B、Q_A（黑色），第五条为序列发生器输出 Y（红色）。在连续脉冲的作用下，对照数码管的数字变化和逻辑指示灯的状态变化，观察计数器状态与输出的关系。

③ 在 Multisim 平台上构建由 74LS169N 和 74154N 构成的顺序脉冲发生器，如图 3-46 所示。仿真其逻辑功能。

（五）技能训练报告要求

① 按表 3-21 要求列表填写测试数据。

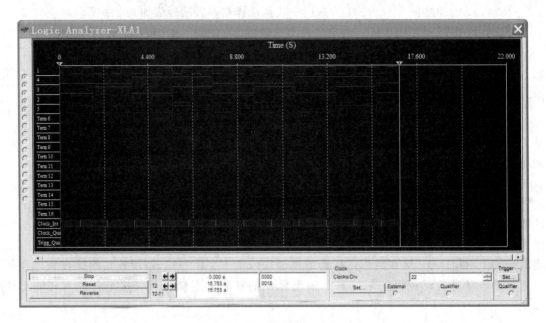

图 3-45　逻辑分析仪显示波形

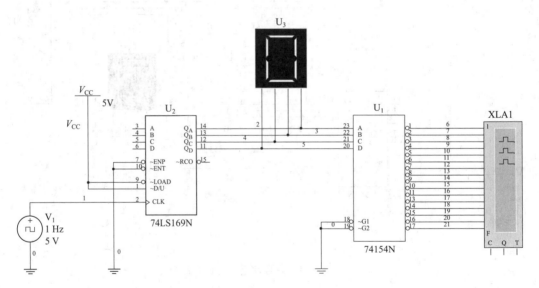

图 3-46　顺序脉冲发生器仿真电路

表 3-21　序列脉冲发生器测试记录

输入时钟脉冲数	计数器输出			逻辑指示灯状态	数码管显示字形
	Q_C	Q_B	Q_A	Y	
0					
1					
2					
3					
4					

续表

输入时钟脉冲数	计数器输出			逻辑指示灯状态	数码管显示字形
	Q_C	Q_B	Q_A	Y	
5					
6					
7					
8					

② 分析：74163 是四位二进制同步计数器，在本电路中，数码管的显示为何是每 8 个脉冲状态循环一个周期。

③ 若将序列脉冲发生器的输出改为 11011001，请修改电路，并仿真。

④ 仿真顺序脉冲发生器电路，画出输出波形图。

（六）预习要求

① 复习集成计数器、集成译码器、集成数据选择器的功能和使用方法。

② 复习虚拟逻辑分析仪的使用方法。

③ 预习本次技能训练的内容。

本章小结

本章主要讨论了时序逻辑电路的基本单元——触发器和常见的时序逻辑部件及其应用。

触发器是数字系统中的基本逻辑单元，本章所讨论的触发器仅限于双稳态触发器，它有两个基本特性：① 有两个稳定状态；② 在外加信号作用下，两个稳定状态可相互转换。没有外加信号作用时，保持原状态不变。因此，触发器具有记忆功能，常用来保存二进制信息。

描述触发器逻辑功能的常用方法有状态表、特性方程、驱动表、状态转换图和波形图（又称时序图）等。

根据逻辑功能的不同，触发器可分为 RS 触发器、D 触发器、JK 触发器、T 触发器和 T′触发器等。按照电路组成结构的不同，触发器可分为同步型、主从型、维持阻塞型和边沿型等，同步型触发器由于存在空翻现象，不能用于计数器、移位寄存器等，常用于数据锁存器；主从型触发器由于存在一次翻转问题，使其使用受限；边沿触发器只要求在时钟脉冲触发沿前后的几个 t_{pd} 时间内保持激励信号不变即可，因而其抗干扰能力较强，得到广泛应用。

分析含有触发器的电路时，应特别注意两点：一是触发翻转的有效时刻；二是触发器的逻辑功能。

在选用触发器时，应选择恰当的开关速度，使其既要满足系统的要求，又不宜过高；过高的开关速度会导致其他的品质下降，例如抗干扰、功耗以及价格等指标的下降。在同一个逻辑电路中，应选用同一种速度级别的触发器，以免误动；在同一系统中，有上升沿触发及下降沿触发的不同类型触发器时，应考虑其协调工作问题。

时序逻辑电路由触发器和组合逻辑电路组成，触发器必不可少；时序电路的输出不仅和当时的输入有关，而且还与电路原来的状态有关，电路的状态由触发器记忆并输出。时序电路分为同步时序电路及异步时序电路两类。

计数器是累计输入脉冲个数的数字部件。按计数进制可分为二进制计数器、十进制计数器和任意进制计数器；按计数增减规律可分为：加法计数器、减法计数器和加/减可逆计数器；按触发器翻转是否一致可分为同步计数器和异步计数器。

中规模集成计数器的功能完善、使用方便灵活，可以很方便地构成 N 进制（任意进制）计数器。主要方法有两种：① 反馈复位法；② 反馈预置数法。当需要扩大计数器的容量时，可将多片集成计数器进行级联。

　　寄存器主要用以存放数码；移位寄存器不仅可存放数码，而且还能进行数据移位。移位寄存器有单向移位和双向移位两种。集成移位寄存器使用方便、功能齐全，用移位寄存器可方便地组成环形计数器、扭环形计数器和顺序脉冲发生器。

　　集成数字器件种类繁多，应掌握集成电路手册的查阅方法，借助给定器件的功能表熟识电路功能，并根据器件外引线端子图适当接线，构成所需的应用电路。

思考题与习题

一、填空题

3-1　双稳态触发器的主要性质是_____和_____。

3-2　触发器的触发方式有_____、_____、_____三种。

3-3　TTL 集成 JK 触发器正常工作时，它的 $\overline{R}_d$ 和 $\overline{S}_d$ 端应接_____电平。

3-4　触发器的逻辑功能与电路结构形式_____关系。

3-5　触发器逻辑功能的描述方法有_____、_____、_____、_____和_____五种。

3-6　主从触发器工作时，状态翻转有两个特点：　是从触发器状态随_____而变；二是状态翻转分_____步完成。此外，触发器在 $CP=1$ 期间，通常要求 J、K 端输入状态_____。

3-7　请分别写出 RS、JK、D、T 触发器的功能真值表和特性方程。

3-8　图 3-47 所示各触发器的现态为 1，现在要求次态为 0，试将输入信号状态填入括号中。

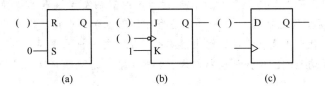

(a)　　　　　　　　　(b)　　　　　　　　　(c)

图 3-47　题 3-8 图

3-9　图 3-48 所示各电路中，能实现 $Q^{n+1}=\overline{Q^n}$ 的电路为（　　　　）。

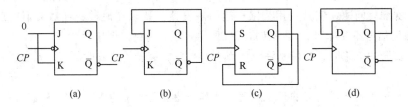

(a)　　　　　　　(b)　　　　　　　(c)　　　　　　　(d)

图 3-48　题 3-9 图

3-10　将图 3-49 所示各触发器的 Q 端的状态填入括号内（设原态均为 1）。

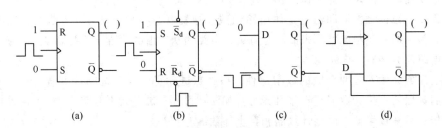

(a)　　　　　　　(b)　　　　　　　(c)　　　　　　　(d)

图 3-49　题 3-10 图

3-11 试将图 3-50 所示各触发器的状态转换图填写完整。

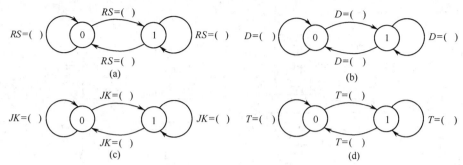

(a)

(b)

(c)

(d)

图 3-50 题 3-11 图

二、电路分析

3-12 试用**或非门**组成基本 RS 触发器，分析它和由**与非门**组成的 RS 触发器在逻辑功能、控制方式、逻辑符号等方面的异同。

3-13 设同步 RS 触发器初始状态为 1，R、S 和 CP 端输入信号波形如图 3-51 所示，试画出相应的 Q 和 $\overline{Q}^n$ 的波形。

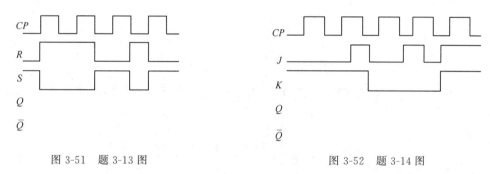

图 3-51 题 3-13 图

图 3-52 题 3-14 图

3-14 一个主从 JK 触发器的初始状态为 0，画出在图 3-52 所示信号作用下，触发器的 Q 和 $\overline{Q}$ 端的波形。

3-15 设一边沿 JK 触发器的初始状态为 1，CP、J、K 信号如图 3-53 所示，试画出触发器 Q 端的波形。

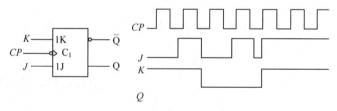

图 3-53 题 3-15 图

3-16 已知维持阻塞 D 触发器的 D 和 CP 端电压波形如图 3-54 所示，试画出 Q 和 $\overline{Q}$ 端的输出波形（设初态为 0）。

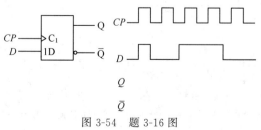

图 3-54 题 3-16 图

3-17　设图 3-55 中各 TTL 触发器的初始动态皆为 0，试画出在 CP 脉冲作用下各触发器输出端 $Q_1 \sim Q_{12}$ 的电压波形。

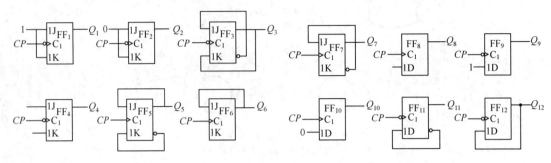

图 3-55　题 3-17 图

3-18　图 3-56 所示电路，设各触发器初态均为 0，试画出在 CP 和 D 信号作用下 Q_1、Q_2 端的波形。

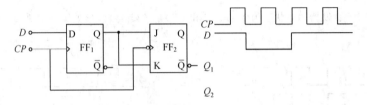

图 3-56　题 3-18 图

3-19　图 3-57 所示电路，各触发器初始状态均为 0，试画出在 X 和 CP 信号作用下 Q_1 与 Q_2 端的波形。

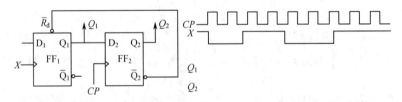

图 3-57　题 3-19 图

3-20　试写出图 3-58(a)、(b) 各电路输出的函数表达式（Q_1^{n+1}，Q_2^{n+1}），并画出在图 (c) 给定信号作用下的电压波形。

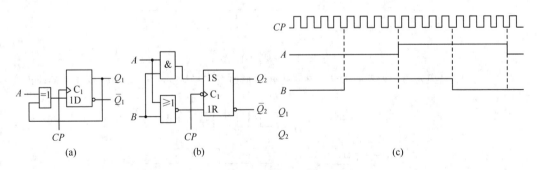

图 3-58　题 3-20 图

3-21　图 3-59 所示为由触发器和门电路组成的"检 1"电路（所谓"检 1"就是只要在 $CP=1$ 时，输入是逻辑 1，Q 端就有一串连续的正脉冲，每个脉冲宽度等于 CP 脉冲低电平的时间）。这个电路常用来检测数字系统中按规定的时间间隔是否有 1 状态出现。试分析其工作原理。

3-22　图 3-60 所示电路中，CT 74LS139 为一双 2-4 线译码器，试画出在 CP 脉冲作用下，ϕ_0、ϕ_1、ϕ_2、ϕ_3 的波形。

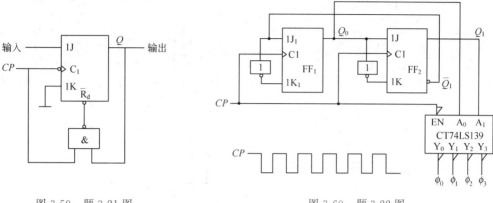

图 3-59　题 3-21 图　　　　　　　　　　　　　　图 3-60　题 3-22 图

3-23　指出下列各种类型的触发器中哪些能组成移位寄存器。

(a) 基本 RS 触发器　　(b) 同步 RS 触发进制　　(c) 主从结构的触发器

(d) 维持阻塞触发器　　(e) CMOS 传输门结构的边沿触发器

3-24　分析图 3-61 所示时序电路的逻辑功能，写出电路的驱动方程、状态方程、输出方程，画出状态转换图和时序图。

3-25　试用 D 触发器组成四位左移寄存器。

3-26　试用 JK 触发器组成移位寄存器。

3-27　试用**与或非门**将 4 个 D 触发器连接成串行输入的双向移位寄存器，画出其逻辑图。

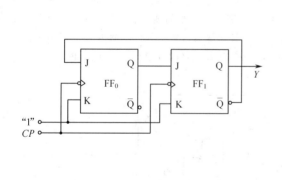 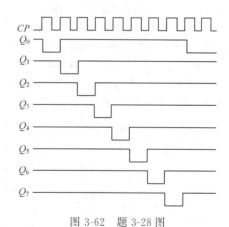

图 3-61　题 3-24 图　　　　　　　　　　　　　　图 3-62　题 3-28 图

3-28　试用 74LS194 设计一个脉冲发生器，使其输出如图 3-62 所示的时序图，画出其逻辑图。

3-29　一个异步二进制计数器的最高工作频率为 10MHz，如果每个触发器的平均传输延迟时间为 10ns，计数过程中每读取一次计数值所需时间为 50ns，这个计数器最多只能有几位？

3-30　试用 JK 触发器组成同步四位二进制减计数器，画出其逻辑图。

3-31　用示波器观察到某计数器输出端波形如图 3-63 所示，试确定计数器的模数。

3-32　试分析图 3-64 所示电路为几进制计数器，画出各触发器输出波形图。

3-33　图 3-65 所示为用两片 74161 构成的计数器，试分析输出端 Y 的脉冲频率与时钟脉冲 CP 的频率比值为多少？

3-34 某数控机床用一个 20 位的二进制计数器，它最多能累计多少个脉冲？

3-35 一个五位二进制计数器，设开始时为"01001"状态，当最低位接收 19 个脉冲时，触发器状态 $FF_4 \sim FF_0$ 各为什么？

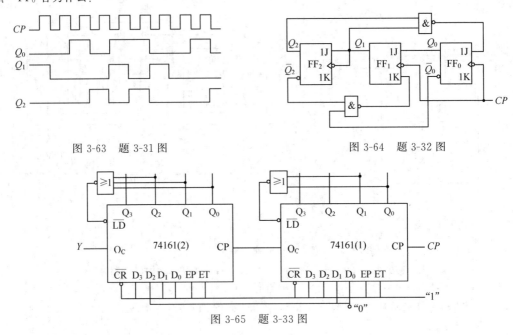

图 3-63　题 3-31 图　　　　　　　　　　　图 3-64　题 3-32 图

图 3-65　题 3-33 图

3-36 试用 7490 按 5421 码组成 56 进制计数器。

3-37 试用进位输出预置法将 74161 接成 5 进制计数器。

3-38 设计一个简单的数字钟逻辑电路，要求：①显示时、分、秒各两位；②按 24 进制显示小时数；③脉冲源采用 1MHz 的石英晶体振荡器；④能对时、分进行校准。

3-39 图 3-66 所示电路是用 CMOS 与非门组成的报警电路。CMOS 门电路由于输入阻抗高，就可以利用人体感应杂散电压作为报警信号。图中 A 点为一块薄铜皮，放在保险柜的锁边上，当有人用手触及铜皮时，相当于在 A 点加"1"电平，报警器立即报警。直到按下按钮 S 方可解除报警。图中 C 的数值视铜皮离 G_1 输入端引线的长度经调试而定。图中继电器 K 是用来控制警铃电路的（未画出）。试分析 G_2、G_3 组成什么触发器？分析其工作原理。

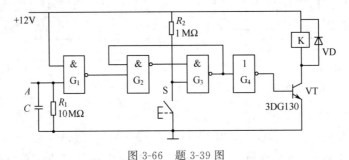

图 3-66　题 3-39 图

3-40 图 3-67 所示电路为 CMOS 集成 D 触发器 CC4042 组成的鉴别第一电路，该电路可作为四路智力竞赛抢答器电路，其中，CC4042 的功能表如表 3-22 所示。

表 3-22　CC4042 的功能表

D	CP	POL	Q	D	CP	POL	Q
D	0	0	D	D	1	1	D
D	↑	0	锁存	D	↓	1	锁存

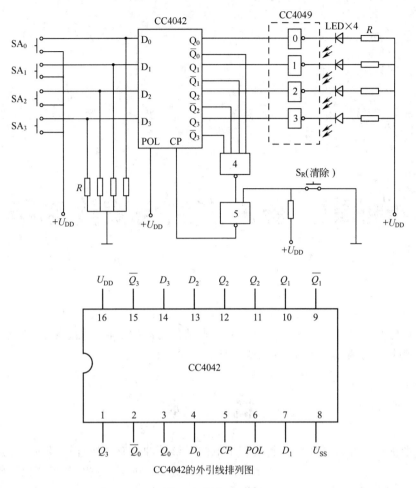

图 3-67　题 3-40 图

POL 为极性控制端：当 $POL=1$ 时，于 $CP=1$ 时接收 D 信号，并于 $CP\downarrow$ 时锁存 D 信号。当 $POL=0$ 时，于 $CP=0$ 时接收 D 信号，并于 $CP\uparrow$ 时锁存 D 信号。

试分析如下内容：

① 图中 CC4042 的 CP 脉冲何时起作用？

② 开始工作前，先按下复位按钮 S_R 起何作用？此后，若$SA_0\sim$ SA_3 均未按下，将 S_R 松开，是否影响 CP 的状态？此时电路处于什么状态？

③ 若有一个按钮按下（假设 SA_2），电路有何输出指示？此后，若再有其他按钮按下，有何影响？

④ 若重复进行下一次抢答，应如何操作？

3-41　图 3-68 为用 74194 组成的计数器，试画出其状态转换图，指出其计数器模数。

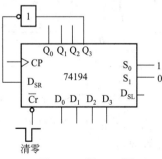

图 3-68　题 3-41 图

第四章　脉冲产生与变换电路

目的与要求　了解脉冲信号产生与变换的方法；熟练掌握 555 定时器的功能及其典型应用；熟练掌握施密特触发器、单稳态触发器、多谐振荡器的逻辑功能、特点及应用；掌握脉冲产生与变换电路的调试方法及简单故障的检测与排除。

概　　述

在数字系统中，经常需要各种宽度和幅值的矩形脉冲，有些脉冲信号在传递过程中受到干扰而使波形变坏，则需要进行整形变换。脉冲的产生和整形变换大多采用多谐振荡器、施密特触发器和单稳态触发器等电路实现。

图 4-1　描述矩形脉冲特性的主要参数

获取矩形脉冲波形的途径一般有两种：一是利用各种形式的多谐振荡器电路直接产生所需要的矩形脉冲；二是通过各种整形电路把已有的周期信号波形变换成为所需要的矩形脉冲。

在同步时序电路中，作为时钟信号的矩形脉冲控制和协调着整个系统的工作。因此，时钟脉冲的特性直接关系到系统能否正常的工作。为了定量描述矩形脉冲的特性，经常使用如图 4-1 中所示的几个主要参数：

脉冲周期 T——周期性重复的脉冲序列中，两个相邻脉冲之间的时间间隔。有时也用频率 $f = \dfrac{1}{T}$ 表示单位时间内脉冲重复的次数。

脉冲幅度 U_m——脉冲电压的最大变化幅度。

脉冲宽度 t_w——从脉冲前沿上升到 $0.5U_m$ 起，到脉冲后沿下降到 $0.5U_m$ 为止的一段时间。

上升时间 t_r——脉冲上升沿从 $0.1U_m$ 上升到 $0.9U_m$ 所需要的时间。

下降时间 t_f——脉冲下降沿从 $0.9U_m$ 下降到 $0.1U_m$ 所需要的时间。

占空比 q——脉冲宽度与脉冲周期的比值，即：$q = \dfrac{t_w}{T}$。

第一节　集成 555 定时器

集成 555 定时器是目前使用较多的一种时间基准电路（Time Basic Circuit），是一种多用途的单片集成电路，可以方便地构成施密特触发器、单稳态触发器和多谐振荡器等应用电路。由于其使用方便、灵活、外接元件少，因而 555 定时器在波形的产生与变换、控制电路、家用电器及电子玩具等领域得到了广泛应用。

国际上各主要的电子器件公司都相继生产了各自的 555 定时器产品，尽管产品型号繁多，但几乎所有 TTL 产品型号最后的三位数码都是 555，所有 CMOS 产品型号最后的四位数码都是 7555。

一、555 定时器的电路结构

定时器主要由分压器、电压比较器 C_1 和 C_2、基本 RS 触发器以及集电极开路输出的泄放开关 VT 等几部分组成。图 4-2 是 TTL 单定时器 5G555 的逻辑图和外引线端子排列图以及双定时器 5G556 的外引线端子排列图。图中标注的阿拉伯数字为器件外部引线端子的序号。

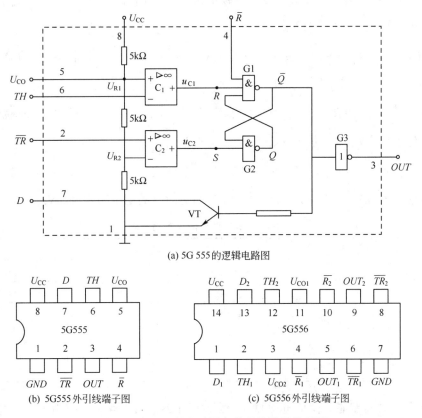

(a) 5G 555 的逻辑电路图

(b) 5G555 外引线端子图　　　(c) 5G556 外引线端子图

图 4-2　5G555 的电路图和外引线端子排列图
以及 5G556 外引线端子排列图

1. 分压器

由 3 个 $5k\Omega$ 的电阻串联构成分压器，为电压比较器 C_1 和 C_2 提供参考电压。在控制电压输入端 U_{CO} 悬空时，$U_{R1} = \frac{2}{3}U_{CC}$，$U_{R2} = \frac{1}{3}U_{CC}$。

2. 电压比较器 C_1 和 C_2

这是两个高增益运算放大器，当放大器的同相输入端电位大于反相输入端电位时，运放输出为高电平 1；当放大器的同相输入小于反相输入时，运放输出为低电平 0。两个比较器的输出 u_{C1}、u_{C2} 分别作为基本 RS 触发器的复位端 R 和置位端 S。

3. 基本 RS 触发器

由与非门 G_1 和与非门 G_2 组成基本 RS 触发器。该触发器为低电平输入有效。

4. 泄放开关 VT

基本 RS 触发器置 1 时，三极管 VT 截止；基本 RS 触发器置 0 时，三极管 VT 导通；因此，三极管 VT 是受基本 RS 触发器控制的泄放开关。

5. 缓冲器 G_3

为了提高电路带负载的能力，在输出端设置了缓冲器 G_3。

二、5G555 定时器的逻辑功能

在图 4-2 中，TH 是比较器 C_1 的输入端（也称阈值端），$\overline{TR}$ 是比较器 C_2 的输入端（也称触发端），$\overline{R}$ 为复位端。只要复位端 $\overline{R}$ 出现低电平时，则输出 $OUT = 0$；当 $\overline{R}$ 端为高电平时，输出 OUT 取决于 TH 和 $\overline{TR}$ 的状态。

当 $TH > \frac{2}{3}U_{CC}$，$\overline{TR} > \frac{1}{3}U_{CC}$ 时，比较器 C_1 的输出 $u_{C1} = 0$，比较器 C_2 的输出 $u_{C2} = 1$，基本 RS 触发器被置 "0"，输出 $OUT = 0$；

当 $TH < \frac{2}{3}U_{CC}$，$\overline{TR} > \frac{1}{3}U_{CC}$ 时，比较器 C_1 的输出 $u_{C1} = 1$，比较器 C_2 的输出 $u_{C2} = 1$，故基本 RS 触发器实现保持功能；

当 $TH < \frac{2}{3}U_{CC}$，$\overline{TR} < \frac{1}{3}U_{CC}$ 时，比较器 C_1 的输出 $u_{C1} = 1$，比较器 C_2 的输出 $u_{C2} = 0$，故基本 RS 触发器被置 "1"，输出 $OUT = 1$。555 定时器的逻辑功能表如表 4-1 所示。

表 4-1　555 定时器的逻辑功能表

输　入			输　出	
TH	$\overline{TR}$	$\overline{R}$	OUT	VT
$\times$	$\times$	0	0	导通
$> \frac{2}{3}U_{CC}$	$> \frac{1}{3}U_{CC}$	1	0	导通
$< \frac{2}{3}U_{CC}$	$> \frac{1}{3}U_{CC}$	1	保持不变	保持不变
$< \frac{2}{3}U_{CC}$	$< \frac{1}{3}U_{CC}$	1	1	截止

表中 $\times$ 代表任意状态。阈值电压 U_{R1}、触发电平 U_{R2} 大小取决于控制电压端输入，如果 U_{CO} 外接固定电压时，则 $U_{R1} = U_{CO}$，$U_{R2} = \frac{1}{2}U_{CO}$。

第二节　施密特触发器

施密特触发器（Schmitt Trigger）是脉冲变换的常用电路，它可以把不规则的输入脉冲变成良好的矩形波。其逻辑符号如图 4-3(a) 所示，图 4-3(b) 是输入输出波形，图 4-3(c) 是其传输特性。

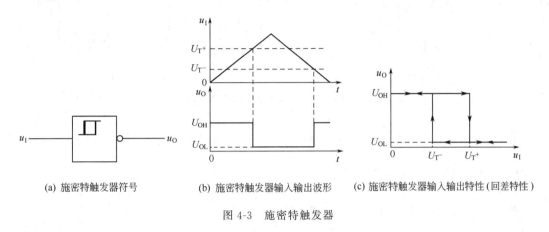

(a) 施密特触发器符号　　(b) 施密特触发器输入输出波形　　(c) 施密特触发器输入输出特性(回差特性)

图 4-3　施密特触发器

当输入信号高于 U_{T+} 时，电路输出低电平 U_{OL}，当输入信号低于 U_{T-} 时，电路输出高电平 U_{OH}。其中 U_{T+} 称为正向阈值，U_{T-} 称为负向阈值。

由传输特性可知：该电路有两个稳定的输出状态，输出高电平 U_{OH} 和输出低电平 U_{OL}。输出状态依赖于输入信号 u_1 的大小，电路没有记忆功能。

由图可见，U_{T+}、U_{T-} 不相等，两者存在一定差值，把这个差值称为回差电压。施密特触发器在不同阈值翻转输出电平的性质被称为输入输出的回差特性。

一、555 定时器构成的施密特触发器

将 555 定时器的 TH 与 $\overline{TR}$ 端连在一起作为电路输入端，555 定时器输出端作为施密特触发器输出端，则得到图 4-4(a) 所示的由 555 定时器构成的施密特触发器。

由于比较器 C_1 和 C_2 参考电压不同，因而基本 RS 触发器的置 0 信号（$u_{C1}=0$）和置 1 信号（$u_{C2}=0$）必然发生在输入信号的不同电平。因此，输出电压 u_O 由高变低和由低变高所对应的输入 u_1 值亦不同。

图中 $0.01\mu F$ 电容的作用是为了稳定比较器的参考电压 U_{R1} 和 U_{R2}。电路的工作波形如图 4-4(b)。电路的工作过程如下。

1. u_1 由 0 增加至高于 $\frac{2}{3}U_{CC}$ 时

当 $u_1<\frac{1}{3}U_{CC}$ 时，因为 $\overline{TR}<\frac{1}{3}U_{CC}$，使 555 定时器置"1"，故 $u_O=U_{OH}$；

当 $\frac{1}{3}U_{CC}<u_1<\frac{2}{3}U_{CC}$ 时，555 定时器处于保持功能，故 $u_O=U_{OH}$不变；

当 $u_1>\frac{2}{3}U_{CC}$ 时，因为 $TH>\frac{2}{3}U_{CC}$，使 555 定时器置"0"，故 $u_O=U_{OL}$。

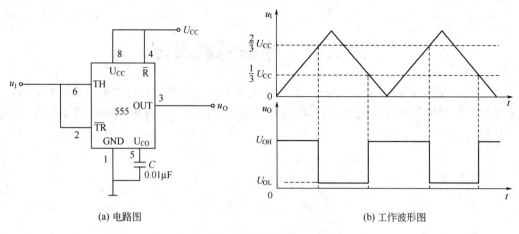

(a) 电路图   (b) 工作波形图

图 4-4 用 555 定时器接成的施密特触发器

输出 u_O 由 U_{OH} 变化到 U_{OL} 发生在 $u_I=\frac{2}{3}U_{CC}$ 时，因此，$U_{T+}=\frac{2}{3}U_{CC}$。

2. u_I 由高于 $\frac{2}{3}U_{CC}$ 减小至 0 时

当 $u_I>\frac{2}{3}U_{CC}$ 时，555 定时器置"0"，故 $u_O=U_{OL}$；

当 $\frac{1}{3}U_{CC}<u_I<\frac{2}{3}U_{CC}$ 时，555 定时器处于保持功能，故 $u_O=U_{OL}$ 不变；

当 $u_I<\frac{1}{3}U_{CC}$ 时，因为 $\overline{TR}<\frac{1}{3}U_{CC}$，使 555 定时器置"1"，故 $u_O=U_{OH}$。

输出 u_O 由 U_{OL} 变化到 U_{OH} 发生在 $u_I=\frac{1}{3}U_{CC}$ 时，因此，$U_{T-}=\frac{1}{3}U_{CC}$。

由此可得到回差电压为：$\Delta U_T=U_{T+}-U_{T-}=\frac{1}{3}U_{CC}$。

如果比较器的参考电压由外接电压 U_{CO} 提供，则 $U_{T+}=U_{CO}$，$U_{T-}=\frac{1}{2}U_{CO}$，$\Delta U_T=U_{T+}-U_{T-}=\frac{1}{2}U_{CO}$。显然改变 U_{CO} 的数值，就能调节回差电压的大小。

二、用门电路组成的施密特触发器

目前，市场上虽有大量的集成施密特触发器，但回差电压不可调，不能满足某些场合的需要。此时，可以采用由两级 CMOS 反相器组成的施密特触发器，如图 4-5（a）所示，图（b）所示为其电压传输特性。

假设反相器的阈值电压 $U_{TH}\approx\frac{1}{2}U_{DD}$，$R_1<R_2$。当取 $u_I=0$ 时，因 G_1、G_2 接成了正反馈，所以这时 $u_O=U_{OL}\approx0$，且 G_1 的输入 $u_I'\approx0$。

当 u_I 逐渐升高并达到 $u_I'=U_{TH}$ 时，由于 G_1、G_2 的正反馈作用，使电路的状态迅速转化为 $u_O=U_{OH}\approx U_{DD}$ 的状态。由此就可以求出 u_I 上升时的转换电平 U_{T+}，因为

$$u_I'=U_{TH}\approx\frac{R_2}{R_1+R_2}U_{T+}$$

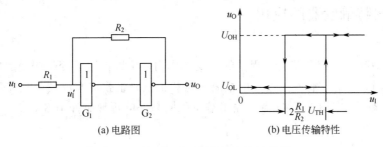

(a) 电路图   (b) 电压传输特性

图 4-5 回差电压可调的施密特触发器

所以
$$U_{T+} \approx \frac{R_1 + R_2}{R_2} U_{TH}$$

当 u_I 从高电平逐渐降低并达到 $u_I' = U_{TH}$，电路又迅速转换为 $u_o = U_{OL} \approx 0$ 的状态。由此可以求出 U_{T-}。因为这时有

$$u_I' = U_{TH} \approx U_{DD} - (U_{DD} - U_{T-}) \frac{R_2}{R_1 + R_2}$$

所以
$$U_{T-} \approx \frac{R_1 + R_2}{R_2} U_{TH} - \frac{R_1}{R_2} U_{DD}$$

因此
$$\Delta U_T = U_{T+} - U_{T-} = 2 \frac{R_1}{R_2} U_{TH}$$

显然，只要调整电阻 R_1、R_2 的值，就能改变回差电压的大小。

三、集成施密特触发器

集成施密特触发器由于具有一致性好、触发阈值稳定、使用方便等优点，得以广泛应用。国产集成施密特触发器品种很多，TTL 型集成施密特触发器有 74LS13、74LS14、74LS132 等，CMOS 型集成施密特触发器有 CC4093 和 CC40106。

74LS13 是双四输入施密特触发**与非门**，内部包括两个四输入施密特触发**与非门**，其电路原理图和外引线端子图分别如图 4-6(a)、(b) 所示。

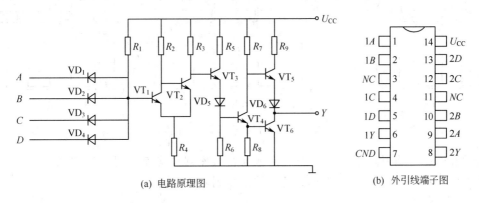

(a) 电路原理图   (b) 外引线端子图

图 4-6 74LS13 双四输入施密特触发**与非门**

电路中 $VD_1 \sim VD_4$ 实现与逻辑功能；VT_1、VT_2、R_2、R_3 和 R_4 组成施密特电路；VT_3、VD_5、R_6 起电平转移作用，末级是采用推拉形式输出的反相门。该电路具有图 4-3(c) 所示的回差特性。

四、施密特触发器的应用

1. 波形变换

利用施密特触发器状态转换过程中的正反馈作用，可以把边沿变化缓慢的周期性信号变换成矩形波。图 4-7 中，输入信号是由直流分量和正弦分量叠加而成的，只要输入信号的幅度大于 U_{T+}，即可在施密特触发器的输出端得到同频率的矩形脉冲信号。

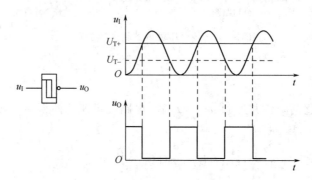

图 4-7　用施密特触发器实现波形变换

2. 脉冲整形

在数字系统中，矩形脉冲经传输后往往发生波形畸变。其中常见情况如图 4-8 所示。当传输线上的电容较大时，波形的前后沿将明显变坏，如图 4-8(a) 所示；当传输线较长，而且接收端的阻抗与传输线的阻抗不匹配时，在波形的上升沿和下降沿将产生振荡现象，如图 4-8（b）所示；当其他脉冲信号通过导线之间的分布电容或公共电源线叠加到矩形脉冲上时，信号上将出现附加的噪声，如图 4-8(c) 所示。

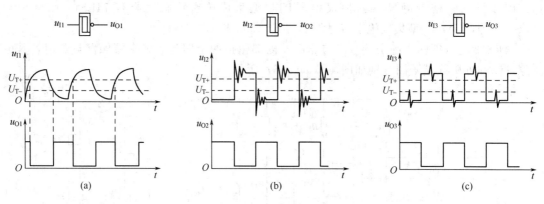

(a)　　　　　　　　　　　　(b)　　　　　　　　　　　　(c)

图 4-8　施密特触发器用于脉冲整形

无论出现上述哪种情况，都可以通过施密特触发器整形而获得比较理想的矩形波。由图 4-8 可见，只要 U_{T+} 和 U_{T-} 取得合适，均能得到满意的效果。

3. 脉冲鉴幅

如将一系列幅度各异的脉冲加到施密特触发器的输入端时，只有那些幅度大于 U_{T+} 的脉冲会产生输出信号，见图 4-9。因此，施密特触发器能将幅度大于 U_{T+} 的脉冲选出，具有脉冲鉴幅的能力。

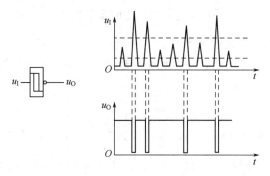

图 4-9　施密特触发器用于鉴别脉冲幅度

第三节　单稳态触发器

单稳态触发器只有一个稳态，具有以下显著特点：

① 它有稳态和暂稳态两个不同的工作状态；

② 在外界触发脉冲作用下，能从稳态翻转到暂稳态，在暂稳态维持一定时间后，再自动返回稳态；

③ 暂稳态时间的长短取决于电路本身的参数。

由于以上特点，单稳态触发器被广泛应用于数字系统中的整形、延时以及定时等。

一、由 555 定时器构成的单稳态触发器

由 555 定时器构成的单稳态触发器电路由图 4-10(a) 所示，将 555 定时器的 $\overline{TR}$ 端作为电路输入端，将内部泄放开关与电阻 R 组成的反相器输出 D 接至 TH，并利用电容 C 上的电压 u_C 控制 TH 端，就构成了单稳态触发器。该电路是用输入脉冲的下降沿触发的。

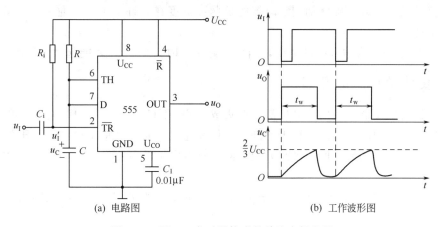

(a) 电路图　　　　　　　(b) 工作波形图

图 4-10　用 555 定时器构成的单稳态触发器

工作过程如下。

1. 稳态

如果接通电源后触发器处于 $Q=1$ 的状态，则内部泄放开关（VT）截止，U_{CC} 经过 R

向电容 C 充电。当充电到 $u_C=\frac{2}{3}U_{CC}$ 时，555 定时器置 "0"；同时，泄放开关导通，由电容 $C{\to}D{\to}GND$ 放电，使 u_C 按指数关系迅速下降至 $u_C{\approx}0$。此后，若 u_1 没有触发信号（低电平），则 555 定时器处于保持功能，输出也相应地稳定在 $u_O=0$ 的状态。所以稳态时该电路一定处于 $u_O=0$ 的状态。

2. 由稳态进入暂稳态

当输入端 u_1 的触发脉冲下降沿到达后，因为 $\overline{TR}<\frac{1}{3}U_{CC}$，使 555 定时器置 1，故 $u_O=1$，电路进入暂稳态。与此同时，泄放开关截止，U_{CC} 通过 R 开始向电容 C 充电。

3. 暂稳态的维持

当电容 C 从 0 开始充电，但 $u_C<\frac{2}{3}U_{CC}$ 时，定时器处于保持功能，维持 $u_O=1$ 的状态，电容继续充电。

4. 由暂稳态自动返回稳态

当电容充电至 $u_C>\frac{2}{3}U_{CC}$ 时，555 定时器置 "0"，于是输出自动返回到起始状态 $u_O=0$。与此同时，泄放开关导通，电容 C 通过其迅速放电，直到 $u_C{\approx}0$，电路恢复到稳态。

电路工作波形如图 4-10(b) 所示。由图可见，暂稳态（$u_O=1$）持续时间的长短取决于外接电容 C 和电阻 R 的大小，输出脉冲的宽度 t_w 等于电容电压 u_C 从 0 上升到 $\frac{2}{3}U_{CC}$ 所需的时间，根据 RC 电路过渡过程的三要素公式：$u_C(t)=u_C(\infty)+[u_C(0+)-u_C(\infty)]e^{-\frac{t}{\tau}}$ 可推导出

$$t_w{\approx}1.1RC$$

通常，R 取值范围为数百到数千欧姆，电容的取值范围为数百皮法到数百微法，t_w 对应范围为数百微秒到数分钟。

在单稳态触发器中，若 u_1 负脉冲宽度过长（大于 t_w），会导致 555 定时器处于禁用状态，这是不允许的。因此，实际电路中，常在脉冲输入端加有微分电路 R_i、C_i，使输入端的负脉冲仅下跳沿有效，确保加到定时器的负脉冲宽度在允许范围内。通常 R_i、C_i 参数应满足下列条件：

$t_{pL}>5R_iC_i$（t_{pL} 为输入脉冲宽度，当满足此条件时，R_i、C_i 才能起微分作用）

二、集成单稳态触发器

由于单稳态触发器的应用十分广泛，在集成 TTL 和 CMOS 产品中都生产了单片集成的单稳态触发器。使用时，只需要很少的外接元件和连线，而且电路还附加了上升沿和下降沿触发的控制、清零等功能，使用极其方便，同时具有电路的温度稳定性好、抗干扰能力强等优点。

集成单稳态触发器可分为可重复触发和不可重复触发两类；下面通过具体器件加以说明。

1. 不可重复触发的集成单稳态触发器 74121

TTL 集成单稳态触发器 74121 是在普通微分型单稳态触发器的基础上附加一输入控制电路和输出缓冲电路而形成的。图 4-11(a) 是 74121 的外引线端子图，图 4-11(b) 为其逻辑符号，74121 的逻辑功能如表 4-2 所示。

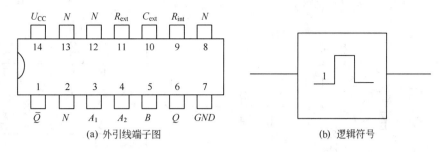

图 4-11　集成单稳态触发器 74121

74121 集成单稳态触发器有两种触发方式：当需要用上升沿触发时，触发脉冲由 B 端输入，同时 A_1 和 A_2 中至少有一个维持在低电平；反之，当需要用下降沿触发时，则触发脉冲应由 A_1 或 A_2 输入（另一个接高电平），同时 B 端应保持为高电平。

74121 的输出脉冲宽度 t_w 与外接电阻和电容有关

$$t_w \approx 0.7 R_{ext} C_{ext}$$

R_{ext} 接在电源 U_{CC}（14 端）和 R_{ext} 接线端（11 端）间，C_{ext} 接在 10 端与 11 端之

表 4-2　集成单稳态触发器 74121 的逻辑功能表

输　　入			输　出		备　　注
A_1	A_2	B	Q	$\bar{Q}$	
0	×	1	0	1	
×	0	1	0	1	
×	×	0	0	1	静态不触发
1	1	×	0	1	
1	↓	1	⊓	⊔	
↓	1	1	⊓	⊔	A_1、A_2 下降沿触发
↓	↓	1	⊓	⊔	
0	×	↑	⊓	⊔	
×	0	↑	⊓	⊔	B 上升沿触发

间。通常 R_{ext} 的数值取在 $2 \sim 30\text{k}\Omega$ 之间，C_{ext} 的数值取在 $10\text{pF} \sim 10\mu\text{F}$ 之间，得到的 t_w 范围可达 $20\text{ns} \sim 200\text{ms}$。但是，如果输入的触发脉冲太宽，超过了 t_w，则电路就不能正常工作。因此 74121 在使用时，触发脉冲不能宽过 t_w。

2. 可重复触发的集成单稳态触发器 74123

所谓重复触发，是指单稳态触发器触发以后，若在暂稳态结束之前再次加入触发脉冲，则单稳态触发器将重新被触发，其结果使暂稳态的持续时间延长。被延长时间为两次触发的间隔时间。输入触发信号与输出波形的对应关系如图 4-12（a）所示，图 4-12（b）为可重复触发单稳态触发器的逻辑符号。

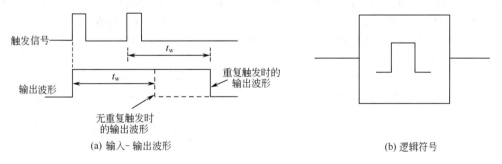

图 4-12　可重复触发单稳态触发器

图 4-13（a）为可重复触发的集成单稳态触发器 74123 的原理框图，图 4-13（b）是其外引线端子图，它包括两个可重复触发的集成单稳态触发器。

表 4-3 给出了 74123 的逻辑功能。

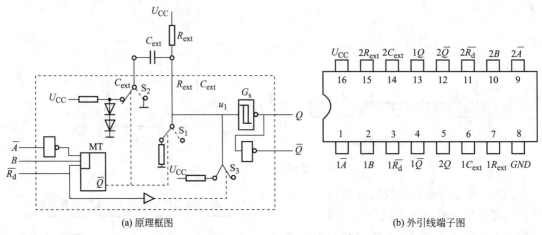

(a) 原理框图   (b) 外引线端子图

图 4-13   可重复触发的集成单稳态触发器 74123

表 4-3   74123 的逻辑功能表

输 入			输 出	
$\overline{R}_d$	$\overline{A}$	B	Q	$\overline{Q}$
0	×	×	0	1
×	1	×	0	1
×	×	0	0	1
1	0	↑	⊓	⊔
1	↓	1	⊓	⊔
↑	0	1	⊓	⊔

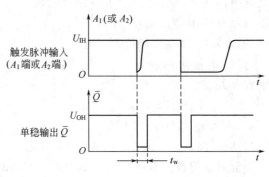

图 4-14   用单稳态触发器实现脉冲的整形

三、单稳态触发器的应用

1. 脉冲整形

利用单稳态触发器可产生一定宽度的脉冲，可把过窄或过宽的脉冲整定为固定宽度的脉冲。如图 4-14 所示。

2. 脉冲延迟

脉冲延迟电路一般要用两个单稳触发器完成。图 4-15（a）为原理图，图 4-15（b）是输入 u_I 的波形和延迟后的输出 u_o 的波形。假设第一个单稳输出脉宽整定在 t_{w1}，则输入 u_I 的脉冲被延迟 t_{w1}，输出脉宽则由第二个单稳整定值 t_{w2} 决定。

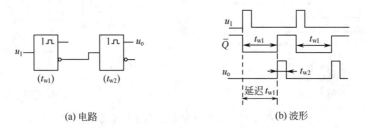

(a) 电路   (b) 波形

图 4-15   用单稳态触发器实现脉冲的延迟

3. 定时

由于单稳电路产生的脉冲宽度是固定的，因此可用于定时电路。

第四节 多谐振荡器

在同步时序电路中，作为时钟信号的矩形波，控制和协调整个系统的工作。矩形波发生器也称为多谐振荡器。由于多谐振荡器的两个输出状态自动交替转换，故又称为无稳态触发器。

一、用 555 定时器构成的多谐振荡器

由 555 定时器构成的多谐振荡器如图 4-16(a) 所示。当接通电源以后，因为电容 C 上的初始电压为零，所以 U_{CC} 经过 R_1 和 R_2 向电容 C 充电。当电容 C 充电到 $u_C > \frac{2}{3}U_{CC}$ 时，555 定时器置 0，输出跳变为低电平；同时，555 内部的泄放开关（VT）导通，电容 C→电阻 R_2→D→地开始放电。

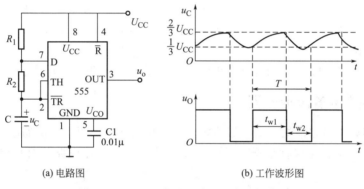

(a) 电路图　　　　　　(b) 工作波形图

图 4-16　用 555 定时器接成的多谐振荡器

当电容 C 放电至 $u_C < \frac{1}{3}U_{CC}$ 时，555 定时器置 1，输出电位又跳变为高电平，同时泄放开关（VT）截止，电容 C 重新开始充电，重复上述过程。如此周而复始，电路产生振荡。其工作波形如图 4-16(b) 所示。

其中 t_{w1} 为电容 C 从 $\frac{1}{3}U_{CC}$ 充电到 $\frac{2}{3}U_{CC}$ 所需时间，可推得：$t_{w1} \approx 0.7(R_1 + R_2)C$

t_{w2} 为电容 C 从 $\frac{2}{3}U_{CC}$ 放电到 $\frac{1}{3}U_{CC}$ 所需时间，可推得：$t_{w2} \approx 0.7R_2C$

短形波的周期：$T = t_{w1} + t_{w2} \approx 0.7(R_1 + 2R_2)C$

短形波的占空比：$q = \dfrac{t_{w1}}{t_{w1} + t_{w2}} = \dfrac{R_1 + R_2}{R_1 + 2R_2}$

以上说明：调节 R_1、R_2 和 C 的大小，即可改变振荡周期和矩形波的占空比。

由占空比 q 的公式可知，图 4-16 电路输出的波形占空比始终大于 50%，为了得到等于或小于 50% 的占空比，可以采用图 4-17 所示的占空比可调电路。

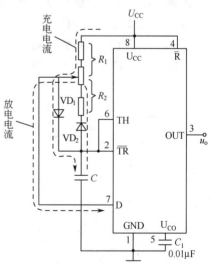

图 4-17　用 555 定时器组成的占空比可调的多谐振荡器

电容充电时，VD_1 导通，VD_2 截止，充电时间为 $t_{w1} \approx 0.7R_1C$

电容放电时，VD_1 截止，VD_2 导通，放电时间为 $t_{w2} \approx 0.7R_2C$

输出波形占空比为 $q = \dfrac{R_1}{R_1+R_2}$

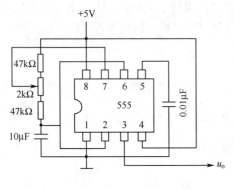

图 4-18　例 4-1 电路图

调节电位器，可获得任意占空比的矩形脉冲。当 $R_1=R_2$ 时，$q=50\%$。

【例 4-1】　试用 555 定时器设计一个振荡周期为 1 秒，占空比为 $q=\dfrac{2}{3}$ 的多谐振荡器。

解　采用图 4-16 电路，由前面分析可得

$$q = \frac{R_1+R_2}{R_1+2R_2} = \frac{2}{3}$$

所以，$R_1=R_2$
由 $T=t_1+t_2 \approx 0.7(R_1+2R_2)C=1$
取 $C=10\mu F$，代入上式，

$R_1=R_2 \approx 48k\Omega$

选用 $47k\Omega$ 的电阻与一只 $2k\Omega$ 的电位器串联，可得图 4-18 所设计的电路。

二、石英晶体多谐振荡器

许多应用场合都对多谐振荡器的振荡频率稳定性有严格的要求。例如通常要求数字钟的脉冲源频率十分稳定。在这种情况下，前面介绍的多谐振荡器电路就难以满足要求。其原因是：

① 转换电平容易受电源和温度变化的影响；

② 某些电路的工作方式容易受干扰，造成电路状态转换的提前或滞后；

③ 在电路状态临近转换时，电容的充、放电已经比较缓慢，转换电平的微小变化或轻微的干扰都会严重影响振荡周期。

因此，在对频率稳定性要求很高的场合，必须采取稳频措施。

目前普遍采用的一种稳频方法是在多谐振荡器中接入石英晶体，组成石英晶体多谐振荡器。石英晶体不但频率特性稳定，而且品质因数很高，有极好的选频特性。图 4-19 给出了石英晶体的符号和电抗频率特性，石英晶体构成的多谐振荡器如图4-20所示。

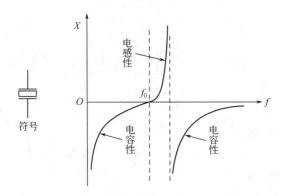

图 4-19　石英晶体的符号和电抗频率特性

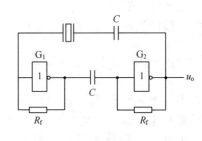

图 4-20　石英晶体多谐振荡器电路

由石英晶体的电抗频率特性可知，当外加电压的频率为 f_0 时它的等效阻抗最小，所以频率为 f_0 的电压信号最容易通过，并在电路中形成正反馈。因此，振荡器的工作频率也必然是 f_0。

可见，石英晶体振荡器的振荡频率取决于石英晶体的固有谐振频率 f_0，与外接电阻、电容的参数无关。石英晶体的频率稳定度可高达 $10^{-10} \sim 10^{-11}$，足以满足大多数数字系统对频率稳定度的要求。具有各种谐振频率的石英晶体已被制作成标准器件出售。

第五节　技　能　训　练

一、讨论课 555 定时器的应用

1. 用 555 定时器组成阈值电压可调的施密特触发器

利用 555 定时器的控制电压输入端可方便地获得阈值电压可调的施密特触发器，其电路如图 4-21 所示。

该电路在图 4-4 的基础上增加了一个 $15\text{k}\Omega$ 可调电位器，接在 555 定时器的控制电压输入端 U_{CO} 上，通过调节电位器 RP，改变施密特触发器的阈值电压。该电路具有很宽的调节范围，具有高输入阻抗和较宽的频率范围，工作频率可从零缓慢变化到 3MHz。

2. 多用途延时开关

生活中，经常需要延时控制，比如门灯、过道灯、楼梯灯等，既实用方便，又节省能源。图 4-22 是延时开关的典型电路。

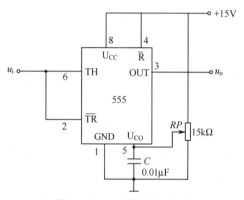

图 4-21　555 定时器组成的阈值电压可调的施密特触发器

图中，555 定时器、电阻 R_2、电容 C_1、C_2 组成了单稳态触发器。通常按钮 SB 断开，触发端经电阻 R_1 接成高电平，触发器为稳态，输出 u_o 为低电平，泄放开关截止，继电器 K 断电。当 SB 按下，2 端子（$\overline{TR}$）接地，触发端被触发使 555 进入暂稳态，输出 u_o 变成高电平，泄放开关导通，继电器 K 得电。由于单稳态触发器的暂稳态只能维持一段时间，

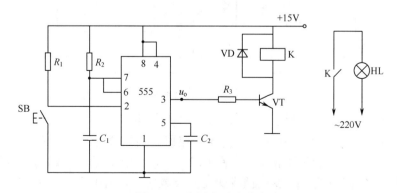

图 4-22　多用途延时开关

u_o 经过一定时间又回到低电平，继电器失电。从而，利用继电器 K 的常开触点控制灯是否点亮。当按下按钮时，灯点亮；经若干时间后，自动熄灭。灯点亮时间的长短，取决于单稳态触发器的电阻 R_2 和电容 C_1，$t \approx 1.1 R_2 C_1$。

图中与继电器并联的二极管 VD 称为续流二极管，防止继电器截止时产生高压反电动势，损坏 555 定时器。这里用继电器控制的是一盏灯，如果要控制其他电器，只要把继电器的触点串联到电路中即可。

请读者计算，如自家的门灯，要求延时 3min 自动熄灭，R_2、C_1 要取多大？

3. 液位报警器

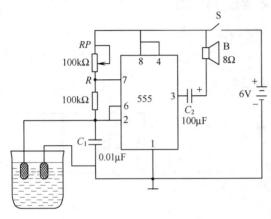

图 4-23　液位报警器

生产实践中，往往需要对容器中的液位有一定的限制，以防引发事故。图 4-23 是一种液位报警器的电路图，当液位过低时，会自动发出报警声。工作原理如下。

555 定时器接成多谐振荡器。通常液面正常时，探测电极浸入要控制的液体中，使电容 C_1 被短路，电容不能充放电，多谐振荡器不能正常工作，扬声器无声。当液面低至电极以下时，探测极开路，多谐振荡器正常工作，发出警报声，提示液位过低。

该电路只适用在导电液体情况下。调节电位器 R_P，即可调节输出声音的频率。读者可自行计算出电路输出声音频率的范围。

4. 照明灯晨昏控制器

图 4-24 所示是 555 定时器组成的晨昏控制器，利用它对照明灯进行自动控制，白天让照明灯自动熄灭，黑夜来临时照明灯自动点亮。其工作原理如下。

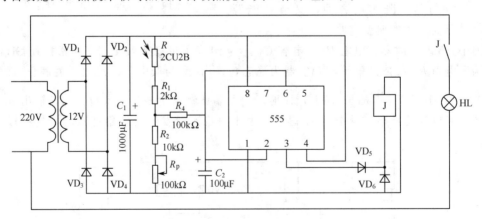

图 4-24　晨昏控制器

市电经变压器降压、整流桥整流、电容滤波，给电路供电。555 定时器连接成了施密特触发器。图中 R 是 2CU2B 光敏电阻，当受光照时，内阻变小，555 的 2、6 端子（$\overline{TR}$、TH）电位较高，施密特触发器输出低电平（3 端子），继电器失电释放，接点断开使灯泡电源切断，灯熄灭；当光敏电阻不受光照或受光照极微弱时，内阻增大，使 555 的 2、6 端子电位变低，施密特触发器被触发，输出高电平（3 端子），继电器得电使接点吸合，灯亮。

调节 RP 可以改变施密特触发器的触发电平，即可调节电路对光线的灵敏度。

5. 电子节拍器

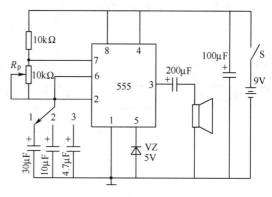

图 4-25 所示是 555 定时器组成的精密电子节拍器电路图。由于 555 定时器的振荡频率比较稳定和精确，故可用于要求较高的低频振荡。

图示电路中，555 定时器接成了多谐振荡器，输出经电容耦合到扬声器。充放电电容有三挡可以选择，所以节拍可分为三挡控制：第一挡 20~60 拍/min；第二挡 60~180 拍/min；第三挡 180~540 拍/min。RP （10kΩ）为节拍细调电位器。稳压二极管 VZ

图 4-25　电子节拍器

的作用是为了保证电池电压过低时不影响节拍的精度，如要求不高也可不用。

6. 简易电子琴

图 4-26 所示是一种玩具电子琴电路图，该电路很容易做到一个八度的音程，输出功率也较大。图中 555 接成一个多谐振荡器，输出的方波直接送到扬声器发声，所以有较高的效率。

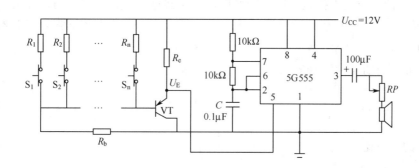

图 4-26　简易电子琴

图中 555 的控制电压输入端 U_{CO} （5 端子）受三极管 VT 组成的射极输出器的控制，空键时，晶体管饱和导通，U_{CO} 电压为 0.3V，使多谐振荡器停振。当有按键按下时，三极管 VT 进入放大状态，U_{CO} 的控制电压因按键电阻不同而不同，不同的电压对应不同的频率，扬声器就能发出不同的音阶。与扬声器相串联的电位器 RP 可用来调整输出音量的高低。

若 R_b＝20kΩ，R_1＝10kΩ，R_e＝2kΩ，三极管的放大倍数 $β$＝150，U_{CC}＝12V 时，振荡器的外接电阻、电容如图 4-26 所示，请读者计算按下琴键 S_1 时扬声器发出声音的频率。

二、555 应用电路实验

（一）技能训练目的

① 学习 555 电路的应用方法，掌握用 555 制作防盗报警器和救护车音响电路。
② 学习电子线路的手工制作，提高实践技能。

（二）技能训练设备

直流稳压电源　　　　　1 只

万用表	1只
双踪示波器	1台
元器件	见材料清单（表 4-4）

表 4-4　防盗报警器元器件清单

参　　数	只　　数	参　　数	只　　数
10kΩ　1/4	2只	0.022μF	1只
1kΩ　1/4	1只	三极管 9013	1只
18kΩ　1/4	1只	5G555	1只
0.1μF	1只	8Ω 扬声器	1只
0.01μF	1只	9V 电池	1只
100μF/16V	1只		

（三）技能训练原理

1. 防盗报警器

图 4-27 所示为防盗报警器的原理图。图中把 555 接成多谐振荡器。报警器的一根铜丝是关键，将铜丝置于认为盗窃者的必经之地，如门、窗等位置。当铜丝接触完好时，三极管 VT 导通，555 的复位端子接地，振荡器停振，定时器输出为低电平，扬声器无声。当窃贼闯入室内将铜丝碰断，电容 C_4 被充电，复位端出现高电平，振荡器起振，定时器输出连续的方波，扬声器发声。

输出脉冲的周期 $T = 0.7(R_A + 2R_B)C = 1.4\text{ms}$

频率 $$f = \frac{1}{T} = 714\text{Hz}$$

矩形波的占空比 $$q = \frac{R_A + R_B}{R_A + 2R_B} = 66.7\%$$

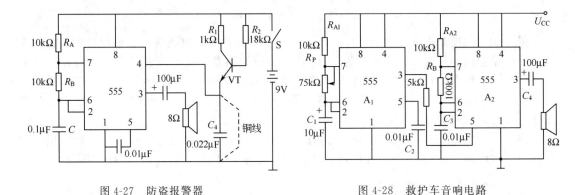

图 4-27　防盗报警器　　　　　　图 4-28　救护车音响电路

2. 救护车音响电路

图 4-28 所示是用两片 555 组成的救护车音响电路，用一只低频振荡器 A_1 去控制高频振荡器 A_2。图中 A_1 产生低频振荡，其频率调节范围为 0.9～14.4Hz，占空比范围为 0%～47%，由电位器 R_P 调节。A_2 工作在较高频率下，其振荡频率为 0.7kHz。

由于 A_1 的输出接到 A_2 的控制端子 5 上，因此高频振荡器 A_2 的振荡频率就受到低频振

荡器 A_1 的调制，A_1 输出高电平，A_2 的振荡频率就低，A_1 输出低电平，A_2 的振荡频率就高。这样扬声器就发出高低相间、周而复始的"嘀、嘟、嘀、嘟……"的声音。

元器件清单如表 4-5 所示。

表 4-5　救护车音响电路元器件清单

参　数	只　数	参　数	只　数
10kΩ　1/4	2 只	0.01μF	2 只
5kΩ　1/4	1 只	100μF/16U	1 只
100kΩ　1/4	1 只	5G555	2 只
电位器　75kΩ	1 只	8Ω 扬声器	1 只
10μF	1 只	9V 电池	1 只

（四）技能训练内容及步骤

① 按图搭接电路。

② 检查无误后，接通电源。

③ 通断防盗报警器的铜丝，注意扬声器有无声响。

④ 调节救护车音响电路中的电位器 R_P，注意扬声器声音的变化。

⑤ 用示波器观察并记录电容充放电的工作波形，以及 555 定时器的输出波形。

（五）技能训练注意事项

① 在搭接电路时，要注意电解电容的正负极、三极管的端子，不能接错。

② 搭接完成后，先检查无误后，再接通电源。

③ 通电后，如需修改连线，应先切断电源，否则容易损坏 555 电路。

（六）预习要求

① 熟悉电路的工作原理。

② 能识别电阻、电容、三极管等常用元器件以及它们的主要参数。

三、555 时基电路仿真训练

（一）技能训练目的

（1）555 定时器构成的单稳态触发器的功能。

① 用 555 定时器设计一个单稳态触发器。

② 观察在输入脉冲的作用下，电路状态的变化。

（2）由 555 构成的多谐振荡器的占空比及振荡频率的调节。

（3）掌握用虚拟示波器测量脉冲信号参数的方法。

（二）技能训练器材

逻辑开关、逻辑指示灯	各 1 个
555 定时器	1 个
双踪示波器	1 台
电容器、电阻、电位器	若干
发光二极管	1 个
与门	1 个
蜂鸣器	1 个

（三）技能训练原理

1. 单稳态触发器

单稳态触发器具有三个特点：第一，电路有一个稳态和一个暂稳态；第二，在外来触发脉冲的作用下，能够从稳态翻转为暂稳态；第三，暂稳态维持一段时间后将自动返回稳态，而暂稳态的维持时间与触发脉冲无关，仅决定于电路本身的参数。图 4-29 所示的单稳态触发器的暂稳态维持时间计算公式为：

$$t_w \approx 1.1RC$$

2. 多谐振荡器

图 4-30 所示为由 555 定时器构成的多谐振荡器。电路的振荡频率和输出矩形波的占空比由外接元件 R_0 和 C_0 决定。振荡频率可由输出脉冲的周期求出，即：

$$T = T_H + T_L = 0.7R_0'C_0 + 0.7R_0''C_0 = 0.7R_0C_0$$

$$f = 1/T = 1/(0.7R_0'C_0 + 0.7R_0''C_0) = 1/0.7R_0C_0$$

占空比 $q = T_H/T \times 100\% = R_0'/R_0$

（其中：R_0' 为电容充电回路的电阻，R_0'' 为放电回路的电阻）

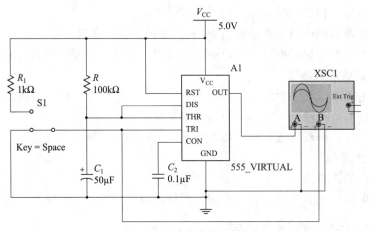

图 4-29　单稳态触发器

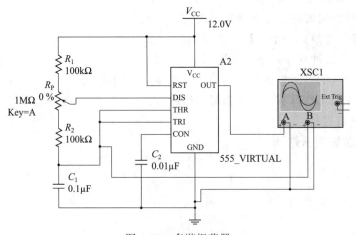

图 4-30　多谐振荡器

(四)技能训练内容与步骤

1. 单稳态触发器

(1)在 Multisim 平台上建立如图 4-29 所示电路，逻辑开关为单稳电路触发输入端 TRI 提供下降沿触发信号，平时此逻辑开关应该接高电平。

(2)将触发脉冲输入和单稳输出分别接至双踪示波器的两个输入端，以便对比观察其波形。

(3)单击仿真开关进行动态分析。

① 双击示波器图标，将示波器激活以显示波形。

② 单击计算机键盘上的空格键 Space 两次，给单稳电路触发端加上一个下沿触发脉冲，单稳态触发器应有脉冲输出，如图 4-31 所示。

③ 单击示波器面板上的"Expand"按钮放大显示屏幕，单击开关停止仿真。移动屏幕上的两个测试标，测量并记录单稳态触发器输出高电平的持续时间 t_w。

(4)根据电阻值 R 和电容值 C，计算单稳电路输出高电平的持续时间 t_w 的理论值。

(5)将电阻值改为 200kΩ，这时逻辑开关应当接高电平。单击仿真开关进行动态分析，同时连续单击键盘上的空格键两次，给单稳电路的触发端加上一个下降沿触发信号，再次测量并记录单稳电路输出高电平的持续时间 t_w，并填入表 4-6 中。

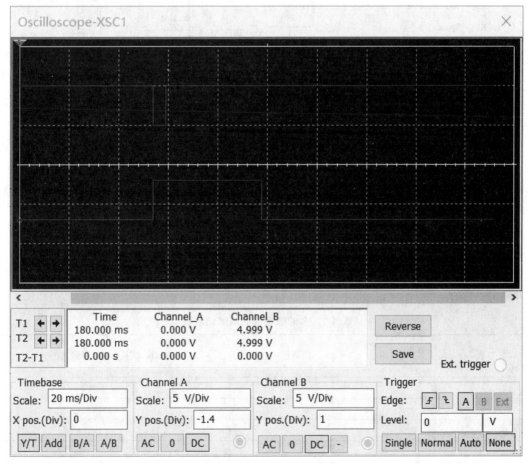

图 4-31 单稳态触发器输出波形

表 4-6　单稳态触发器测试记录表

电容	电阻	输出脉冲宽度 t_w	
		理论计算值	测量值
$C=50\mu F$	$R=100k\Omega$		
	$R=200k\Omega$		

(6) 将图 4-29 电路改接为图 4-32 所示电路,即:在单稳态触发器的输出端接上一个蜂鸣器,双击蜂鸣器图标,将其参数改为:频率为 1000Hz、电压为 1V、电流 0.5A。将示波器的两路输入分别接触发输入端和单稳态触发器输出端,观察波形,并监听蜂鸣器何时开始鸣响? 鸣响多长时间?

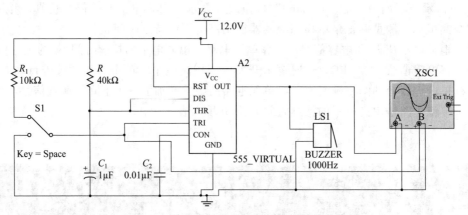

图 4-32　单稳态触发器控制的模拟门铃电路

2. 多谐振荡器

(1) 在 Multisim 平台上建立图 4-30 所示多谐振荡器电路,并将电容电压 u_{co} 和输出电压 u_o 分别接至双踪示波器的两路输入端,观察波形。

(2) 调节电位器的阻值(单击键盘上的"R"键阻值减小;同时单击键盘上的"Shift"和"R"键阻值增加),将电阻比调为 50%(即:$R'=R''=0.5M\Omega$)。

(3) 单击仿真开关运行动态仿真。测量并记录输出低电平时间 T_L、输出高电平时间 T_H 及振荡周期 T,并根据测量结果,计算脉冲频率和占空比。

(4) 单击仿真开关停止仿真。将电阻比调为 80%,单击仿真开关进行动态分析,再次测量上述参数。

表 4-7　多谐振荡器的测试记录表

参数	$R_0=1M\Omega$,$C_0=2\mu F$,阻值比=50%	$R_0=1M\Omega$,$C_0=2\mu F$,阻值比=80%
T_L		
T_H		
T		
f		
q		

（5）根据图 4-33 和表 4-7 的测试结果，分析：图 4-30 所示电路的占空比和振荡频率是否可调？如何改进电路使其成为占空比和振荡频率均可调的振荡器？请自行画出电路图，并仿真。

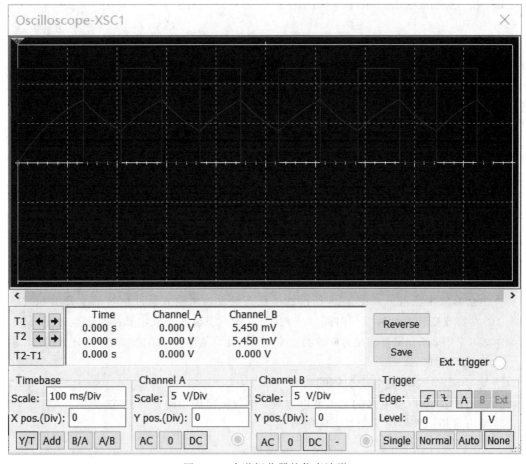

图 4-33　多谐振荡器的仿真波形

3. 模拟声响电路

将图 4-29 和图 4-30 结合，用单稳态触发器的输出 u_{o1} 控制多谐振荡器的复位端，构成模拟门铃控制电路，如图 4-34 所示，仿真并观察输出波形。

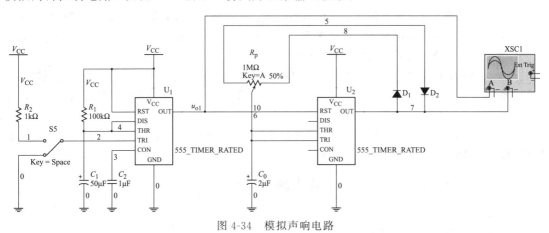

图 4-34　模拟声响电路

4. 定时报警电路

按图 4-35 构建仿真电路，调节电路相关参数，使 U_{O1} 灯亮 10 秒钟时间内，发光二极管闪亮 12 次。记录相关元件参数。

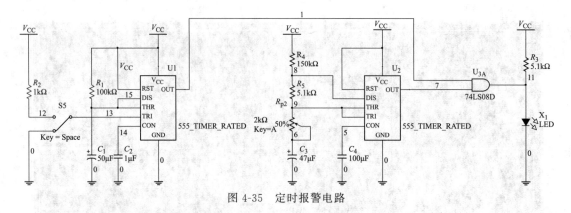

图 4-35   定时报警电路

（五）技能训练报告要求

① 说明 555 时基电路各个引脚的功能。

② 表 4-6 中单稳态触发器输出脉冲宽度的测量值与理论计算值比较，结论如何？

③ 由仿真波形图可见，图 4-29 所示的单稳态触发器由输入脉冲信号的上升沿触发还是下降沿触发？改变输入脉冲信号时间（或频率），单稳态触发器输出脉冲宽度会改变吗？

④ 表 4-7 中多谐振荡器输出脉冲的测量值与理论计算值比较，结论如何？请分析误差原因。

（六）预习要求

① 复习 555 时基电路各个引脚的功能。

② 分析图 4-30 所示电路的充、放电过程，推导振荡周期的计算公式。

③ 预习虚拟示波器用于测量时间的方法。

本章小结

本章主要介绍了 555 定时器的结构及其功能，施密特触发器、单稳态触发器、多谐振荡器的概念及应用，及以 555 定时器构成常用的施密特触发器、单稳态触发器、多谐振荡器的方法。

施密特触发器和单稳态触发器是最常用的两种整形电路。因为施密特触发器输出电平的高低随输入电平改变，所以输出脉冲的频率是由输入信号决定的。由于它的滞回特性和电平转化过程中存在正反馈，所以输出波形的边沿得到改善，能得到性能较好的矩形波。单稳态触发器的输出信号的宽度则完全由电路外接参数决定，与输入信号无关，输入信号只起触发作用。因此单稳态触发器可以用来产生固定宽度的输出脉冲。

另一类是自激的振荡脉冲，它不需要外加输入信号，只要接通电源，就能自行产生周期的矩形脉冲信号。多谐振荡的获得可有很多方法，本章介绍了用 555 定时器和晶体振荡器产生多谐振荡脉冲的方法，具有典型应用意义。

555 定时器是一种用途非常广泛的集成电路，除了可以组成典型的施密特触发器、单稳态触发器和多谐振荡器外，还有许多其他实际应用。

思考题与习题

一、填空题

4-1 脉冲频率与脉冲周期的关系是＿＿＿＿＿＿。

4-2　施密特触发器有两个稳定的输出状态，输出电平取决于＿＿＿＿＿＿的大小。施密特触发器在不同阈值翻转输出电平的性质被称为输入输出的＿＿＿＿＿＿特性。

4-3　施密特触发器的主要应用有＿＿＿＿＿＿、＿＿＿＿＿＿、＿＿＿＿＿＿。

4-4　单稳态触发器有两个工作状态，分别是＿＿＿＿＿＿和＿＿＿＿＿＿，其中＿＿＿＿＿＿态是暂时的。

4-5　单稳态触发器的主要应用是＿＿＿＿＿＿、＿＿＿＿＿＿、＿＿＿＿＿＿。

4-6　石英晶体振荡器的振荡频率取决＿＿＿＿＿＿＿＿＿＿，与外接电阻、电容的参数无关。

二、选择题

4-7　单稳态触发器分为不可重复触发和可重复触发两种，下列说法正确的是（　　）。

　　A. 所谓重复触发，是指单稳态触发器触发以后，如果在暂稳态结束之前再加入触发脉冲，则单稳态触发器将重新被触发，其结果使暂稳态的持续时间被延长。

　　B. 所谓不可重复触发，是指触发器触发以后，不能再次触发，如需再次触发，应先断电复位。

4-8　图 4-36 为 555 定时器构成的光打靶游戏机原理图，其中 VT 为光敏三极管。

① 当光束击中光敏三极管 VT 的窗口时，555 的 2 端子为（　　）；未击中时，2 端子为（　　）。

　　A. 高电平　　　　　　B. 低电平

② 图中 555 构成的是（　　）。

　　A. 多谐振荡器

　　B. 单稳态触发器

　　C. 施密特触发器

③ 当光束击中光敏三极管 VT 窗口时，输出 u_o 的电平及 LED 的状态为（　　）。

　　A. 低电平 LED 灭　　　　B. 高电平 LED 亮
　　C. 低电平 LED 亮　　　　D. 高电平 LED 灭

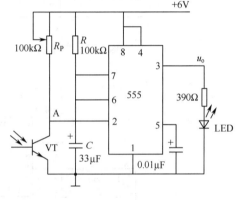

图 4-36　题 4-8 图

三、电路分析及计算

4-9　已知反相输出的施密特触发器输入信号波形如图 4-37 所示，试画出对应的输出信号波形。施密特触发器的转换电平 U_{T+}、U_{T-} 已在输入信号波形上标出。

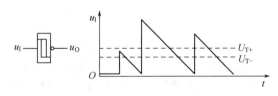

图 4-37　题 4-9 图

4-10　试画出用 555 定时器组成施密特触发器、单稳态触发器、多谐振荡器时电路的连接方法。

4-11　为了得到输出脉冲宽度等于 3ms 的单稳态触发器，使用本章图 4-11 所示的单稳态触发器 74121，并使用集成电路的内部电阻 R_{int}（2kΩ），试求此时应外接多大的电容 C_{ext}。

4-12　在本章图 4-4 用 555 定时器接成的施密特触发器电路中，试问：

① 当 $U_{CC}=12V$ 而且没有外接控制电压时，转换电平 U_{T+}、U_{T-} 以及回差电压 ΔU_T 各等于多少？

② 当 $U_{CC}=9V$，控制电压 $U_{CO}=5V$，转换电平 U_{T+}、U_{T-} 以及回差电压 ΔU_T 各等于多少？

4-13　试用 555 定时器设计一个单稳态触发器，要求输出脉冲宽度在 1～10 秒的范围内连续可调。

4-14　在使用本章图 4-10 的单稳态触发器电路时，对输入触发脉冲的宽度有无限制？当输入脉冲的低电平持续时间过长时，电路应作如何修改？

4-15 在本章图 4-16 所示的多谐振荡电路中，若 $R_1 = R_2 = 5.1\text{k}\Omega$，$C = 0.01\mu\text{F}$，$U_{CC} = 12\text{V}$，试计算电路的振荡频率和占空比。

4-16 一触摸报警电路如图 4-38 所示。

① 555（Ⅰ）和 555（Ⅱ）定时器各接成了什么电路？

② 简述报警电路的工作原理。

4-17 由 555 定时器构成的施密特触发器如图 4-39，其中 RP 是用于调节回差电压的可调变阻器。试说明 RP 调节回差电压的工作原理。若 $U_{CC} = 15\text{V}$，$R_P = 10\text{k}\Omega$，$R = 10\text{k}\Omega$，最大回差电压是多少？

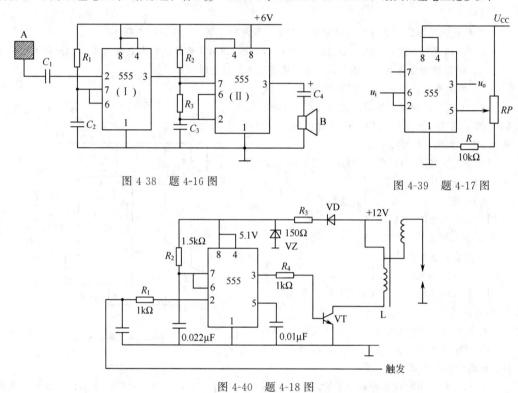

图 4-38 题 4-16 图

图 4-39 题 4-17 图

图 4-40 题 4-18 图

4-18 摩托车点火器电路如图 4-40 所示，其触发信号为摩托车发动机转速信号，其周期为 5ms，图中 L 为点火线圈。

① 图中 555 定时器构成了什么电路？

② 简述其工作原理。

4-19 由施密特触发器构成的多谐振荡器如图 4-41 所示，试分析工作原理，并画出 u_C、u_o 的工作波形。

4-20 某过压监视电路如图 4-42，试说明当被监视电压超过一定值时，发光二极管会点亮。

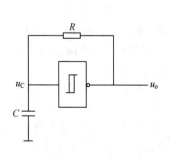

图 4-41 题 4-19 图

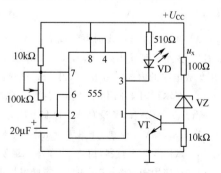

图 4-42 题 4-20 图

第五章　数/模和模/数转换

目的与要求　了解数字-模拟转换器（DAC）和模拟-数字转换器（ADC）的基本原理及主要技术指标；掌握几种常见 ADC 和 DAC 芯片的主要性能参数、使用方法；结合集成电路手册，能根据 ADC 和 DAC 的主要性能参数、使用要求，合理选用集成器件。

概　　述

随着数字电子技术的发展，用计算机实现生产过程的自动控制越来越普遍。一个自动控制系统，从控制对象获取的各种参量，大多是非电模拟量，如温度、压力、流量、角度、位移、速度等。这些非电模拟量经相应的传感器可以转换成电压或电流信号，即电模拟量。而计算机所能直接接收、处理和输出的是数字信号。因此，用数字电路处理模拟信号时，必须将模拟信号转换成数字信号，这种把模拟信号转换为数字信号的电路称为模拟-数字转换器，简称 ADC（Analog to Digital Converter）或模/数转换器、A/D 转换器。计算机处理后输出的数据仍然是数字信号，这时，还须将这些数字信号再转化为模拟量，才能驱动执行机构，实施对控制对象的控制。这种把数字信号转换为模拟信号的电路称为数字-模拟转换器，简称 DAC（Digital to Analog Converter）或数/模转换器、D/A 转换器。

由此可见，ADC 和 DAC 是计算机用于工业控制的重要接口电路，是数字控制系统中不可缺少的组成部分。如图 5-1 所示，是一个典型的数字控制系统结构框图。

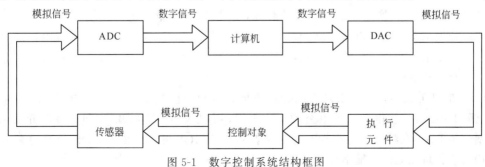

图 5-1　数字控制系统结构框图

ADC、DAC 除了上述典型应用外，还在许多系统和领域中扮演着重要的角色。

在数字化测量仪表中，将测量的模拟量用数字显示出来，必须要使用 ADC 将模拟量转换为数字量，所以 ADC 是所有数字化测量仪器的核心。

在数字通信、遥控和遥测中，通常将模拟量转换成数字量的形式发送出去，在接收端再将数字量还原成模拟量。因此，ADC 和 DAC 也是数字通讯、遥控和遥测系统中不可缺少的组成部分。

第一节 数字-模拟转换器（DAC）

一、DAC 的基本概念及原理

DAC 的功能是把数字量转换成模拟量。设 DAC 输入的数字量为 n 位二进制数码 D（$=D_{n-1}D_{n-2}\cdots D_1 D_0$），其中，$D_{n-1}$ 为最高位 MSB（Most Significant Bit＝MSB），D_0 为最低位 LSB（Least Significant Bit＝LSB），则 DAC 电路的输出量 u_o 是与 D 成正比的模拟量，即

$$u_\mathrm{o} = KD = K(D_{n-1}2^{n-1} + \cdots + D_1 2^1 + D_0 2^0) = K\sum_{i=0}^{n-1} D_i 2^i$$

式中，K 为模拟参考量或称为转换比例系数，D_i 为数字量 D 的第 i 位代码，其值为 0 或 1，2^i 为第 i 位的权。

对于有权码，输出模拟量是由一系列二进制分量叠加而成的，即将各位代码按其权的大小转换成相应的模拟量，然后将这些模拟量相加，即可得到与数字量成正比的总模拟量，从而实现数字-模拟转换。

图 5-2(a) 为 DAC 的示意图，图（b）为三位 DAC 的输入数字量与输出模拟量的关系，图（c）为 DAC 结构原理图。

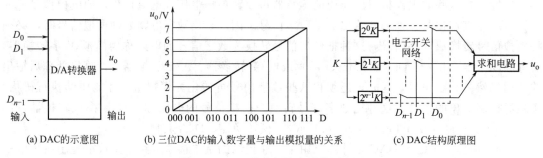

(a) DAC的示意图　　(b) 三位DAC的输入数字量与输出模拟量的关系　　(c) DAC结构原理图

图 5-2　DAC 基本概念和结构原理图

可见，DAC 的转换原理是基于权的叠加，若模拟参考量为电压，则 $2^i K$ 表示第 i 位的权电压；若模拟参考量为电流，则 $2^i K$ 表示第 i 位的权电流，通常权电压或权电流是由参考电压源作用于电阻网络形成的。因此，任何 DAC 都包含三个基本部分：电阻网络、电子开关网络以及求和电路。

DAC 的种类很多，按电阻网络的结构不同，有权电阻型 DAC、T 型电阻 DAC 和倒置 T 型电阻 DAC 等；按电子开关电路的形式不同，有 CMOS 开关 DAC 和双极型开关 DAC。双极型开关 DAC 在精度、稳定性和速度上都优于 CMOS 开关；而 CMOS 开关的突出优点是功耗极小、可以双向传输电压或电流。

二、T 型电阻网络 DAC

图 5-3 所示为一个 4 位 T 型电阻网络 DAC 电路图。它由电阻网络、模拟开关以及求和放大器三部分组成。每个支路由一个电阻和一个模拟开关串联而成，其中的模拟开关分别受各位输入数码的控制。当数码 D_i 为 1 时，开关接通参考电压源 U_{REF}；当数码 D_i 为 0 时，开关接地。

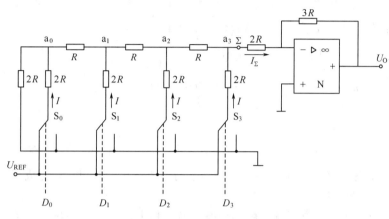

图 5-3 T 型电阻网络

1. T 型电阻网络具有两个特点，即

① 从任一节点向左、向右、向下对地的等效电阻相等，均为 2R。

② 基准电压源 U_{REF} 经过任一模拟开关对地的等效电阻均为 3R。基准电压源 U_{REF} 提供给任一支路的电流均为 $I=U_{REF}/3R$，该电流流入每一节点后再等分成左、右两路电流。

2. T 型电阻网络 DAC 的工作原理

假设输入数字信号为 $D_3D_2D_1D_0=1000$，此时只有 S_3 接至 U_{REF}，而 S_2、S_1、S_0 均接地，基准电压源 U_{REF} 提供的电流 I 经过 a_3 节点一次分流后到达 $\sum$ 点，形成的电流和电压分量分别为

$$I_3=\frac{I}{2} \qquad U_3=I_3\times 2R=2R\times\frac{I}{2^1}$$

当输入数字信号为 $D_3D_2D_1D_0=0100$ 时，只有 S_2 接至 U_{REF}，其余开关均接地，基准电压源 U_{REF} 提供的电流 I 经过 a_2、a_3 节点两次分流后到达 $\sum$ 点形成的电流和电压分量分别为

$$I_2=\frac{I}{2^2} \qquad U_2=I_2\times 2R=2R\times\frac{I}{2^2}$$

同理可推出，当输入数字信号为 $D_3D_2D_1D_0=0010$ 时，在 $\sum$ 点形成的电流和电压分量分别为

$$I_1=\frac{I}{2^3} \qquad U_1=I_1\times 2R=2R\times\frac{I}{2^3}$$

当 $D_3D_2D_1D_0=0001$ 时，在 $\sum$ 点形成的电流和电压分量分别为

$$I_0=\frac{I}{2^4} \qquad U_0=I_0\times 2R=2R\times\frac{I}{2^4}$$

当输入数字量为任意四位二进制数码 $D_3D_2D_1D_0$ 时，根据叠加原理，在 $\sum$ 点产生的总

电流 I_Σ 和总电压 U_Σ 为

$$I_\Sigma = I_3 D_3 + I_2 D_2 + I_1 D_1 + I_0 D_0 = \frac{U_{\text{REF}}}{3R} \times \frac{1}{2^4}(2^3 D_3 + 2^2 D_2 + 2^1 D_1 + 2^0 D_0)$$

$$U_\Sigma = 2R \times I_\Sigma = 2R \times \frac{U_{\text{REF}}}{3R} \times \frac{1}{2^4}(2^3 D_3 + 2^2 D_2 + 2^1 D_1 + 2^0 D_0)$$

$$= \frac{2}{3} \times \frac{U_{\text{REF}}}{2^4}(2^3 D_3 + 2^2 D_2 + 2^1 D_1 + 2^0 D_0)$$

运算放大器的放大倍数为 $\qquad A_f = -\dfrac{3R}{2R} = -\dfrac{3}{2}$

则运放的输出电压，即 DAC 的输出电压为

$$u_o = A_f \times U_\Sigma = -\frac{U_{\text{REF}}}{2^4}(2^3 D_3 + 2^2 D_2 + 2^1 D_1 + 2^0 D_0)$$

推广到 n 位 DAC，可得

$$u_o = -\frac{U_{\text{REF}}}{2^n}(2^{n-1} D_{n-1} + 2^{n-2} D_{n-2} + \cdots + 2^1 D_1 + 2^0 D_0)$$

由上式可见，输入的数字量在输出端得到了与之成正比的模拟量，完成了数/模转换。

3. T 型电阻 DAC 的特点

T 型电阻 DAC 在实际应用时，由于动态转换过程中，各支路从开关接通、U_{REF} 加到各级电阻开始到运算放大器的输入电压稳定地建立起来为止，需要一定的传输时间，因而在位数较多时将影响 D/A 转换器的工作速度；同时不同位上的电子开关需要的传输时间不相等，可能在输出端产生一定的尖峰干扰脉冲，影响转换精度。因此，T 型电阻网络 DAC 的使用受到了一定限制。

三、倒 T 型电阻网络 DAC

把 T 型 DAC 的电阻网络倒置，即电阻网络的输入端改接参考电压源，而把各支路开关改接到输出放大器的输入端，如图 5-4 所示，即成为倒 T 型电阻网络 DAC。

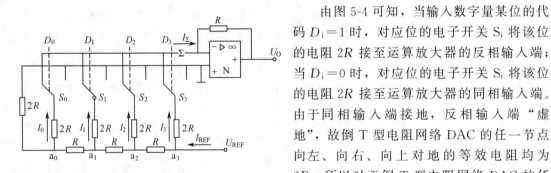

图 5-4　倒 T 型电阻网络 DAC

由图 5-4 可知，当输入数字量某位的代码 $D_i = 1$ 时，对应位的电子开关 S_i 将该位的电阻 $2R$ 接至运算放大器的反相输入端；当 $D_i = 0$ 时，对应位的电子开关 S_i 将该位的电阻 $2R$ 接至运算放大器的同相输入端。由于同相输入端接地，反相输入端"虚地"，故倒 T 型电阻网络 DAC 的任一节点向左、向右、向上对地的等效电阻均为 $2R$；所以对于倒 T 型电阻网络 DAC 的任一支路，无论输入信号是 1 还是 0，流过该条支路的电流是不变的。也就是说，从参考电压端流进的总电流 I_{REF} 也是固定不变的，其大小为 $I_{\text{REF}} = \dfrac{U_{\text{REF}}}{R}$。

按分流原理，倒 T 型电阻网络内各节点为电子开关 S_3、S_2、S_1、S_0 提供的电流分别为

$$I_3 = \frac{I_{REF}}{2^1} = \frac{U_{REF}}{2^1 R}$$

$$I_2 = \frac{I_{REF}}{2^2} = \frac{U_{REF}}{2^2 R}$$

$$I_1 = \frac{I_{REF}}{2^3} = \frac{U_{REF}}{2^3 R}$$

$$I_0 = \frac{I_{REF}}{2^4} = \frac{U_{REF}}{2^4 R}$$

假设所有电子开关都将 $2R$ 接至运算放大器的反相输入端（即 $D_3 D_2 D_1 D_0 = 1111$），则流入运算放大器反相输入端的电流为

$$I_\Sigma = I_3 + I_2 + I_1 + I_0 = I_{REF}\left(\frac{1}{2^1} + \frac{1}{2^2} + \frac{1}{2^3} + \frac{1}{2^4}\right)$$

对于任意一组输入数字量 $D_3 D_2 D_1 D_0$，则有：

$$I_\Sigma = I_3 D_3 + I_2 D_2 + I_1 D_1 + I_0 D_0$$

$$= \frac{U_{REF}}{R} \times \frac{D_3 2^3 + D_2 2^2 + D_1 2^1 + D_0 2^0}{2^4}$$

经运算放大器反相比例运算后，得到输出模拟电压为

$$U_O = -I_\Sigma R = -(D_3 2^3 + D_2 2^2 + D_1 2^1 + D_0 2^0) \times \frac{U_{REF}}{2^4}$$

当输入 n 位二进制数码时，输出模拟量与输入数字量之间的关系表达式为

$$U_O = -(D_{n-1} \times 2^{n-1} + D_{n-2} \times 2^{n-2} + \cdots + D_1 \times 2^1 + D_0 \times 2^0)\frac{U_{REF}}{2^n}$$

由于倒 T 型电阻网络 DAC 中各支路电流直接流入了运算放大器的输入端，它们之间不存在传输时间差，因而提高了转换速度并减小了输出端可能出现的尖峰脉冲。另外，网络中的电子开关在切换时，流过开关的电流是恒定的，开关两端的电压很小，所需的驱动电压也很小，并且切换时产生的瞬态电压也很小，这也有利于提高转换速度和减小尖峰脉冲。因此，在集成 DAC 中，多数采用倒置 T 型电阻开关网络。

四、DAC 的主要技术指标

1. 分辨率

分辨率说明 DAC 分辨最小输出电压的能力，通常用最小输出电压与最大输出电压的比值表示。所谓最小输出电压是指当输入数字量仅最低位为 1 时的输出电压，而最大输出电压是指当输入数字量各有效位全 1 时的输出电压。所以分辨率用 $\frac{1}{2^n - 1}$ 表示。例如，对 8 位的 D/A 转换器，其分辨率为

$$\frac{1}{2^n - 1} = \frac{1}{2^8 - 1} \approx 0.004$$

如果输出模拟电压满量程为 10V，那么，8 位 D/A 转换器能分辨的最小电压为

$$\frac{10}{255} \approx 0.03922\text{V}$$

而 10 位 D/A 转换器能分辨的最小电压为

$$\frac{10}{1023} \approx 0.009775\text{V}$$

所以，D/A 转换器位数越多分辨输出最小电压的能力越强。

2. 转换精度

DAC 的精度是指实际的输出模拟电压与理论值之间的差值，常以百分比来表示。这个转换误差是一个综合性误差，它包括比例系数误差、元件精度和漂移误差以及非线性误差等等。例如，某 DAC 的输出模拟电压满刻度值为 10V，精度为 0.2%，其输出电压的最大误差为 $0.2\% \times 10 = 20\text{mV}$。

转换精度除了和转换误差有关外，还和输入数字量的位数有关，即和分辨率有关。但精度和分辨率的含义是不相同的。设计时，一般要求转换误差应小于或等于输入最低位数字所对应的输出电压 U_{LSB} 的 $\frac{1}{2}$。显然，位数越多，DAC 的精度也越高。

3. 转移特性

DAC 输出模拟量与输入数字量之间的关系称为 DAC 的转移特性。将 DAC 对应输入数字代码的输出模拟量数值的各离散点连接成一条线，此线即为 DAC 的转移特性曲线。当 DAC 没有任何误差时，理论上应该是过零点的一条直线。

4. 建立时间和转换速率

建立时间是指从输入数码改变到 DAC 的输出值稳定在某一指定的误差带之内所经历的时间。一个转换器在单位时间内所能完成的达到指定精度的转换次数即转换速率。

五、集成 DAC 器件简介

集成 DAC 器件种类较多，常见的如 AD7541 和 DAC0832 等。下面简单介绍 AD7541 的工作特点及典型应用，DAC0832 的特点及典型应用在本章技能训练中介绍。

AD7541 是单片集成 D/A 转换器，具有 12 位分辨能力，非线性误差 $\leqslant \pm 0.02\%$，采用倒 T 型电阻转换器，使用 CMOS 模拟开关，其建立时间 $\leqslant 1\mu s$，输入逻辑电平与 TTL、CMOS 相兼容，无需电平转换，采用 18 端子双列直插式封装。其外引线端子图及内部电路原理图如图 5-5 所示。其中

16 端子为电源端（U_{CC}），工作电压 5～16V，一般可取 10V。

17 端子为外接参考电压源引入端（U_{REF}），取值范围 -10～$+10$V。

18 端子为反馈电阻 R_f 引出端（$R_f = R = 10\text{k}\Omega$）。

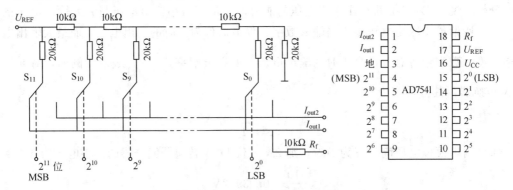

图 5-5　AD7451 的内部原理图及外引线端子图

因为 AD7541 中不含运算放大器，所以需要外接运放才能构成一个完整的 D/A 转换器，其典型应用如图 5-6 所示。图中，电阻 R_1 为补偿电阻，用以调节输出电流的数值。R_2 为反馈电阻 R_f 的补偿电阻，用于补偿 R_f 的偏差。为提高输出精度，应选用稳定度高的参考电压源和低漂移的运算放大器。

与 AD7541 类似的国产单片集成 DAC 有 AD7520，它具有 10 位分辨率，非线性误差 0.05%，电流建立时间为 500ns，采用 16 端子双列直插式封装。AD7520 的电路形式和工作原理与 AD7541 相同。

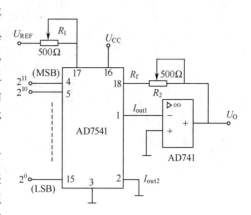

图 5-6　AD7541 与放大器的连接

第二节　模拟-数字转换器（ADC）

模拟-数字转换器（简称 ADC 或 A/D 转换器）是将模拟量转换为数字量的器件。ADC 的基本思想是以某一单位参考量去度量模拟信号，从而得到数字量。其实质是对模拟量进行数字式测量。根据其测量原理不同，可将 ADC 分为直接转换型 ADC 和间接转换型 ADC 两大类。

直接转换型 ADC 把输入的模拟电压直接转换成输出的数字代码，而不需要经过中间变量。它又可分为并联比较型和反馈比较型。

间接转换型 ADC 比较多见的有电压-时间变换型（简称 V-T 型）和电压-频率变换型（简称 V-F 型）两种。

一、ADC 的组成

1. 采样和保持

数字信号在时间和幅值上都是离散的，因此要实现 ADC，首先要将随时间连续变化的信号变换为时间离散的信号，即对模拟量进行定时采样。

为了有效保持原模拟信号的信息，采样信号 CP_s 的频率必须满足采样定量的要求，即
$$f_s \geqslant 2f_{imax}$$
f_s 为采样频率；f_{imax} 为输入信号 u_i' 的最高频率分量。

由于将每次采样得到的模拟信号转换为数字量需要一定的时间，所以采样以后还必须要将采样信号保持一定的时间，通常由采样-保持电路完成。

2. 量化和编码

要实现 ADC，必须将采样后的离散信号的幅值数字化，即量化，从而将模拟信号转换成时间和幅值都是离散的数字信号；把量化的数值用二进制代码表示，称之为编码，由编码器来实现。

因此，一般 ADC 的转换过程需经过采样、保持、量化和编码这四个步骤来完成。这些步骤在转换过程中往往是合并进行的。图 5-7 所示为 ADC 的组成。

3. ADC 的量化误差

3 位 ADC 的示意图如图 5-8(a) 所示，其输入、输出关系如图 5-8(b) 所示，并可归纳如下：

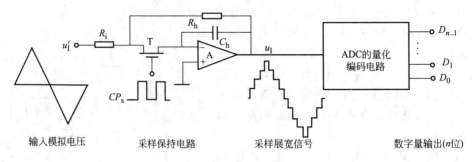

输入模拟电压　　　　采样保持电路　　　　采样展宽信号　　　　数字量输出(n位)

图 5-7　ADC 的组成

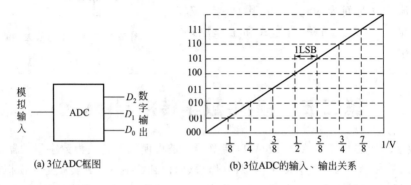

(a) 3位ADC框图　　　　　　　(b) 3位ADC的输入、输出关系

图 5-8　3 位 ADC 框图和输入、输出关系

① 3 位 ADC 有 $2^3=8$ 个输出状态，分别是 $000\sim111$。

② 最小量化值 1LSB 为：

$$1LSB=\frac{满度模拟电压}{2^n}$$

这就是 ADC 能分辨的最小电压值，也称为量化单位，用 Δ 表示。量化精度取决于最小量化值，输出数字量的位数越多，则量化精度越高。

③ 减小量化误差的方法　把模拟信号划分为不同的量化等级时，用不同的划分方法可以得到不同的量化误差。

假定需要把 $0\sim+1V$ 的模拟电压信号转换成 3 位二进制代码，可以取 $\Delta=\frac{1}{8}V$，若规定凡数值在 $\left(0\sim\frac{1}{8}\right)$ V 之间的模拟电压都当做 $0\times\Delta$ 看待，用二进制的 **000** 表示；凡数值在 $\left(\frac{1}{8}\sim\frac{2}{8}\right)$ V 之间的模拟电压都当做 $1\times\Delta$ 看待，用二进制的 **001** 表示；在 $\left(\frac{3}{8}\sim\frac{4}{8}\right)$ V 之间的模拟电压用 011 表示；$\left(\frac{7}{8}\sim1\right)$ V 之间的电压用 111 代表。如图 5-9（a）所示。不难看出，最大的量化误差可达 Δ，即 $\varepsilon=\Delta=\frac{1}{8}V$。

为了减少量化误差，通常采用图 5-9（b）所示的划分方法，取量化单位 $\Delta=\frac{2}{15}V$，并将 **000** 代码所对应的模拟电压规定为 $\left(0\sim\frac{1}{15}\right)$ V，即 $0\sim\frac{\Delta}{2}$；**001** 代码所对应的模拟电压规定为

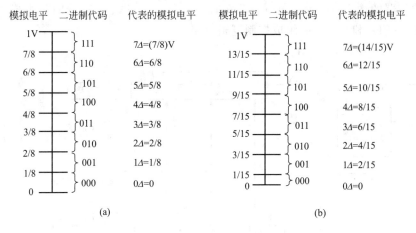

图 5-9 划分量化电平的两种方法

$\left(\dfrac{1}{15} \sim \dfrac{3}{15}\right)$ V；**111** 代码所对应的模拟电压规定为 $\left(\dfrac{13}{15} \sim 1\right)$ V。即把每个二进制代码所代表的模拟电压值规定为它所对应的模拟电压范围的中点，这时，最大量化误差将减少为 $\varepsilon = \dfrac{\Delta}{2} = \dfrac{1}{15}$V。

二、逐次逼近型 ADC

逐次逼近型 ADC 是直接转换型 ADC 中最常见的一种，其基本转换器过程是将大小不同的参考电压与取样-保持后的电压 u_1 逐步进行比较，比较结果以相应的二进制代码表示。这个过程与天平称物重很相似。

图 5-10 所示为逐次逼近型 ADC 的原理结构框图。它由比较器 C、D/A 转换器、基准电压源 U_{REF}、逐次逼近型寄存器、控制逻辑电路及时钟信号源 CP 等部分组成。其基本转换原理如下。

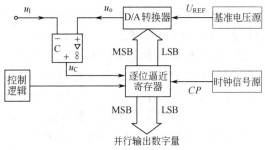

图 5-10 逐次逼近型 ADC 原理框图

首先将逐次逼近寄存器清 0，然后由时钟脉冲 CP 控制，将寄存器的最高位（MSB）置"1"、其余位为 0，寄存器状态为 $10\cdots0$。这组数码送至 D/A 转换器，并转换成相应的模拟信号电压 u_o，送到比较器 C 中，与输入的待转换模拟信号电压 u_1 进行比较。若比较结果为 $u_o > u_1$，则比较器输出为逻辑高电平 1，说明预置的数过大，则该高电平 1 送至寄存器，将寄存器总的最高位 1 清除；若比较结果 $u_o < u_1$，则比较器输出为逻辑低电平 0，说明预置数过小，该低电平 0 送至寄存器，使寄存器最高位的 1 保留。再按同样的方法将寄存器次高位置成"1"，送 D/A 转换器转换后得另一个 u_o 加到比较器的一个输入端，并再次与 u_1 比较，视比较结果决定是清除或保留寄存器中次高位的 1。这样逐次比较下去，一直到最低位（LSB）为止。比较完毕后，寄存器的状态就是对应模拟信号的输出数字量。

图 5-11 所示是一个输出为三位二进制代码的逐次逼近型 ADC，图中 C 为比较器，当

$u_I \geq u_o$ 时比较器的输出 $u_C = 0$；当 $u_I < u_o$ 时，$u_C = 1$。FF_A、FF_B、FF_C 组成了三位数码寄存器，$FF_1 \sim FF_5$ 和 $G_1 \sim G_9$ 组成控制逻辑电路。

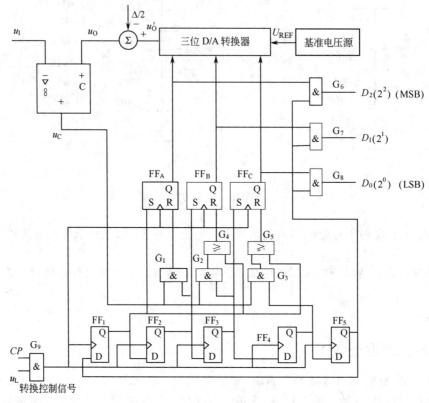

图 5-11　逐次逼近型 ADC

转换开始前先将 FF_A、FF_B、FF_C 清零，同时将 $FF_1 \sim FF_5$ 组成的环形移位寄存器置成 $Q_1Q_2Q_3Q_4Q_5 = 10000$ 状态。转换控制信号 u_L 变成高电平以后，转换开始。

第一个 CP 信号到达后 FF_A 被置"1"而 FF_B、FF_C 被置"0"。这时寄存器的状态 $Q_AQ_BQ_C = 100$ 加到了 D/A 转换器的输入端，并在 D/A 转换器的输出端得到相应的模拟输出电压 u_o'。u_o 和 u_I 在比较器中比较，其结果不外乎两种：若 $u_I \geq u_o$，则 $u_C = 0$；若 $u_I < u_o$，则 $u_C = 1$。同时，移位寄存器右移一位，变为 $Q_1Q_2Q_3Q_4Q_5 = 01000$ 状态。

第二个 CP 信号到达时，FF_B 被"1"。若原来的 $u_C = 1$，则 FF_A 被置"0"；若原来的 $u_C = 0$，则 FF_A 的"1"状态保留。同时，移位寄存器右移一位，变为 00100 状态。

第三个 CP 信号到达时，FF_C 被置"1。"若上次比较结果 $u_C = 1$，则 FF_B 被置"0"；若上次比较结果 $u_C = 1$，则 FF_B 的 1 状态保留。同时，位移寄存器右移一位，成为 00010 状态。

第四个 CP 信号到达时，同样根据 u_C 的状态决定 FF_C 的 1 是否保留。这时 FF_A、FF_B、FF_C 的状态就是所要的转换结果。同时，移位寄存器右移一位，使 $Q_1Q_2Q_3Q_4Q_5 = 00001$。由于 $Q_5 = 1$，因而 FF_A、FF_B、FF_C 的状态便通过门 G_6、G_7、G_8 送到了输出端。

第五个 CP 信号到达后，移位寄存器右移一位，使 $Q_1Q_2Q_3Q_4Q_5 = 10000$，返回初始状态。同时，由于 $Q_5 = 0$，将门 G_6、G_7、G_8 封锁，转换输出信号随之消失。由此可见，三位 ADC 完成一次转换需要五个时钟信号周期的时间。如果输出为 n 位的 A/D 转换器，则完成一次转换所需的时间将为 $(n+2)$ 个时钟信号周期。

三、双积分型 ADC

双积分型 ADC 属于间接转换型 ADC，其基本原理是先把输入的模拟电压信号转换成与之成正比的时间宽度信号，然后在这个时间宽度里对固定频率的时钟脉冲计数，计数结果就是正比于输入模拟信号的数字输出信号。因此，双积分 ADC 属于电压-时间变换型（简称 V-T 型）ADC。

如图 5-12 所示，为双积分型 ADC 的原理框图。它包含积分器、比较器、计数器、基准电压源、时钟信号源和逻辑控制电路等部分。

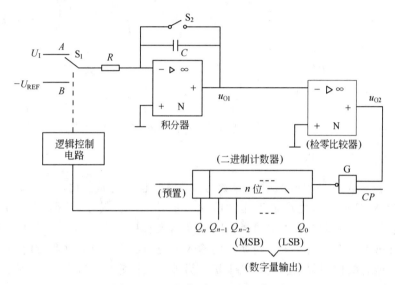

图 5-12　双积分型 ADC 原理框图

下面结合图 5-13 所示双积分型 ADC 的工作波形图讨论其工作原理。

转换前先将计数器清零，并接通开关 S_2 使电容 C 完全放电。

转换过程分两步进行。

第一步（第一次积分）当转换开始（$t=0$）时，令开关 S_1 接通模拟电压输入端 U_I，同时断开 S_2，积分器对 U_I 进行固定时间 T_1 的积分。积分结束时，积分器的输出电压为

$$u_{O1}(t) = -\frac{1}{RC}\int_0^{T_1} U_1 dt = -\frac{T_1}{RC}U_1$$

因积分器输出电压 u_{O1} 是自零向负方向变化（$u_{O1}<0$），所以比较器输出 u_{O2} 为高电平，门 G 选通，周期为 T_C 的时钟脉冲 CP 使计数器从零开始计数，直到 $Q_n=1$（计数器其余各位为 0，即 $Q_n Q_{n-1}\cdots Q_0=10\cdots0$），驱动控制电路使开关 S_1 接通基准电压 $-U_{REF}$，这段时间就是第一次积分时间 T_1，可知

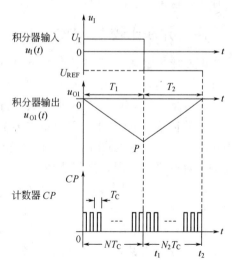

图 5-13　双积分型 ADC 的工作波形

$$T_1 = NT_C \qquad N = 2^n$$

$$u_{O1}(T_1) = -\frac{U_I}{RC}\times T_1 = -\frac{U_I}{RC}\times NT_C$$

式中，T_C 为时钟脉冲的周期；N 为时钟脉冲个数；n 为计数器中触发器个数。

因此，第一次积分输出电压 $u_{O1}(T_1)$ 与输入电压 U_1 成正比。

第二步（第二次积分）当 S_1 接通基准电压 $-U_{REF}$ 后，就开始第二次积分，即对基准电压 $-U_{REF}$ 进行反向积分，但 u_{O1} 初始值为负，u_{O2} 仍为高电平，计数器又从 0 开始计数。设计数器计数至第 N_2 个脉冲时，积分器输出电压 u_{O1} 反向积分到零，经检零比较器，输出 $u_{O2}=0$，门 G 关闭，停止计数。由于第一次积分结束时，电容器已充有电压 $u_{O1}(T_1)$，而第二次积分结束时，$u_{O1}=0$，所以，此时积分器输出电压

$$u_{O1}(t_2) = u_{O1}(T_1) + \frac{-1}{RC}\int_{t_1}^{t_2}(-U_{REF})\mathrm{d}t = \frac{-2^n T_C U_1}{RC} + \frac{U_{REF}}{RC}(t_2 - t_1)$$

$$= \frac{-2^n T_C U_1}{RC} + \frac{U_{REF}}{RC} \times T_2 = 0 \tag{5-1}$$

得

$$T_2 = \frac{U_1}{U_{REF}} \times 2^n \times T_C \tag{5-2}$$

可见 T_2 与 U_1 成正比，T_2 就是双积分转换电路的中间变量。

因为 $T_2 = N_2 T_C$，所以 $N_2 = 2^n \dfrac{U_1}{U_{REF}}$

可见 N_2 与 U_1 成正比，即计数器的读数与输入模拟电压 U_1 成正比，从而实现了 A/D 转换。

双积分型 ADC 的突出优点是工作性能比较稳定。因为转换过程中先后进行了两次积分，而两次积分的积分常数 RC 相同，所以转换结果和精度不受 R、C 和时钟信号周期 T_C 的影响；另外抗干扰能力强。由于转换器的输入端使用了积分器，在积分时间等于交流电网的整数倍时，能有效地抑制电网的工频干扰。另外，双积分型 ADC 中不需要使用 D/A 转换器，电路结构比较简单。

双积分型 ADC 的主要缺点是工作速度慢，完成一次转换需要（$2^{n+1}T_C$）时间。基于上述原因，这种转换器一般用于高分辨率、低速和抗干扰能力强的场合。

四、并联比较型 ADC

并联比较型 ADC 与逐次逼近型 ADC 同样是对量化的信号进行比较，但是比较的方式不同。逐次逼近型 ADC 是从高位到低位逐位进行比较、编码，这种方法称为串行编码。在并联比较型 ADC 中，对转换电压只进行一次比较即可进行编码，这种方法称为并行编码。

在并行编码 ADC 中，同时给定多个参考电压，用以代表所有可能的量化电平，被转化电压与这些参考电压同时进行比较，比较结果经编码形成所需的转换数据。为了产生所有可能的量化电平，并同时进行比较，一个 n 位二进制并行编码 ADC 需要有 2^n-1 个量化电平、2^n-1 个电压比较器和一个较为复杂的编码电路。

如图 5-14 是一个三位二进制并行编码 ADC 的原理电路图。

图中，参考电压源 U_{REF} 和 8 只电阻构成分压器，分压器有 7 个中间节点，输出 7 个参考电压，分别代表 7 个量化电平。各电阻阻值及 7 个参考电压值如图所示，其最大量化误差为 1LSB，即 $\dfrac{U_{REF}}{8}$。

7 个参考电压分别加在 7 个比较器的反相输入端，而被转换电压 U_1 加在所有比较器的同相输入端。设 U_1、U_{REF} 均为正值，当比较器的同相端电位大于反相端电位时，比较器输出逻辑 1 电平，反之输出逻辑 0 电平。7 个比较器的输出状态与转换电压 U_1 幅值的对应关

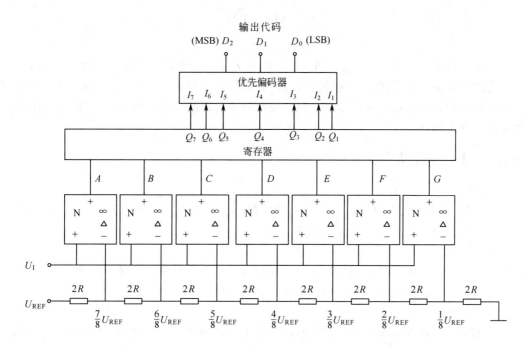

图 5-14 三位二进制并行编码 ADC 原理图

系如表 5-1 所示。

表 5-1 并行比较型 ADC 的输入-输出对应表

输入模拟电压 U_1	寄存器状态（代码转换器输入）							数字量输出（代码转换器输出）		
	Q_7	Q_6	Q_5	Q_4	Q_3	Q_2	Q_1	D_2	D_1	D_0
$\left(0\sim\dfrac{1}{8}\right)U_{REF}$	0	0	0	0	0	0	0	0	0	0
$\left(\dfrac{1}{8}\sim\dfrac{2}{8}\right)U_{REF}$	0	0	0	0	0	0	1	0	0	1
$\left(\dfrac{2}{8}\sim\dfrac{3}{8}\right)U_{REF}$	0	0	0	0	0	1	1	0	1	0
$\left(\dfrac{3}{8}\sim\dfrac{4}{8}\right)U_{REF}$	0	0	0	0	1	1	1	0	1	1
$\left(\dfrac{4}{8}\sim\dfrac{5}{8}\right)U_{REF}$	0	0	0	1	1	1	1	1	0	0
$\left(\dfrac{5}{8}\sim\dfrac{6}{8}\right)U_{REF}$	0	0	1	1	1	1	1	1	0	1
$\left(\dfrac{6}{8}\sim\dfrac{7}{8}\right)U_{REF}$	0	1	1	1	1	1	1	1	1	0
$\left(\dfrac{7}{8}\sim1\right)U_{REF}$	1	1	1	1	1	1	1	1	1	1

比较器的输出状态经转换命令控制输入锁存器锁存后，再送到编码器进行编码，得到三位二进制码。

根据表 5-1 所示的真值表可以写出编码器的输出逻辑函数式

$$D_2 = Q_4$$

$$D_1 = Q_6 + \overline{Q_4}Q_2$$

$$D_0 = Q_7 + \overline{Q_6}Q_5 + \overline{Q_4}Q_3 + \overline{Q_2}Q_1 \tag{5-3}$$

由上述分析可以看出，并联比较型 ADC 的转换精度主要取决于量化电平的划分，n 越大则量化级数越多，精度越高。这种转换器的最大优点是转换速度快，它完成一次转换只需要一个时钟周期，转换频率可以很高；但是位数越多所用的比较器就越多、编码器的电路也就越复杂，成本越高。

五、ADC 的主要技术指标

1. 分解度

ADC 的分解度，通常以输出二进制代码位数的多少来表示。位数越多，说明量化误差越小、转换的精度越高，分解度也就越好。

2. 相对精度

相对精度是指实际的各个转换点偏离理想特性的误差。在理想情况下，所有的转换点应当在一条直线上，因此，有时也把相对精度称为线性度。

3. 转换速度

通常用完成一次模数转换所需要的时间来表示转换速度。转换时间是指从接到转换控制信号开始，到输出端得到稳定的数字输出信号所经过的时间。

六、集成 ADC 器件简介

5G14433 是 $3\frac{1}{2}$ 位双积分型 A/D 转换器，可以与 CC14433 或 MC14433 互换。$3\frac{1}{2}$ 是指输出数字量为四位十进制数，最高位仅有 0 和 1 两种状态，而低三位则有 0～9 十种状态。

5G14433 是采用 CMOS 工艺制作的大规模集成电路，它将积分器内部的模拟电路和控制部分的数字电路约 7700 多个 MOS 晶体管集成在一个硅芯片上，使用时只需外接两个电阻和两个电容即可组成具有自动调零和自动极性转换功能的 A/D 转换系统。当参考电压取 2V 和 200mV 时，输入模拟电压的范围分别为 0～2V 和0～200mV。

图 5-15 为 5G14433 的外引线端子图，各端子功能如下。

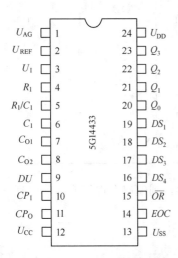

图 5-15　5G14433 外引线端子图

U_{AG}：被测电压和参考电压的参考地。

U_{REF}：参考电压输入端。

U_1：被测模拟电压输入端。

R_1、R_1/C_1、C_1：外接积分阻容元件端。

C_{O1}、C_{O2}：失调电压补偿电容接线端（典型值 $0.1\mu F$）。

DU：实时输出控制端。如果在双积分放电阶段开始前从 DU 端加入一个正脉冲，则转换结束时所得结果被送入数据寄存器，并经数据选择器输出。否则，数据寄存器中的数据不变，输出的仍为原来的结果。只要将 EOC 输出信号（转换周期结束信号）接到 DU 端，那么输出将是每次转换后新的结果。

CP_1：时钟信号输入端，使用外部时钟信号时由此处输入。

CP_O：时钟信号输出端。

U_{DD}：正电源输入端。

U_{SS}：电源公共端（除 CP 外所有输入端的低电平基准，通常与 1 端连接）。

EOC：转换周期结束输出信号端。

$\overline{OR}$：过量程信号输出端。

DS_1：输出数字千位的选通脉冲输出端。

DS_2：输出数字百位的选通脉冲输出端。

DS_3：输出数字十位的选通脉冲输出端。

DS_4：输出数字个位的选通脉冲输出端。

$Q_0 \sim Q_3$：转换结果输出端（BCD 编码）。

U_{CC}：负电源输入端。

5G14433 具有自动调零和自动极性转换等功能，可测量正或负的电压。在 CP_1、CP_0 两端接入 470kΩ 电阻时，时钟频率约为 66kHz，每秒可进行 4 次 A/D 转换。它具有功耗低、抗干扰能力强、精度高、功能完备以及使用灵活等优点，能与微处理机或其他数字系统兼容，广泛应用于数字仪表、数字温度计、数字量具及遥测、遥控系统，但不能用在要求转换速度高的地方。

第三节 技 能 训 练

一、讨论课 ADC 和 DAC 应用举例

（一）DAC 应用举例

【例 5-1】 乘法器

前面讨论已知，数字-模拟转换器的输出电压 U_O 与输入的数字量 D 成正比，而且也与基准电压 U_{REF} 成正比。一般应用时，基准电压 U_{REF} 为恒定的直流电压，但若将基准电压 U_{REF} 用输入信号 U_I 替换，则数字-模拟转换器的输出电压 U_O 便和输入数字信号 D 与模拟信号 U_I 的乘积成正比。图 5-16 给出了用倒 T 型电阻网络实现的 D 和 U_I 相乘的乘法器。

将式(5-5) 中的 U_{REF} 用输入信号 U_I 替换即得

$$U_O = -I_O R_f = -\frac{DU_I}{2^n R} R_f = -\frac{R_f}{2^n R} DU_I$$

式中，$(R_f / 2^n R)$ 为一常量，因此实现了输入模拟量与数字量的乘法关系。

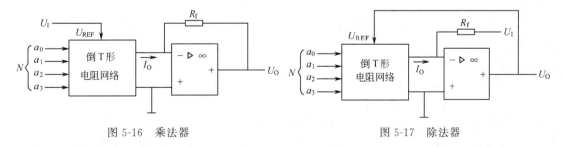

图 5-16 乘法器   图 5-17 除法器

【例 5-2】 除法器

把数字-模拟转换器作为运算放大器的反馈元件，便可构成除法器。图 5-17 给出了用倒

T 型电阻网络实现的模拟信号被数字 D 除的除法器。

由图 5-17 可得
$$I_O = -\frac{U_I}{R_f}$$

而
$$I_O = \frac{DU_{REF}}{2^n R} = \frac{DU_O}{2^n R}$$

所以
$$U_O = \frac{2^n R I_O}{D} = -\frac{2^n R}{R_f} \times \frac{U_I}{D}$$

式中，$\dfrac{2^n R}{R_f}$ 为一常量。

【例 5-3】　波形发生器

把计数器的计数值作为地址码送到只读存储器的地址输入端，再把只读存储器的读出数据送给数字-模拟转换器，便可得到任意形状的波形。波形的形状取决于只读存储器存储的数据，改换存储不同数据的只读存储器便可得到不同形状的波形。

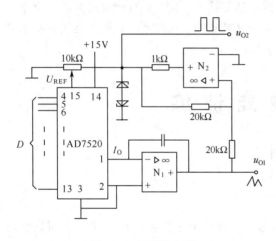

图 5-18 给出了一个由 AD7520 和比较器、积分器及其他外围元件组成的三角波、矩形波发生器。

图中，N_1 为积分器，N_2 为迟滞比较器。积分器的输入电流

$$I_I = I_O = \frac{U_{REF}}{2^{10} R} \cdot D$$

式中，I_O 为 AD7520 的输出电流。当 N_2 的输出 u_{O2} 为正值时，U_{REF} 为正，I_O 也为正值，N_1 的输出线形下降，当 u_{O1} 为负值且绝对值足够大时，N_2 的同相输入端电位将小于零，输出 u_{O2} 翻转为负值。此时，U_{REF} 为负，AD7520 的输出电流 I_O 为负值，N_1

图 5-18　波形发生器

的输出线形上升，当 u_{O1} 为正值且足够大时，N_2 的同相输入端电位将大于零，其输出 u_{O2} 将重新为正值，该过程循环。

由上述分析可知，N_1 的输出 u_{O1} 应为周期性的三角波，N_2 的输出 u_{O2} 应为周期性的矩形波。由于 I_O 正比于 D，所以输入数字量越大，N_1 的输出变化也越快，输出信号的频率就越高。因此改变数字量可实现对输出信号频率的调整，另外调节 U_{REF} 也可以调节输出信号的频率。

数字-模拟转换器的应用有很多，以上仅列举了其中三种并简单介绍了其工作原理，希望读者继续完成以下内容。

对例 5-1、例 5-2 讨论：

① 根据原理图设计电路，画出电路连接图并讨论其工作原理；

② 根据电路连接图安装电路；

③ 电路调试。分别改变输入量，观测输出结果；

④ 根据电路原理，求出输入、输出关系式，并将输入量代入公式，计算出结果，与实际测量值进行比较；

⑤ 写出电路安装、调试步骤，分析误差原因；

⑥ 能否用数字-模拟转换器实现乘法器和除法器？

对例 5-3 讨论：

① 根据原理图设计电路，画出电路连接图并分析工作原理；

② 根据电路连接图安装电路；

③ 输入数字信号，用示波器观察输出波形；

④ 分析输出信号的频率与哪些因素有关？

（二）ADC 应用举例——$3\frac{1}{2}$ 位直流数字电压表

图 5-19 为 $3\frac{1}{2}$ 位直流数字电压表的原理电路图。所谓 $3\frac{1}{2}$ 位是指该电压表显示范围为 $-1999\sim+1999$，其中，最高位只能为 1 或 0，后三位可以是 0～9 之间的任意整数。图中 CC14433 为双积分型 A/D 转换器，CC4511 为七段译码驱动器，MC1403 为集成精密稳压源，输出电压为 2.5V，作为基准电压源 U_{REF}，MC1413 是小功率达林顿晶体管驱动器，用于驱动 LED 数码管。

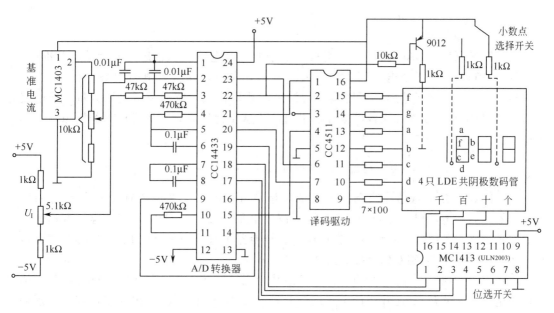

图 5-19　$3\frac{1}{2}$ 位直流数字电压表的原理电路图

被测直流电压 U_I 经 A/D 转换后以动态扫描形式输出，数字量输出端 $Q_0Q_1Q_2Q_3$ 上的数字信号按照先后顺序输出。位选信号 DS_1、DS_2、DS_3、DS_4 通过位选开关 MC1413 分别控制着千位、百位、十位、个位上的四支 LED 数码管的公共阴极。数字信号经七段译码管 CC4511 译码后，驱动四支 LED 数码管的各段阳极。这样就把 A/D 转换器按时间顺序输出的数据以扫描形式在四支数码管上依次显示出来。当参考电压 $U_{REF}=2V$ 时，满量程显示 1.999V；$U_{REF}=200mV$ 时，满量程为 199.9mV（可以通过选择开关来实现对小数点显示的控制）。

讨论：

① 图 5-19 电路，分析其工作原理；

② 若参考电压 U_{REF} 上升，显示值将比实际值增大还是减小？为什么；

③ 要使显示值保持某一时刻的读数，电路应如何改动？

④ 要使量程扩大，电路应如何改动？

二、ADC 和 DAC 应用实验

（一）DAC 技能训练

1. 技能训练目的

① 学习使用大规模集成电路，了解数/模转换原理。

② 了解 DAC0832 的性能和连接方法。

2. 技能训练仪器和器材：

双踪示波器

直流稳压电源

万用表

方波信号发生器

DAC0832、74LS90、接插板、F007；

电阻：10kΩ 电位器、200Ω 电阻

电容：0.1μF、0.47μF

3. 技能训练原理

（1）转换原理　DAC 由四部分组成：电子开关、电阻网络、运算放大器、基准电压。每一位二进制数控制一个电子开关。当 $D_i = 1$ 时，基准电压接入电阻网络，而 $D_i = 0$ 时，开关断开。电阻网络把基准电压转换成与二进制数位权相对应的模拟电压分量（或电流分量），然后根据叠加原理，将各模拟分量相加，其总和就是与数字量成正比的模拟量。其输出模拟电压为

$$U_O = \frac{U_{REF}}{2^n} (D_{n-1}2^{n-1} + D_{n-2}2^{n-2} + \cdots + D_1 2^1 + D_0 2^0)$$

（2）DAC0832 集成芯片简介　DAC0832 是采用 CMOS 工艺、具有 8 位分辨能力的 D/A 转换器。它的电流建立时间为 1μs，输入逻辑电平与 TTL、CMOS 相兼容。数据输入控制有三种方式：单缓冲、双缓冲和直接通过。转换器可直接与 8080、8085 和 Z80 等微机系统连接。器件采用 20 端双列直插式封装。

DAC0832 内部采用倒 T 型电阻网络，芯片中无运算放大器，使用时需外接运放，输出是模拟电流 I_{O1} 和 I_{O2}。芯片中已设置反馈电阻 R_f，使用时将 R_f 输出端接运算放大器的输出端即可。运算放大器增益不够时，仍需外接反馈电阻。

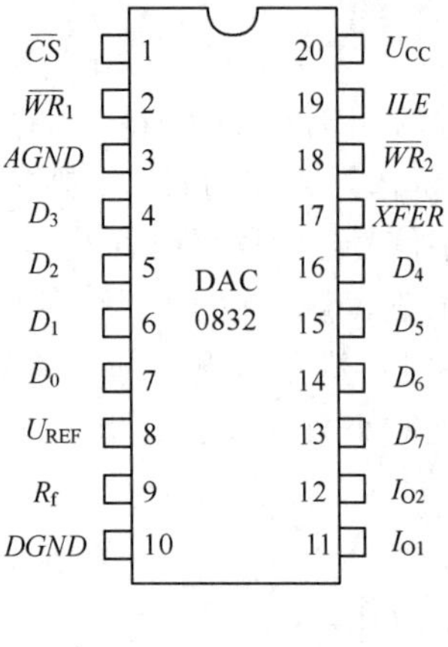

图 5-20 所示为 DAC0832 的外引线端子图，各引线端子功能如下。

$D_7 \sim D_0$ 为数据输入端，D_7 为最高位，D_0 为最低位。

I_{O1} 为模拟电流输出端，当 DAC 寄存器全为 1 时，I_{O1} 最大；全为 0 时，I_{O1} 最小。

I_{O2} 为模拟电流输出端，一般接地。

R_f 为外接运算放大器提供的反馈电阻引出端。

U_{REF} 是基准参考电压接线端，其电压范围 $-10 \sim +10$V。

U_{CC} 为电源电压，其值为 $+5 \sim +15$V。

$DGND$ 数字电路接地端。

$AGND$ 模拟电路接地端。通常与数字电路接地端连接。

$\overline{CS}$ 为片选输入端，低电平有效。当 $\overline{CS} = 1$ 时（即 $\overline{LE} = 0$

图 5-20　DAC0832
外引线端子图

期间），输入寄存器处于锁存状态，该片未被选中，这时不接收信号，输出保持不变。当$\overline{CS}$＝0期间，且 ILE＝1，$\overline{WR_1}$＝0 时（即$\overline{LE}$＝1 期间），输入寄存器被打开，这时它的输出随输入数据的变化而变化，输入寄存器处于准备锁存新数据的状态。

ILE 是输入寄存器锁存信号，高电平有效，即只有 ILE＝1 时，该寄存器才会处于锁存状态。它与$\overline{CS}$共同控制——来选通输入寄存器。

$\overline{WR_1}$为写输入信号 1，低电平有效。在$\overline{CS}$＝0 和 ILE＝1 即它们均为有效条件下，$\overline{WR_1}$由 0 跃变为 1 的上升沿到来时，才将数据总线上的当前数据写入输入寄存器。

$\overline{XFER}$为传送控制信号，低电平有效，用来控制$\overline{WR_2}$选通 DAC 寄存器。当$\overline{WR_2}$＝0，$\overline{XFER}$＝0 期间，DAC 寄存器才处于接收信号，准备锁存阶段。这时，DAC 寄存器的输出随输入而变。

$\overline{WR_2}$为写输入信号 2，低电平有效。当$\overline{XFER}$有效时，在$\overline{WR_2}$由 0 跃变到 1 时，将输入寄存器中当前的数据写入 DAC 寄存器。

4. 实训内容及步骤

（1）DAC0832 性能测试　按图 5-21 接线（不包括虚线框内电路），这是一种不采用缓存锁存器的直接变换法。

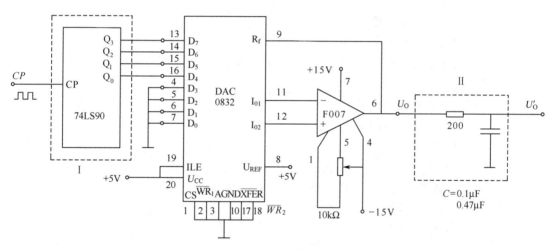

图 5-21　DAC0832 性能测试连线图

① 将输入端置 00000000，并调节运算放大器的调零电位器，使输出电压 U_O 为 0。

② 从输入端最低位起，逐位置"1"（接＋5V），并测量输出模拟电压 U_O 填入表5-2中。

表 5-2　DAC 测试记录表

条件：$U_{CC}＝U_{REF}＝$＿＿＿＿＿＿ V

输 入 数 字 量								输出模拟电压 U_O/V	
D_7	D_6	D_5	D_4	D_3	D_2	D_1	D_0	实 测 值	理 论 值
0	0	0	0	0	0	0	0		
0	0	0	0	0	0	0	1		
0	0	0	0	0	0	1	1		

输 入 数 字 量								输出模拟电压 U_0/V
0	0	0	0	0	1	1	1	
0	0	0	0	1	1	1	1	
0	0	0	1	1	1	1	1	
0	0	1	1	1	1	1	1	
0	1	1	1	1	1	1	1	
1	1	1	1	1	1	1	1	

（2）DAC 的应用

① 将十进制计数器（74LS90）的 4 位输出 $Q_3Q_2Q_1Q_0$，对应的接到 DAC 的高 4 位，低 4 位接地（如图 5-21 虚框 I 所示），加上时钟脉冲后，用示波器观察并记录输出电压 U_0 的波形。

② 如计数器输出改接至 DAC 的低 4 位，高 4 位接地，重复上述实验。

③ 若输出端接一个电容滤波器（如图 5-21 虚框 II 所示），改变电容值，使其分别为 $0.1\mu F$ 和 $0.47\mu F$，观测和记录输出的波形 U_0'。

5. 技能训练报告要求

① 整理所测得的数据，绘制曲线。

② 比较理论值与实测值之间的误差，分析其原因。

③ 简述本实验中 DAC0832 的工作原理及使用方法。

6. 预习要求

（1）数/模转换器的工作原理。

（2）DAC0832 的工作原理及使用方法。

（二）ADC 技能训练

1. 技能训练目的

① 了解 A/D 转换器（ADC0809）的性能和连接方法。

② 学习使用中、大规模集成电路。

2. 技能训练仪器和器材

接插板

ADC0809

$1k\Omega$ 电位器

方波信号发生器

3. 技能训练原理

（1）转换原理 ADC 常用八位、且多半采用逐次逼近法进行转换。ADC0809 由两大部分组成，第一部分为八路模拟开关和地址锁存器，译码器改变地址，可选中任一通道；第二部分为一个逐次逼近型 ADC，它由比较器、控制逻辑、输出锁存缓冲器、逐次逼近寄存器以及开关树组和电阻网络组成，其中开关树组和电阻网络组成 D/A 换器。转换开始前寄存器先清零（自动进行），使转换以后时钟信号将寄存器的最高有效位先置"1"，即 $D_7D_6D_5D_4D_3D_2D_1D_0 = 100000000$，这个数码被 D/A 转换成相应的模拟电压 U_0，送到比较器中与模拟信号 U_i 相比较，根据比较器输出"1"或"0"，来决定数字信号减小还是增大，然后再进行比较，以便向模拟输入信号逼近，逐位比较，直到最后一位。D/A 的数字输出即对应输入模拟量。

（2）ADC0809 芯片简介　ADC0809 是单片 8 位 8 路 COMS A/D 转换器，分辨率为 8 位，线形误差±1LSB，转换时间 $100\mu s$，模拟输入电压 $0\sim 5V$，外加时钟脉冲频率 640kHz，并可与 TTL 电路兼容。

ADC0809 的输出数字量 D_O 可表示为：

$$D_O = \frac{D_{\max}}{U_{I\max}} \times U_I = \frac{255}{U_{REF}} \times U_I \tag{5-4}$$

式中，$D_{\max}$ 为 ADC 的输出满度值，8 位 ADC 的 $D_{\max}=255$；$U_{I\max}$ 为 ADC 的最大输入电压，当 $U_I=U_{I\max}$ 时，$D_O=D_{\max}=255$。

图 5-22（a）为 ADC0809 的外引线端子图，各端子功能如下：

$IN_0\sim IN_7$：8 路模拟信号输入端。

$ADDA$、$ADDB$、$ADDC$：地址输入端，$ADDC$ 为最高位，$ADDA$ 为最低位。

ALE：地址锁存允许输入信号，在此脚施加正脉冲，上升沿有效，此时锁存地址码，从而选通相应的模拟信号通道，进行 A/D 转换。

$START$：启动信号输入端，应在此脚施加正脉冲，当上升沿到达时，内部逐次逼近寄存器复位，在下降沿到达后，开始 A/D 转换过程。

EOC：转换结束输出信号（转换结束标志），高电平有效。

OE：输出允许信号，高电平有效。

$CLOCK（CP）$：时钟信号输入端，外接时钟频率一般为 640kHz。

U_{CC}：$+5V$ 单电源供电。

$U_{REF(+)}$、$U_{REF(-)}$：基准电压的正、负极。一般 $U_{REF(+)}$ 接 $+5V$ 电源，$U_{REF(-)}$ 接地。

$D_7\sim D_0$：数字信号输出端。

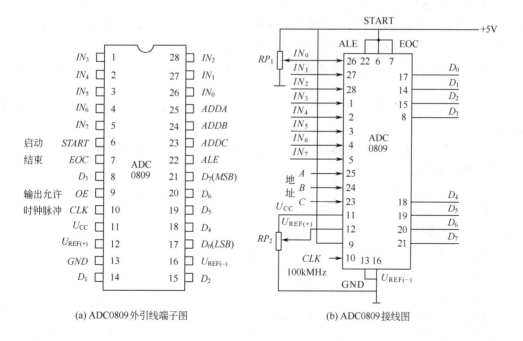

(a) ADC0809 外引线端子图　　　　(b) ADC0809 接线图

图 5-22　ADC 技能训练电路

4. 技能训练内容及步骤

① 按图 5-22 接线，并仔细检查，其中通道地址选择端 A、B、C 均接地，即：选择 IN_0 通道模拟信号作为输入。

② 调节电位器 RP_1，用万用表直流电压挡测试输入电压 U_1 的值，并观察数字信号输出 $D_7 \sim D_0$ 的状态，转换为十进制数，将结果填入表 5-3 中（$U_{REF(+)} = +5V$）。

③ 改变 A、B、C 的状态，再任选取一路重复②的内容。

④ 调节电位器 RP_2，使 $U_{REF(+)} = 4V$，重复②的内容。

5. 技能训练报告要求

表 5-3　ADC 测试记录表

U_1/V	0.0	0.5	1.0	1.5	2.0	2.5	3.0	3.5	4.0	4.5	5.0
D 实测值											
D 理论值											

① 利用公式 $D = \dfrac{256}{U_{REF}} \times U_1$ 求出对应于各个 U_1 的数值 D，填入表 5-3 的理论值一栏，与测量值进行比较。

② U_1 作为横轴，D 作为纵轴，绘制 $U_1 — D$ 曲线。

6. 预习要求

① 预习逐次逼近型 A/D 转换器的原理。

② 预习 ADC0809 的工作原理及使用方法。

三、ADC 与 DAC 的仿真训练

（一）技能训练目的

① 掌握 DAC 的数字输入与模拟输出之间的关系；掌握 ADC 模拟输入与数字输出之间的关系。

② 掌握设置 DAC 的输出范围、测试 DAC 的转换器的分辨率及提高 DAC 分辨率的方法。

③ 掌握设置 ADC 的输入电压范围的方法，进一步理解 ADC 的量化误差（即分辨率）的概念。

④ 观察 ADC 和 DAC 转换电路的工作情况，分析采样频率对转换结果的影响。

（二）技能训练器材

5V、10V 直流电源	各 1 个
逻辑开关	8 个
逻辑指示探头	9 个
D/A 转换器	电压、电流型各 1 个
A/D 转换器	1 个
1kΩ 电位器	2 个
5kΩ 电阻	4 个
蜂鸣器	1 个
电压表	2 个

函数信号发生器	1 台
示波器	1 台
5V/60Hz 正弦波信号源	1 台
三端运算放大器	1 个
带译码器的七段 LED 数码管	2 个

（三）技能训练原理

1. 数/模转换器

数字信号到模拟信号的转换称为数/模转换或 D/A 转换；能实现 D/A 转换的电路称为 D/A 转换器，简称 DAC。

DAC 的满度输出电压是指当全部有效数码 1 加到输入端时，DAC 的输出电压值。满度输出电压决定了 DAC 的输出范围。

DAC 的输出偏移电压是指当全部有效数码 0 加到输入端时 DAC 的输出电压值。在理想的 DAC 中，输出偏移电压为 0。在实际的 DAC 中，输出偏移电压不为 0，许多 DAC 产品设有外部偏移电压调整端，可将输出偏移电压调为 0。

DAC 的转换精度与它的分辨率有关。分辨率是指 DAC 对最小输出电压的分辨能力，可定义为输入数码只有最低有效位为 1 时的输出电压 U_{LSB} 与输入数码为全 1 时的满度输出电压 U_{M} 之比，即：

$$\text{分辨率} = U_{\text{LSB}}/U_{\text{M}} = 1/(2^n - 1)$$

当 U_{M} 一定时，输入数字代码的位数越多，则分辨率越小，分辨能力就越高。

图 5-23 为 8 位电压输出型 DAC 电路，输入数字量用逻辑指示探头显示并通过数码管显示对应的十六进制数；输出模拟电压用电压表测量。DAC 满度输出电压的设定方法为：首先在 DAC 数码输入端加全 1（即 11111111），然后调整电位器 R_1 使满度电压值达到输出电压的要求。

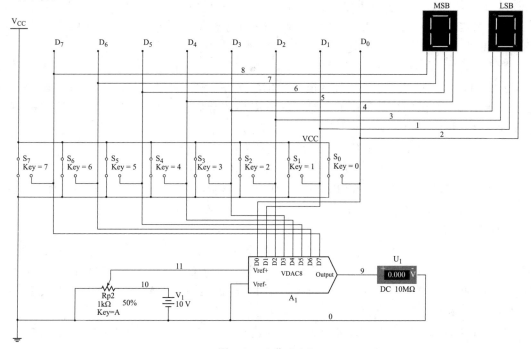

图 5-23 8 位 DAC

2. 模/数转换器（ADC）

ADC 将模拟电压信号转换成一组相应的二进制数码输出。

ADC 一般包括采样、保持、量化、编码四部分。

量化误差与分辨率有关。ADC 输出二进制位数越多，则分辨率越高，转换精度也越高。分辨率常以数字信号最低有效位中的"1"所对应的电压值表示。

一个 n 位的 ADC，若满度输入模拟电压为 U_{IM}，则其分辨的最小电压为：$U_{IM}/2^n$。

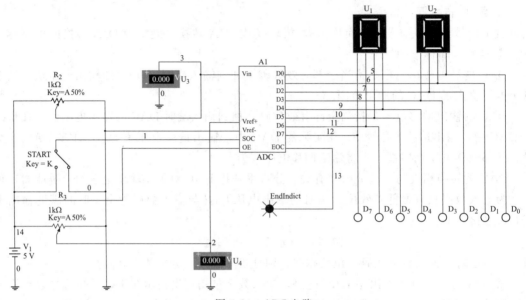

图 5-24　ADC 电路

图 5-24 所示为 8 位 ADC 电路，ADC 芯片内：V_{IN} 为模拟电压输入端；$D_7 \sim D_0$ 为二进制数码输出端；$V_{ref}+$ 为上基准电压输入端。$V_{ref}-$ 为下基准电压输入端；SOC 为转换数据启动端（高电平启动）；OE 为三态输出控制端（高电平有效）；EOC 是转换周期结束指示端（输出正脉冲）。

调整 R_3 电位器分压比改变参考电压，可设置 ADC 满度输入电压 $V_{ref}+$（上基准电压）；用 R_2 电位器调节模拟输入电压 V_{in}，电压变化范围为 $0 \sim V_{ref+}$（V）；转换输出的数码分别用逻辑指示探头和两位数码管显示。如果在 SOC 输入端加上一个正的窄脉冲，则 ADC 开始转换，转换结束时 EOC 端输出"1"。

该电路的输入电压与输出数码的关系可表示为：

$$V_{in} = 数字输出（对应十进制数）\times V_{ref}/256$$

SOC（模数转换启动端）在输入信号改变时，可连续单击 K 键两次，实现模数转换。

（四）技能训练内容与步骤

1. DAC 仿真

（1）在 Multisim 平台上建立如图 5-23 所示电路，这是一个 8 位电压输出型 DAC。

（2）单击计算机键盘上的数字键 0～7（对应数字量 $D_0 \sim D_7$），将 DAC 的数码输入为 11111111，单击仿真开关进行动态分析。调整 R_1 电位器，使 DAC 输出电压尽量接近 5V，这时 DAC 的满度输出电压设置为 5V。

（3）单击计算机键盘上的数字键 0～7（对应数字量 $D_0 \sim D_7$），按照表 5-4 中所列输入数字量，并记录相应的输出电压。

表 5-4　DAC 输出电压仿真测试记录

二进制数码输入（$D_7 \sim D_0$）	模拟电压输出/V	二进制数码输入（$D_7 \sim D_0$）	模拟电压输出/V
00000000		00010000	
00000001		00100000	
00000010		01000000	
00000100		10000000	
00001000		11111111	

（4）根据表 5-4 测试的数据，分析：

该 DAC 的满度输出电压是＿＿＿＿＿＿伏？

DAC 输出的模拟电压与输入数码成正比吗？

该 DAC 的输出偏移电压是＿＿＿＿＿＿伏？

该 DAC 的分辨率是＿＿＿＿？

2. ADC 仿真

（1）在 Multisim 平台上建立如图 5-24 所示电路，这是一个 8 位 A/D 转换器。用 R_3 电位器设置 ADC 满度输入电压 $V_{ref}+$，使 $V_{ref}+=5V$；用 R_2 电位器调节模拟输入电压 V_{in}，电压变化范围为 0～5V。

（2）仿真测试

① 将转换控制开关 Start 处于接地的位置。

② 单击仿真开关进行动态分析。按表 5-5 要求调节输入电压的数值（调整电位器的方法为：双击这个电位器，在弹出的设置对话框中，改变设置 Setting 的百分比，然后单击接受按钮 Accept；或者直接按压键盘上的"2"键使 R_2 增大，按压"Shift＋2"键使减小；R_3 电位器的调节方法相同）。

③ 将转换控制开关 Start 置电源端（通过单击键盘上的"K"键转换开关状态），ADC 开始转换，逻辑指示探头和数码管应有相应的输出指示；再单击一次"K"键使转换控制开关接地，转换结束。在表 5-5 中记录与输入模拟电压对应的 ADC 数字输出。

④ 根据表 5-5 记录的数据，计算图 5-24 所示电路 ADC 的量化误差。

（3）单击仿真开关停止动态分析。将 EOC 与 SOC 连接起来（保留 SOC 与 Start 开关的连线）。单击仿真开关进行动态分析，单击键盘上的 K 键，使 Start 开关置"1"，开始 A/D 转换。再单击一次 K 键使 Start 开关返回接地的状态。每次转换结束后 EOC 端将有信号输出，ADC 又马上开始新一轮的转换，使转换工作连续进行下去。在 0～5V 之间继续改变模拟输入电压 V_{in}，观察并记录数字输出的变化。值得注意的是，每次用调整电位器 R_2 来改变模拟输入电压 V_{in} 以后，数字输出会随之变化，而不需要再按键盘上的 K 键。

表 5-5　ADC 二进制数码输出测试记录

模拟电压输入 V_{in}/V	二进制数码输出	数码管显示的十进制数
	$D_7 D_6 D_5 D_4 D_3 D_2 D_1 D_0$	
0		
1.0		
2.0		
3.0		
4.0		
5.0		

（4）根据测试结果，分析：

该 ADC 的满度输入电压等于_____/V？

ADC 数字输出的大小与模拟输入电压的大小成比例吗？

3. ADC 与 DAC 的综合仿真

（1）在 Multisim 平台上构建图 5-25 所示电路，这个电路首先用一个 ADC 将模拟输入电压转换为数字输出，然后再用一个 DAC 将数字信号转换为模拟信号输出。由模拟转换为数字的输出信号用两个带译码器的十六进制 LED 数码管显示；由数字转换为模拟的输出信号用示波器显示。每次转换结束时，蜂鸣器都会发出响声。

这里，由于采用了一个电流型 DAC，因此在其输出端需外加一个运放将电流转换为电压输出。

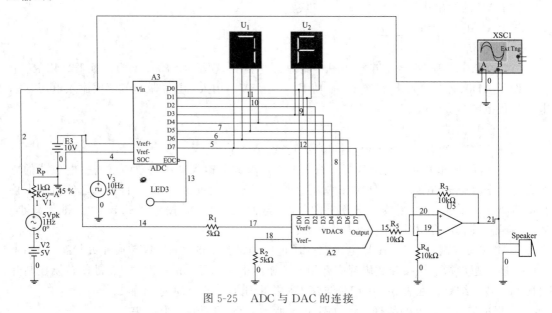

图 5-25　ADC 与 DAC 的连接

（2）单击仿真开关进行动态分析。注意观察数码管显示及示波器屏幕的波形变化，并注意听蜂鸣器的响声。如图 5-26 所示。

（3）改变输入信号的频率，观察不同采样频率的信号对输出波形的影响。

（五）技能训练报告要求

1. 回答技训内容中提出的问题。

2. 根据图 5-25 所示电路，试分析如下。

（1）ADC 的转换时间最短是_____。

（2）将输入信号调节电位器设定在 50％，此时输入 ADC 的模拟信号的峰峰值 $V_{IN}=$_____/V（p−p）。

（3）该电路的输入信号频率为 $f=$_____Hz，若采样频率取为 1kHz（由函数发生器设定），则输入信号每个周期的采样点数为_____。

当蜂鸣器发出响声时，数码管显示的十六进制数是多少？

（4）当采样频率改为 1kHz 时，示波器所显示的输出波形有什么变化？

（5）当采样频率改为 4kHz 时，示波器所显示的输出波形有什么变化？得出采样频率与转化误差之间的关系的结论。

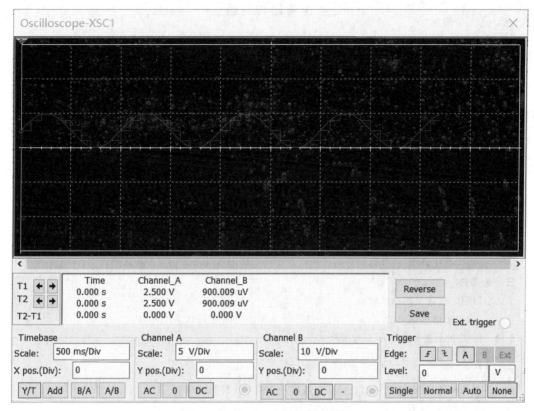

图 5-26　图 5-25 电路的仿真波形

本章小结

本章讨论了数字集成电路中常用的 D/A 和 A/D 转换器，它们是现代数字系统的重要组成部分，是沟通模拟量和数字量之间的桥梁，在计算机接口以及各种控制、检测和信号处理系统中有着广泛的应用。

本章讨论了 D/A 和 A/D 转换器的基本工作原理及主要指标，并介绍了几种常用的芯片及其使用方法。

DAC 是数模转换器，目前使用最多的有 T 型电阻网络和倒 T 型电阻网络 D/A 转换器两大类。由于倒 T 型电阻 DAC 具有转换时间短和尖峰脉冲小的特点，在 CMOS 单片集成 D/A 转换器中得到广泛应用。

ADC 是模数转换器，主要有逐次逼近型 ADC、双积分 ADC 和并联比较型 ADC 三种。并联比较型 ADC 转换速度较快，但所用的器件多，电路结构较为复杂，因此转换的位数受到限制；逐次逼近型 ADC 的转换速度较快，而且所用的器件又比并联比较型 ADC 少得多，因此在集成单元电路中用得最多；双积分 ADC 虽然转换速度比较低，但由于它的性能稳定、电路简单、抗干扰能力强，所以在各种低速系统中有着广泛的应用。使用时，应注意结合实际问题，发挥器件的特点，做到既经济又合理。

目前，ADC 和 DAC 的发展趋势是高速度、高分辨率、易与微机接口，以满足各个领域对信息处理的要求。

思考题与习题

一、填空题

5-1 任一个 DAC 都应含有三个基本部分，分别是_____、_____和_____。

5-2 DAC 中最小输出电压是指当输入数字量_____时的输出电压。

5-3 相对 T 型电阻网络 DAC 而言，倒 T 型电阻网络 DAC 主要是提高了_____和减小了_____。

5-4 一般的 A/D 转换器的转换过程是经过_____、_____、_____和_____这 4 个步骤来完成的。

二、判断题

5-5 逐次逼近型 ADC 在集成 ADC 中用得最多。（　　）

5-6 双积分型 A/D 转换器在转换过程中用到了 D/A 转换器，因此，电路结构较为复杂。（　　）

5-7 并联比较型 ADC 一般适用于分辨率适中但转换速度较高的场合。（　　）

5-8 在输出信号位数较多时，应选用逐次逼近型 ADC。（　　）

5-9 提高并联比较型 A/D 转换器的转换精度必然会使电路结构更加复杂成本增高。（　　）

三、选择题

5-10 目前，最常见的单片集成 DAC 是属于_____。

 A. T 型电阻网络 DAC   B. 倒 T 型电阻网络 DAC

5-11 DAC 的分辨率，可用下列哪个式子表示。

 A. $\frac{1}{2^{n-1}}$ B. $\frac{1}{2^n-1}$ C. $\frac{1}{2^{n-1}-1}$

5-12 下列哪种 ADC 适用于高分辨率、低速和电网干扰较强的场合。

 A. 逐次逼近型 ADC B. 双积分 ADC C. 并联比较型 ADC

5-13 常见的数字万用表中的 A/D 转换器属于下列哪种 ADC。

 A. 逐次逼近型 ADC B. 双积分型 ADC C. 并联比较型 ADC

5-14 对于①逐次逼近型 ADC、②双积分 ADC、③并联比较型 ADC 三者的转换速度，下列说法正确的是：

 A. ①＞②＞③ B. ③＞①＞② C. ③＞②＞①

四、电路分析与计算

5-15 一个 8 位 T 型电阻网络 D/A 转换器，$U_{REF}=+10V$，$R_f=3R$。当输入的数字量 $D=(D_7D_6D_5D_4D_3D_2D_1D_0)=01011010$ 时，求输出的模拟电压。

5-16 在本章图 5-6 所示 DAC 中，D 为二进制码，$-U_{REF}=-10V$，$R=10k\Omega$。

试计算：① 实际输出电流 I_O、输出电压 U_O 的范围

   ② 当 $D=10110101$ 时，求输出电压 U_O

5-17 图 5-27 所示为一个权电阻网络 DAC 原理框图。

 ① 证明：$U_O=-\frac{U_{REF}}{2}(D_{n-1}2^{n-1}+D_{n-2}2^{n-2}+\cdots+D_0 2^0)$

 ② 当 $D=(D_3D_2D_1D_0)$ 分别为 1111、1010、0110 时，求输出电压。

5-18 一个 10 位逐次逼近型 ADC，其时钟脉冲信号的频率为 500kHz。求该 ADC 完成一次转换至少需要多少时间。

5-19 某 8 位 ADC 输入电压范围为 0～+10V，当输入电压为 4.48V 和 7.81V 时，其输出二进制数各是多少？该 ADC 能分辨的最小电压为多少？

5-20 在双积分 ADC 中，若计数器为 8 位二进制计数器，CP 脉冲的频率为 10kHz，$-U_{REF}=-10V$，试计算

 ① 第一次积分时间；

 ② $U_I=3.75V$ 时，转换完成后，计数器的状态；

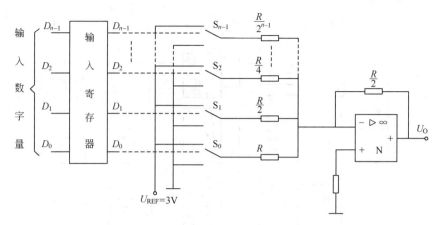

图 5-27　题 5-17 图

③ $U_1 = 2.5\text{V}$ 时，转换完成后，计数器的状态。

5-21　如图 5-28(a)、(b) 分别为 ADC0809 的单极性输入和双极性输入的原理电路，试将该电路的 U_{INO} 及转换结果填于表 5-6 和表 5-7 中。

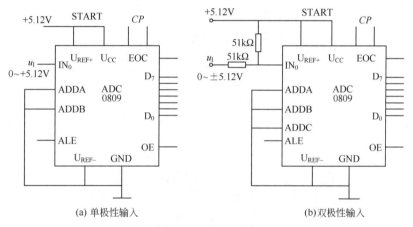

(a) 单极性输入　　　　　　　　　　　　　(b)双极性输入

图 5-28　题 5-21 图

表 5-6　单极性输入

U_{REF+}	U_1	$D_7 \sim D_0$
+5.12V	+5.10V	
	+2.56V	
	0V	

表 5-7　双极性输入

U_{REF+}	U_1	U_{IN0}	$D_7 \sim D_0$
+5.12V	5.12V		
	0V		
	−5.08V		

5-22　并行比较型 ADC 电路如图 5-29 所示，它由电阻分压器（量化标尺）、比较器、寄存器和编码器等四部分组成。请分析该电路模-数转换原理。设 $U_{REF} = 10\text{V}$，求当 CP 到来时，U_1 分别为 9V、6.5V、4V 和 1.5V 时相对应的二进制输出数码 $B_2 B_1 B_0$ 为多少？注意：对于各电压比较器，当 $U_1 \geqslant U_{REF1}$ 时，$U_{ci} = 1$；当 $U_1 < U_{REF1}$ 时，$U_{ci} = 0$。

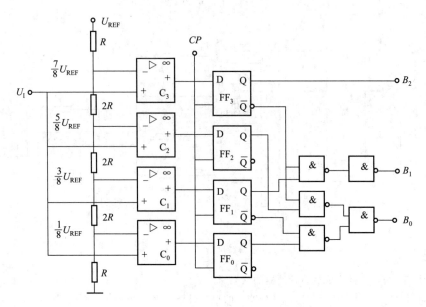

图 5-29　题 5-22 图

第六章　大规模集成电路

目的与要求　学习大规模集成电路的特点及其分类，了解其在数字系统中的应用和数字器件的发展现状。掌握半导体存储器的分类、功能以及存储器存储容量的定义方法、含义及其容量扩展方法；掌握可编程逻辑器件的分类及其构成组合逻辑电路的方法；了解在线可编程逻辑器件的原理特点。

概　　述

前几章学习了中、小规模集成电路及其构成的组合和时序逻辑电路，用这种方法构成的逻辑电路随着系统的扩大使得需用的集成芯片增加、芯片间连线增多，从而导致系统的硬件造价增加同时系统的可靠性却降低了。近年来随着电子技术的发展，大规模集成电路和超大规模集成电路在数字系统中得到广泛应用。

第一节　只读存储器

半导体存储器是数字系统中记忆大量信息的部件，其功能是用于存放固定程序的操作指令及需要计算、处理的数据等，相当于数字系统存储信息的仓库。

只读存储器是存储固定信息的存储器。即事先将存储的信息或数据写入到存储器中，在正常工作时，只能重复读取所存储的信息代码，而不能随意改写存储信息内容，故称只读存储器，简称 ROM（Read Only Memory）。

ROM 电路按存储信息的写入方式一般可分为固定 ROM、可编程 ROM（PROM）和可擦除可编程 ROM（EPROM）。

一、固定 ROM

固定 ROM 内部所存储的信息是由生产者在制造时，采用掩模工艺予以固定的。其结构

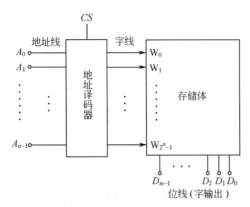

图 6-1　ROM 的结构

如图 6-1 所示，它相当于一个寄存二进制信息的"货栈"，其中 A_{n-1}、A_{n-2}、$\cdots A_1$、A_0 为地址输入线，通过地址译码器可译出 2^n 个相应地址，每一个地址中固定存放着由 m 位二进制数码构成的"字"。

把存储器中每存储 1 位二进制数的点称为存储单元，而存储器中总的存储单元的数量称为存储容量。对于一个存储体来说，总的存储容量为字线数 2^n×位线数 m。若字线数为 2^{10}，位线数为 8，则总的存储容量为 $2^{10}×8=1024×8$ 个存储单元，简称 1K×8 位＝8K（bit）。

图 6-2 表示了最简单的 4×4 位存储容量的二极管固定 ROM，由图可知，2 根地址线 A_1、A_0 经译码器译出 4 根字线（字选线）$W_3 \sim W_0$，每根字线存储 4 位二进制数 $D_3 \sim D_0$（称为位线）。译码器采用二极管**与**门矩阵电路组成，并由片选信号 CS 控制。当 CS＝1 时，译码器可工作，表示该片 ROM 被选中，允许输出存储内容。存储体为一个二极管或门矩阵电路，每一位线（数据线）D_i 实质上为二极管**或**门电路，只有当 W_i＝1 的字线上的二极管能导通，使该位数据 D_i＝1

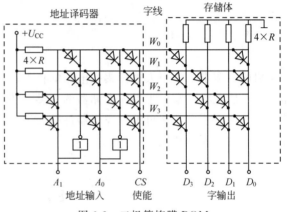

图 6-2　二极管掩膜 ROM

输出。而 W_i＝1 字线上无二极管的位线对应的 D_i＝0。例如当地址码 $A_1 A_0$＝00 时，则 W_0＝1，而 $W_1 = W_2 = W_3$＝0，在字线 W_0 上挂有二极管的位线 $D_3 = D_0$＝1，无二极管的位线 $D_2 = D_1$＝0，这时输出数码为 $D_3 D_2 D_1 D_0$＝1001；当 A_1、A_0 地址码改变后，则输出数码也相应改变，如表 6-1 中所示。

ROM 电路的**与**、**或**矩阵除用二极管构成外，还可利用三极管或 MOS 管构成，其功能和结构都相同，这里不再赘述。

为了简化 ROM 电路，可将图 6-2 所示电路改画成图 6-3 所示的简化 ROM 电路，图中不再出现任何电路器件符号，只是在接有存储元件（二极管、三极管或 MOS 管）的原**与**、**或**矩阵的交叉线处加黑点"·"（对应真值表中的 1）；无存储元件的**与或**交叉点处不加黑点（对应真值表中的 0）。这种简化图称为 ROM 矩阵逻辑图。

表 6-1　字线及其位输出

地址输入		字　线	位输出
A_1	A_0	W_i	D_3 D_2 D_1 D_0
0	0	W_0＝1	1　0　0　1
0	1	W_1＝1	1　1　0　1
1	0	W_2＝1	0　1　1　0
1	1	W_3＝1	1　0　1　1

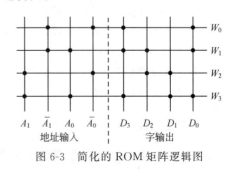

图 6-3　简化的 ROM 矩阵逻辑图

固定 ROM 适用于产品数量较大或有特殊要求的少量产品，由于需要专门制作掩膜板，成本高且制作周期长，因此不经济。

二、可编程 ROM（PROM）

可编程 ROM 是用户根据自己的需要，将应该存储的信息一次写入 PROM 中，一旦写入后，就不能再更改，故称可编程的只读存储器，简称 PROM（Programmable ROM）。

双极型熔丝结构的 PROM 存储单元的结构原理图如图 6-4 所示。在存储矩阵中，字线和位线的各个交叉处，均以图 6-4 所示的三极管发射极及**与位线相连的快速熔丝作为存储单元**，熔丝通常用低熔点的合金或很细的多晶硅导线制成。在编程存入信息时，如果使熔丝烧断则表示存储单元信息为 0，熔丝不烧断表示为 1。

当要写入信息时，首先输入相应的地址码，使相应的字线被选中；然后对要求写 0 的位线按规定加入高电平脉冲，使被选中字线的相应位线熔丝烧断；对要求写 1 的位线加低电平信号，熔丝不烧断。

PROM 可实现一次编程需要，由于熔丝烧断后，不能恢复，存储器中存储的信息已被固化，故只可写入一次。如果在编程过程中出错或研制过程中需要修改内容，只能更换新的 PROM，给使用者带来不便。

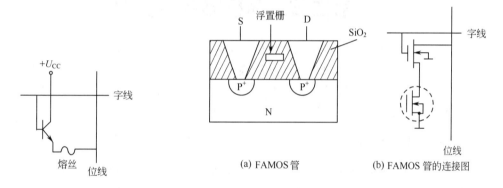

图 6-4　三极管掩膜 PROM 存储单元　　　　　图 6-5　EPROM 存储单元

三、可擦除可编程 ROM（EPROM）

可擦除可编程只读存储器也是由用户根据自己的需要将信息代码写入存储单元内。与 PROM 不同的是，如果要重新改变信息，只需用紫外线（或 X 射线）或用电擦除原先存入的信息后，可再行写入信息。将可用紫外线擦除的只读存储器简称为 EPROM（Erasable PROM），也可称为 UVEPROM；而用电擦除的只读存储器称为 EEPROM 或 E^2PROM（Electrically PROM）。

EPROM 的存储元件是一种特殊的浮栅型 MOS 管，图 6-5（a）为其结构图，它与一只普通 MOS 管串联连接在各字线和位线的交叉点上，如图 6-5（b）所示。写入信息时，首先按地址选中位线，在 FAMOS 管的漏极和源极间加入 25V 电压，该管漏源间即被瞬间击穿，电子通过二氧化硅层注入悬浮的栅极；当高压去除后，由于栅极浮空，且周围被 SiO_2 层包围，注入的电子无处释放，栅极积蓄负电荷，因此该 MOS 管靠电场效应形成 P 沟道，同与之串联的 MOS 管共同导通，表示该存储单元存入了"1"；若某位线上的 FAMOS 管漏源极间未加高电压（25V），则该单元的 FAMOS 就不导通，表示该存储单元存入信息"0"。

当要擦除所存信息时，可用专用的紫外线灯在器件的石英窗口上照射一定时间，这时浮栅上注入的电荷就会被释放掉，导电沟道随之消失，浮栅管恢复到截止状态，EPROM 恢复原态。擦洗过的 EPROM 可重新写入新的存储信息。

EPROM 集成芯片通常用于程序开发、样机研制或者用于程序、数据经常变更的数字系统中，它是数字控制和计算机系统中不可缺少的数字器件。典型的 EPROM 存储器芯片型号、容量和引线端子数如表 6-2 所示。

表 6-2 典型的 EPROM 芯片

型 号	2716 27C16	2732 27C32	2764 27C64	27128 27C128	27256 27C256	27512 27C512	27010 27C010
容量	2K×8	4K×8	8K×8	16K×8	32K×8	64K×8	128K×8
引线端子数	24	24	28	28	28	28	32

由表可见，EPROM 的容量中表示字数的"1K"单位实际上是 $2^{10}=1024$，因此，2716 的实际容量是 2048 字×8 位，其他芯片的容量依次类推。

第二节　随机存取存储器

随机存取存储器是一种随时可以选择任一存储单元进行存入或取出数据的存储器，由于它既能读出又能写入数据，因此又称为读/写存储器，简称 RAM（Random Access Memory）。

RAM 采用与 ROM 不同的电路结构，读写方便，使用灵活；缺点是一旦存储器断电，存储的数据信息全部丢失，所以不利于数据的长期保存。

一、RAM 的结构

典型的 RAM 结构框图如图 6-6 所示，它包括地址译码器、存储矩阵和读写控制电路部分。其输入信号包括：地址输入、读写控制输入、片选控制输入和数据输入；输出信号为数据。

1. 存储矩阵

它是由很多存储单元构成的。每个存储单元中存放着由若干位二进制数码组成的一组信息，存储容量用(字线数)×(位线数)表示。存储单元在存储矩阵中排列成若干行、若干列。例如，存储容量为 1024 ×1 的存储器，其存储单元可排列成 32 行×32 列的矩阵。

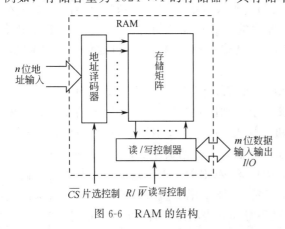

图 6-6　RAM 的结构

2. 地址译码器

地址译码器根据外部输入的地址，唯一地找到存储器中相应的一个存储单元，在读写控制器的配合下数据通过输入/输出（I/O）电路写入存储器或从存储器中读出。

3. 读写控制器

读写控制器决定数据是按指定地址存入存储矩阵，还是从存储矩阵中取出。每个存储单元在读出数据时（$R/\overline{W}=1$）能维持原数据状态不变；而在写入时（$R/\overline{W}=$

188

0)，可以清除原存储数据，并输入新的数据。数据的输入输出通道是共用的，读出时作为输出端，写入时作为输入端。

4. 输入/输出（I/O）电路

输入/输出（I/O）电路是数据进、出存储矩阵的通道。通常数据先经缓冲放大器放大再进入存储单元；输出数据经缓冲放大后输出。输入、输出缓冲器常采用三态电路，便于多片存储器的 I/O 电路并联，以扩展存储容量。

5. 片选控制 $\overline{CS}$

对于大容量的存储系统，需要多片 RAM 组成，而在读写时只对其中一片进行信息的存取。片选控制 $\overline{CS}$ 使该片选中时，才进行数据的读写操作，其余未被选中的各片 RAM 的 I/O 线呈高阻状态，不能进行读写操作。

RAM 存储单元有双极型和单极型两种不同类型的电路，前者速度高；后者功耗低、容量大，在 RAM 中得到广泛应用。

二、地址译码原理

在 RAM 中，地址译码器通常采用双译码方式，图 6-7 是一个 8 字×2 位的双译码结构的存储器示意框图，其中，每个小方块表示一个存储位，每两个存储位构成一个存储单元，即一个字；图中（1,1）表示存储单元中第一个字的第 1 位，（1,2）表示存储单元中第一个字的第 2 位，依次类推。本图中表示共有 8 个字，每个字均有 2 位，故称 8 字×2 位。该图中有两个地址译码器，X 地址译码器（又称为行地址译码器）输出字线，例如 X_0 线为 1 时，它选通了第一行的 1 与 5 存储单元；Y 地址译码器（又称列地址译码器）的输出控制读/写选通电路，以决定哪一列数据线与读/写电路接通。例如 Y_0 线为 1 时，选通了第一、

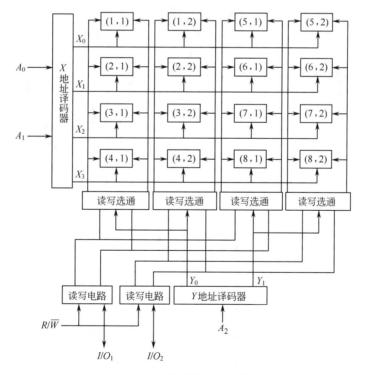

图 6-7　双译码方式示意图

二列的 1、2、3、4 存储单元。综上所述当 $X_0 = 1$、$Y_0 = 1$ 时，同时满足选通条件的只有第 1 存储单元被选通与读/写控制电路接通，至于数据是写入第 1 存储单元还是从第 1 存储单元读出，则是由读/写控制信号（$R/\overline{W}$）决定的，当 $R/\overline{W} = 1$ 时为读出；而在 $R/\overline{W} = 0$ 时为写入。任何时候 X 地址译码器的输出（X_0、X_1、X_2、X_3）及 Y 地址译码器的输出（Y_0、Y_1）中分别只有一个为高电平 1，而其余均为低电平 0。因而，每次只会选通一个字的 2 个存储位进行读/写操作。

双译码方式的优点：可以减少地址译码器的输出线数，特别在存储容量大时其优势就更明显。

例如：上述 8 字×2 位的存储器，若采用单译码方式时地址译码输出线有 $2^3 = 8$ 根；而采用双译码方式只需要 $2^2 + 2^1 = 6$ 根地址译码输出线。

三、RAM 的工作原理

下面以 MOS RAM 为例说明其工作原理。

1. 静态 MOS RAM 存储单元电路

图 6-8 所示为由 MOS 器件组成的六管静态存储单元的基本电路及读/写控制电路。存储单元由 $VT_1 \sim VT_6$ 组成。其中 $VT_1 \sim VT_4$ 构成基本 RS 触发器，用以存储 1 位二进制信息 0 或 1。VT_5、VT_6 为存储单元门控管，起模拟开关作用，控制 RS 触发器输出端 Q、$\overline{Q}$ 与位线 B、$\overline{B}$ 的联系。VT_5、VT_6 由行选择线 X_i 的状态控制。当 $X_i = 1$ 时，VT_5、VT_6 导通，Q、$\overline{Q}$ 与 B、$\overline{B}$ 位线接通；当 $X_i = 0$ 时，VT_5、VT_6 截止，存储单元与位线隔离，所存信息保持原状不变。某列存储单元公用的门控管 VT_7、VT_8 由列选择线 Y_j 控制，当 $Y_j = 1$ 时，使 VT_7、VT_8 导通；$Y_j = 0$ 时，VT_7、VT_8 截止。

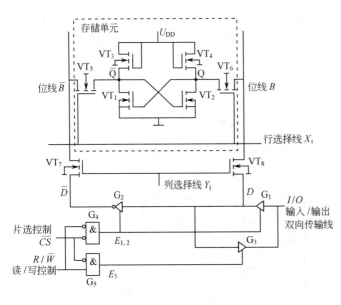

图 6-8　六管静态存储单元及读/写控制电路

门电路 $G_1 \sim G_5$ 构成读/写控制电路，I/O 端为输入/输出数据端，信息可由此写入或读出，其工作原理如下。

（1）当片选信号 $\overline{CS} = 1$ 时，存储器禁止工作　这时 $E_{1,2}$ 和 E_3 均为 0，使三态门 G_1、G_2 和 G_3 输出为高阻态，信息不能输出或输入，即禁止状态。

（2）当片选信号 $\overline{CS} = 0$ 时，存储器允许工作　这时有以下两种工作方式。

① 数据写入。此时要求读/写控制信号 $R/\overline{W} = 0$，则 $E_{1,2} = 1$，$E_3 = 0$，三态门 G_1、G_2 可工作，G_3 输出为高阻态。若 $X_i = 1$，$Y_j = 1$，则对应存储单元被选中，$VT_5 \sim VT_8$ 均导通。如果

要写入 1 信息,则在 I/O 端置"1"信号,使 $D=1$,$\overline{D}=0$,则 RS 触发器 $Q=1$,$\overline{Q}=0$,这时 VT_1 导通,VT_2 截止。当各控制端信号撤销后,$Q=1$ 的状态被保存下来。反之,要写入 0 信息,则在 I/O 端置 0 信号,使 $D=0$,$\overline{D}=1$,所保存的信息 $Q=0$。

② 数据读出。此时要求读写控制信号 $R/\overline{W}=1$:则 $E_{1,2}=0$,$E_3=1$,G_1、G_2 为高阻态,G_3 可工作。当 $X_i=1$、$Y_j=1$,对应存储单元被地址译码选中时,若 $Q=1$,通过 VT_6,VT_8 使 $D=1$,再通过 G_3 使 I/O 输出为 1。反之,若内部 $Q=0$,则 I/O 输出也为 0。

由上述工作原理可知,当存储单元电源 V_{DD} 失电后,则 Q 的 0、1 信息不能保留而消失,再次通电后,Q 成不定状态,需重新写入信息。

2. 动态 MOS RAM 存储单元

静态 RAM 存储单元是依靠触发器存储数据的,而在任一时刻触发器总有一个管子导通,要消耗一定能量,当存储器容量较大时,功耗就很高。另外,每个存储单元需要六个管子,集成电路面积较大。为了提高集成度、减小芯片面积、降低功耗,常采用 MOS 管栅极电容的电荷存储效应来存储信息,组成动态存储器。

常见的动态 RAM 存储单元有单管、三管和四管等几种结构形式。以下仅对单管动态存储单元作简略介绍。

单管动态存储单元的电路如图 6-9 所示,由 MOS 管 VT_1 构成门控管,依靠电容 C_1 存储信息。

(1) 数据写入　当 $X_i=1$ 时,门控管 VT_1 导通;$Y_j=1$,经选通的门控管 VT_2 将写入数据送至位线,再经门控管 VT_1 存储在电容 C_1 上,当电容 C_1 充有一定电荷时,表示存储信息为 1;电容未充电或电荷较少时,表示存储信息为 0。

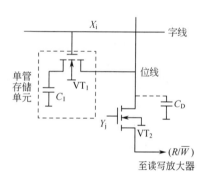

图 6-9　动态 MOS RAM 存储单元

(2) 数据读出　位线上原始状态为 0 电平,当 $X_i=1$ 时使门控管 VT_1 导通,电容 C_1 存储的电荷向位线分布电容 C_D 转移。如果原存储信息为 0(电容 C_1 未存储电荷),则 $U_{CD}=0$;如果原存储信息为 1 时,位线上将有电压输出,由 Y_j 选通的门控管 VT_2 输出后经读/写放大器放大输出高电平。

由于读出数据使电容 C_1 上的存储电荷发生转移,所存信息被破坏,因此必须采取措施及时加以恢复和补充,即通过"刷新"电路刷新数据。

动态 MOS RAM 的突出优点是存储单元电路简单、容量大、功耗比静态 MOS 更低,价格便宜。但缺点是必须辅以刷新电路,同时操作也较复杂。

四、RAM 存储容量的扩展方法

1. 静态 RAM 集成芯片简介

典型的静态 RAM 集成芯片的型号、容量、引线端子数如表 6-3 所示。

2. 2114 型静态 RAM 介绍

2114 静态 RAM 的存储容量为 $1K\times4$ 位,其外引线端子如图 6-10 所示,外形为 18 端子双列直插式结构,地址线为 $A_9\sim A_0$,共 10 根,在片选信号 $\overline{CS}$ 和读写控制信号 $R/\overline{W}$ 的控制下，信息由四条双向传输线 $I/O_4 \sim I/O_1$ 进行写入或读出操作，如表 6-4 所示。

3. RAM 存储容量的扩展

在计算机或数字系统中，有时需要存储器有较大的存储容量，而实际的单片存储器的存储容量是有限的。因此，在使用中可通过对存储器的字数和位数的扩展，将几片存储器组合起来使用，以满足对存储容量的要求。

（1）位扩展方式　位扩展，就是用现有的 RAM，经适当的连接，组成位数更多而字数不变的存储器。

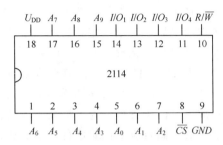

图 6-10　2114 静态 RAM 的外引线端子图

表 6-3　典型 RAM 芯片

型号	2114	6116	6224	62256	62010
容量	1K×4	2K×8	8K×8	32K×8	128K×8
引线端子	18	24	28	28	32

表 6-4　2114 静态 RAM 的工作方式选择

$\overline{CS}$	$R/\overline{W}$	工作方式	功　能
0	0	写	将 $I/O_1 \sim I/O_4$ 上的信息写入 $A_9 \sim A_0$ 指定的单元
0	1	读	将 $A_9 \sim A_0$ 对应单元的数据输出到 $I/O_1 \sim I/O_4$ 端
1	×	非选通	$I/O_1 \sim I/O_4$ 线呈高阻态

扩展方法为：将 P 片 RAM 所有的地址线并联、读写控制端（$R/\overline{W}$）并联、片选端（$\overline{CS}$）并联；每片的数据输入或输出（I/O）端各自独立，就可将一个 m 字×n 位 RAM 扩展为一个 m 字×$(n \times P)$ 位 RAM。

图 6-11 所示电路即为用 2114 静态 RAM 扩展的 1K×16 位 RAM。

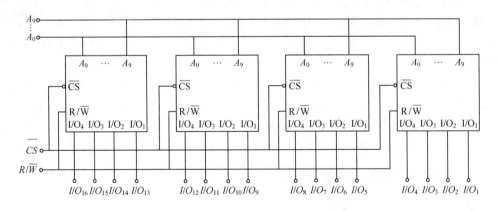

图 6-11　RAM 的位扩展

（2）字扩展方式　字扩展，就是将 RAM 扩展为位数不变而字数更多的存储器。

扩展方法为：将 P 片 RAM 所有的地址线并联、读写控制端（$R/\overline{W}$）并联、每片的各数据输入/输出（I/O）端并联；片选端（$\overline{CS}$）并联各自独立，并用一个由增加的地址端控制的辅助译码器来控制各片选端。这样，就可将一个 m 字 $\times n$ 位 RAM 扩展位一个（$P \times m$）字 $\times n$ 位 RAM。

图 6-12 即为用 2114 静态 RAM 扩展的 4K $\times$ 4 位 RAM。

（3）字位扩展方式 将上述的字扩展和位扩展的方法结合起来，就可以实现字位的同时扩展。图 6-13 所示即为用 2114 静态 RAM 扩展的 2K $\times$ 8 位 RAM。

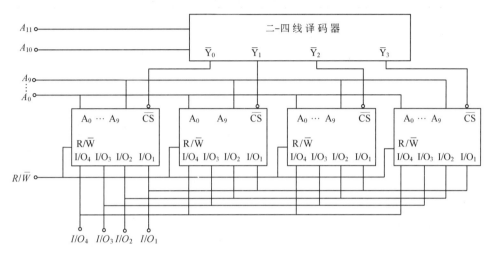

图 6-12 RAM 的字扩展

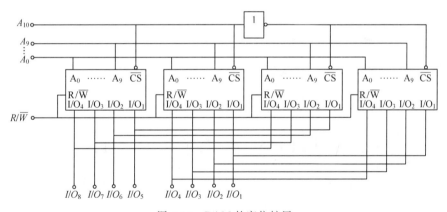

图 6-13 RAM 的字位扩展

第三节 可编程逻辑器件

在组合电路中已经知道，标准中规模集成组合逻辑部件除完成其固有的逻辑功能外，还可以实现其他逻辑功能，但需要较复杂的设计且设计缺乏灵活性，同时还需要外电路的支持，因此，构成逻辑电路时体积较大，硬件造价和功耗较高，可靠性相对也较差。本章第一节介绍的只读存储器（ROM）由"与矩阵"形式的地址译码器和"或矩阵"形式的存储体构成，因此 ROM 电路的输出可以用来表示组合逻辑电路的最小项"与或"表达式，并且可由用户根据需要进行编程。利用这种方法构成的逻辑电路，不但节约了门电路数目，并且还具有一定的保密性。在 ROM 基础上，目前已开发出了多种层次的产品，对于一般逻辑电路的开发，可以使用可编程逻辑器件 PLD（Programmable Logic Device）来实现。这种近期研制出来的可编程逻辑器件，大有取代各种常规的组合和时序逻辑电路的趋势，发展很快，尤其在多输入多输出变量场合获得广泛应用。在表 6-5 中列出了四种 PLD 器件的结构比较。

表 6-5　PLD 器件结构分类比较

器 件 分 类	阵　　　列		输 出 结 构
	与　阵　列	或　阵　列	
PROM	固定	可编程	固定、三态缓冲
PLA	可编程	可编程	固定、三态缓冲
PAL	可编程	固定	固定、I/O、三态缓冲、寄存器
GAL	可编程	固定	输出逻辑宏单元由用户定义

PLD 器件的逻辑图通常采用简化表达方式，在门阵列中交叉点上的三种连接情况用图 6-14 所示的方式表示：其中"•"表示交叉点的固定连接，已由生产厂家连接好，用户不可更改；"✕"表示编程熔丝未被烧断，交叉点相连接，用户在编程时可将不需要的"✕"去掉；交叉点处没有"✕"表示编程熔丝已被烧断，交叉点是断开的。图 6-15 是输入缓冲器的表示方式，对有多个输入端的**与门、或门**，采用图 6-16 所示的简化画法，用一条输入线表示，凡是通过"•"或"✕"与该输入线连接的信号都是该逻辑门的一个输入信号。

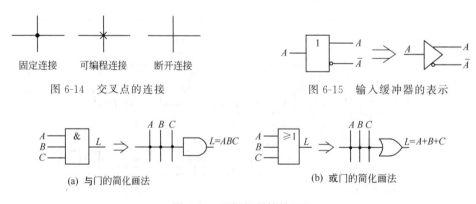

图 6-14　交叉点的连接　　　　　　　　图 6-15　输入缓冲器的表示

(a) 与门的简化画法　　　　　　　　(b) 或门的简化画法

图 6-16　逻辑门的简易画法

一、用 PROM 实现组合逻辑电路

PROM 是由固定的硬线连接的**与阵列**和交叉点全由熔丝连接的可编程**或阵列**组成的**与或**逻辑阵列，PROM 的内部结构可简化成图 6-17(a) 所示的逻辑阵列，图中，每个**与门**有四个输入端，共有 $2^4 = 16$ 种可能的组合，对应于输入变量所有的最小项；输出字长为四位，共有 $16 \times 4 = 64$ 个独立的可编程点。

因为，任一组合逻辑电路均可用最小项之和表达式（**与或式**）表示，因此可以利用 PROM 实现组合逻辑电路的设计。

【例 6-1】　用 PROM 设计一个将四位二进制代码转换为格雷码的逻辑电路。

解　首先可列出代码转换表（真值表），如表 6-6 所示。

根据表 6-6 可写出用最小项表示的格雷码输出逻辑表达式

194

$$G_3 = m_8 + m_9 + m_{10} + m_{11} + m_{12} + m_{13} + m_{14} + m_{15}$$

$$G_2 = m_4 + m_5 + m_6 + m_7 + m_8 + m_9 + m_{10} + m_{11}$$

$$G_1 = m_2 + m_3 + m_4 + m_5 + m_{10} + m_{11} + m_{12} + m_{13}$$

$$G_0 = m_1 + m_2 + m_5 + m_6 + m_9 + m_{10} + m_{13} + m_{14}$$

表 6-6　例 6-1 的代码转换真值表

二进制码输入	译码输出	格雷码输出	二进制码输入	译码输出	格雷码输出
$B_3 B_2 B_1 B_0$	m_i	$G_3 G_2 G_1 G_0$	$B_3 B_2 B_1 B_0$	m_i	$G_3 G_2 G_1 G_0$
0 0 0 0	m_0	0 0 0 0	1 0 0 0	m_8	1 1 0 0
0 0 0 1	m_1	0 0 0 1	1 0 0 1	m_9	1 1 0 1
0 0 1 0	m_2	0 0 1 1	1 0 1 0	m_{10}	1 1 1 1
0 0 1 1	m_3	0 0 1 0	1 0 1 1	m_{11}	1 1 1 0
0 1 0 0	m_4	0 1 1 0	1 1 0 0	m_{12}	1 0 1 0
0 1 0 1	m_5	0 1 1 1	1 1 0 1	m_{13}	1 0 1 1
0 1 1 0	m_6	0 1 0 1	1 1 1 0	m_{14}	1 0 0 1
0 1 1 1	m_7	0 1 0 0	1 1 1 1	m_{15}	1 0 0 0

将二进制码作为 PROM 的输入，最小项 m_i 即为其固定与阵列的输出，根据格雷码输出逻辑表达式对 PROM 的**或**阵列进行编程，在**或**阵列输出端即可得到输出的格雷码，如图 6-17(b) 所示。

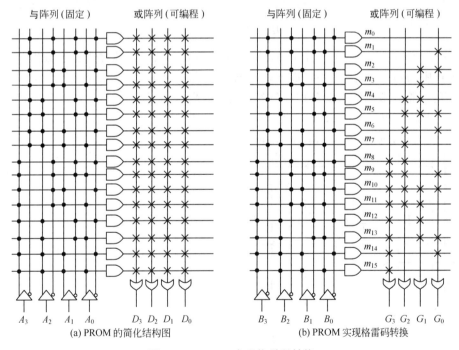

图 6-17　PROM 实现格雷码转换

二、可编程逻辑阵列器件（PLA）

1. PLA 的结构

PLA 与一般 ROM 电路比较,其共同点是:均由一个"**与阵列**"和一个"**或阵列**"组成。

其不同点在于它们的地址译码器部分：

一般 ROM 是用最小项来设计译码阵列的，有 2^n 条字线，且以最小项顺序编排，不得随意改动；而 PLA 采用可编程的"与阵列"作为其地址译码器，可以先经过逻辑函数的化简，再用最简与或表达式中的与项来编制"与阵列"，且 PLA 的字线数由化简后的最简与或表达式的与项数决定，其字线内容根据逻辑函数是"可编排"的。

2. 用 PLA 实现组合逻辑电路

现在仍以例 6-1 为例，说明用 PLA 实现组合逻辑电路的方法。

根据表 6-6 所示的格雷码转换表，经化简可以写出格雷码输出表达式

$$\left.\begin{aligned} G_3 &= B_3 \\ G_2 &= B_3\,\overline{B}_2 + \overline{B}_3 B_2 \\ G_1 &= B_2\,\overline{B}_1 + \overline{B}_2 B_1 \\ G_0 &= B_1\,\overline{B}_0 + \overline{B}_1 B_0 \end{aligned}\right\}$$

根据上述表达式，可以画出 PLA 的"与阵列"，然后由各最简与或表达式中的或项，可画出 PLA 的"或阵列"，如图 6-18 所示。

可见，用 PROM 实现此电路需要存储容量为 $16 \times 4 = 64\,\text{bit}$，而 PLA 实现此电路中需要存储容量为 $7 \times 4 = 28\,\text{bit}$。

图 6-19 所示为 TIFPLA839（三态输出）的 PLA 器件外引线端排列图。它有 14 个输入端（I_i），每个输入端又通过门电路转化为两个互补输入端，分别表示输入信号的原变量和反变量；有 6 个输出端（O_i），$\overline{OE}_1$、$\overline{OE}_2$ 为使能端，低电平有效，即当 $\overline{OE}_1$、$\overline{OE}_2$ 均为 0，器件可工作。当 $\overline{OE}_1$ 或 $\overline{OE}_2$ 有一个为 1，输出端均呈高阻状态，故称为三态输出。每一个输出的与或式中的与项可达 32 项，而每一个与项最多可由 14 个输入变量相"与"组成最小项。PLA 的规格一般用输入变量数、与阵列输出线数（相当于字线）、或阵列输出线（相当于位线）三者的乘积表示，TIFPLA839 规格可表示为 $14 \times 32 \times 6$。

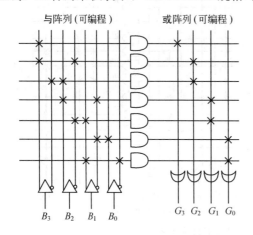

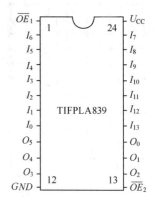

图 6-18　PLA 实现组合逻辑电路　　　　　图 6-19　TIFPLA839 的外引线端子图

三、可编程阵列逻辑器件（PAL）

前面介绍的 PLA 器件，其"与阵列"和"或阵列"均是可编程的，因此使用比较灵活，但用其实现简单逻辑函数时显得尺寸过大，价格较高。

如果在 PLA 器件的基础上，将**或**阵列中相**或**的**与**项数固定，**与**阵列允许用户编程设置，这种逻辑器件称为可编程阵列逻辑器件，简称 PAL。

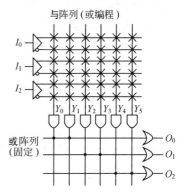

图 6-20 表示了 PAL 的基本结构。其中 $Y_0 \sim Y_5$ 所表示的**与**项是可编程的，而 $O_0 = Y_0 + Y_1$、$O_1 = Y_2 + Y_3$、$O_2 = Y_4 + Y_5$ 的**或**阵列是固定的，输入信号 I_i 由输入缓冲器转换成有互补的两个输入变量。这种 PAL 电路只适用于实现组合逻辑电路，且输出的**与或**函数中，**与**项的个数不能超过**或**门阵列所规定的数目，PAL 现有产品中**与**项个数最多为 8 个。此外还有带触发器和反馈线的 PAL 结构，不必外加触发器即可构成计数器和移位寄存器等时序电路（本书暂不介绍）。

图 6-20　PAL 的基本结构

PAL 器件种类很多，一般采用助记符命名法，以便表示器件的一些基本性能，现以 MMI（美国单片存储器公司）公司生产的 PALC16L8QA 为例加以说明

$$\begin{array}{ccccccc} \text{PAL} & \text{C} & 16 & \text{L} & 8 & \text{Q} & \text{A} \\ \hline ① & ② & ③ & ④ & ⑤ & ⑥ & ⑦ \end{array}$$

其中

① PAL——表示 PAL 系列。

② C——表示工艺，有四种标志：空白（TTL）、C（CMOS）、10H（10KH ECL）和 100（100K ECL）。

③ 16——表示输入引线数，通常有 8、10、12、14、16 等。

④ L——表示输出类型，通常有 L（低电平有效）、H（高电平有效）、C（互补）、R（寄存器型输出）、P（可编程输出极性）等。

⑤ 8——表示输出数，通常有 4、6、8 等几种。

⑥ Q——表示功耗等级，有四种标志：空白（全功耗，180～210mA）、H（半功耗，90～125mA）、Q（1/4 功耗，45～55mA）和 Z（零功耗，<0.1mA 维持电流）。

⑦ A——表示速度等级，通常有：空白（35ns）、A（25ns）、B（15ns）、D（10ns）等。

由于 PAL 器件可以用来对数字系统进行硬件加密，因此目前应用广泛。

四、通用阵列逻辑器件（GAL）

PAL 由于采用了熔丝结构，因此在编程后，就不能再改变其存储内容。另外，不同电路结构要相应选用不同型号的 PAL 器件，使用户感到不便。

80 年代中期研制出的通用阵列逻辑器件（简称 GAL）克服了 PAL 以上两个缺陷，它具有与 EPROM 相似的功能，可擦除可重复编程。其中存储单元采用 E^2ROM 结构，并与 CMOS 的静态 RAM 相结合。其特点是，采用电擦除工艺和高速编程，只需几秒钟即可对芯片擦除和改写，改写次数可达 100 次以上。另外具有双极型的高速性能和低功耗优点，还可加密单元以防抄袭，具有电子标签，便于文档管理。内部电路具有可编程的输出逻辑宏单元 OLMC，可灵活用于组合和时序电路。GAL 器件可分为两大类：一类与 PAL 相似，其**与**阵列可编程，而**或**阵列固定连接，这类产品目前较多，如 GAL16V8、GAL20V28、

ispGAL16Z8；另一类与 PLA 相同，其与、或阵列均可编程，如 GAL39V18。型号中，第一个数字表示输入数，第二个数字表示输出数。

GAL 电路功耗比 PAL 低，兼容性能好，能快速擦除和编程，是一种理想的硬件加密电路。使用 GAL 芯片需要专用的开发装置，在应用 GAL 之前，应熟悉有关资料及开发应用知识。

---

* 第四节 在系统可编程逻辑器件

在系统可编程逻辑器件（In-System Programmable PLD）又简称 ISP 器件，它不同于前面讲述的可编程逻辑器件 PAL 和 GAL。对 GAL 编程需要专用的编程器才能将设计好的 JEDEC 文件下载到芯片中，完成对 GAL 芯片的编程。而 ISP 器件不需要专用的编程器，它可以在编程软件提供的集成环境下，对源程序文件进行输入、编辑，并直接对源程序进行编译、修改，直到生成标准的 JEDEC 文件，然后通过下载电缆将用户系统板与计算机联接后，直接把 JEDEC 文件下载到用户系统板上的芯片中。它使用户在不改动系统电路设计和硬件设置的情况下，重构逻辑设计，进行反复编程，为系统在今后进行升级、改进提供了极大的方便，从而为电子产品的设计和生产带来了革命性的变化，被誉为第四代 PLD 器件，代表着 PLD 发展的方向。ISP 器件集成度远大于 GAL 器件，并且工作速度很高。以 Lattice 公司的 ISP 器件为例，它有四个系列的 ispLSI 器件，其集成度为数千门～2 万 5 千门不等，工作频率高达 80MHz。

一、ISP 器件的结构特点

下面以 Lattice 公司的 isp LSI1016 为例来介绍 ISP 器件的结构和特点。

Lattice 公司于 1991 年首次推出了在系统可编程大规模集成（insystem programmable Large Scale Integration，简称 ispLSI）的 PLD 器件。ispLSI1016 是 isp1000 系列中的一种，采用 E^2CMOS 技术，电可擦除、可编程且可重新编程。其芯片有 44 个外引线端，其中 32 个 I/O 端、4 个专用输入端、3 个时钟输入端、一个专用的编程控制端和 4 个电源端，集成度为 2000 个等效门，每个芯片含 64 个触发器和 32 个锁存器，系统工作频率可达 10MHz。isp1016 的结构框图和外引线图如图 6-21 所示。

isp1016 由两个宏块（megablock）、一个集总布线区和一个时钟分配网络组成。每个宏块中包含 8 个通用逻辑块（GLB）、一个输出布线区、一个输入总线和 18 个引线端，其中 16 个是 I/O 端，2 个是专用输入端。在 ISP 中，系统的主要逻辑功能都在 GLB 中完成。

在 isp1016 中，信号的大致流向是：由 I/O 端输入信号，经输入总线进入集总布线区，再由集总布线区通过编程选择流向任一个 GLB；GLB 的输出信号，一方面反馈到集总布线区，另一方面经输出布线区，分配到各 I/O 端输出。下面简单介绍各模块的主要功能。

（一）集总布线区 GRP（Global Routing Pool）

集总布线区位于芯片的中间区域，片内的逻辑信号可以通过这一区域连接。它由可编程连接点把输入信号和各个 GLB 之间的内部逻辑联系在一起，供设计者编程使用，设计者可以方便地通过编程来实现各种复杂的逻辑设计。其特点是信号输入、输出之间的延迟恒定，并且与输入、输出的位置无关。

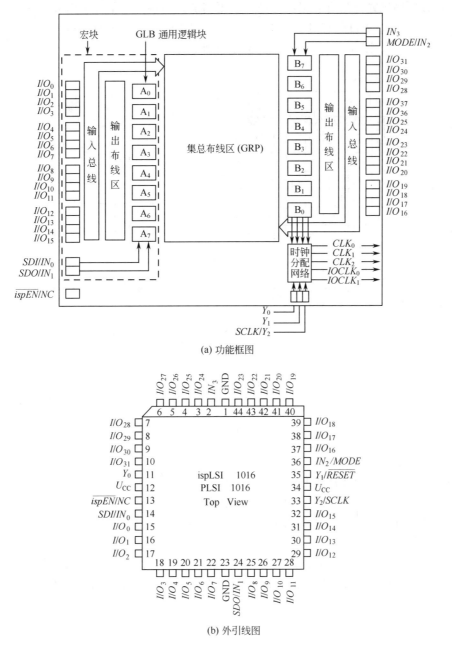

(a) 功能框图

(b) 外引线图

图 6-21　isp1016 功能框图和外引线图

（二）宏块结构（megablock）

ispLSI 系列器件采用了宏块结构，每个芯片由两个宏块组成，宏块内包含了 8 个通用逻辑块 GLB、一个输出布线区、16 个 I/O 单元、2 个直接输入端（IN_0、IN_1）和一个 16 位输入总线。

1. 通用逻辑块（GLB）

GLB 是芯片中最关键的部分，系统的逻辑功能主要是由 GLB 来完成的。它是由可编程**与**阵列、乘积项共享阵列 PTSA（Product Term Sharing Array）和 4 个输出逻辑宏块单元（OLMC）以及控制逻辑电路组成。其中乘积项共享阵列是在 GAL 固定**或**阵列上增加了可编程共享阵列而成，通过对它的编程，可以使乘积项共享，最多可获得全部乘积项之和，这一点比 GAL 的固定**或**阵列有了很大的进步和更高的灵活性。它的四个触发器是带异**或**门输入的可重构触发器,通过编程可以构造 D 触发器、JK 触发器和 T 触发器。GLB 通过编程可以构造出多种组态,图 6-22 中画出了 GLB 的标准组态模式。

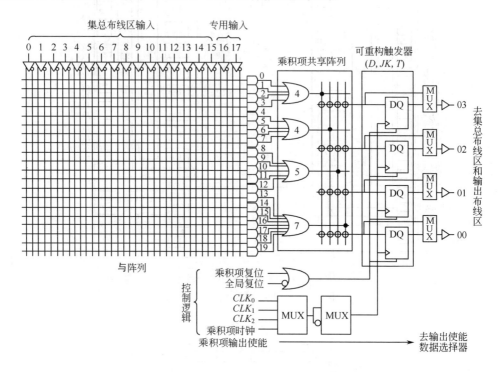

图 6-22 GLB 的标准组态模式电路结构

2. 输出布线区 ORP

输出布线区是介于 GLB 和 I/O 单元之间的一个可编程互连阵列,它的任务是实现 GLB 与 I/O 间的信号传输。由于 ORP 为可编程互连阵列,因此通过对它的编程,可以把任意一个 GLB 的输出与任意一个 I/O 单元连接。

3. 输入总线

输入总线是一个 16 位信号的传输通道,它把 I/O 单元的输入信号送到集总布线区,在由集总布线区送到各 GLB 的输入端;同时也可把 GLB 的输出信号由 I/O 编程选择,经输入总线反馈到集总布线区实现信号的反馈。

4. I/O 单元

输入输出单元具有输入、输出和双向 I/O 三种模式,每一种模式又具有多种不同的方式,通过对不同的数据选择器的编程来进行选择和控制。

(三) 时钟分配网络

时钟分配网络用来产生 5 个集总时钟信号,其中 3 个用于 GLB 的时钟,2 个用于 I/O 单元时钟。时钟信号来自芯片的时钟输入端 Y_0、Y_1、Y_2。也可以由芯片内部的时钟专用 GLB 来产生系统时钟,可以通过编程加以选择。

二、ispLSI1016 的主要性能指标

ispLSI1016 的主要性能指标反映在它的型号说明上,规则如下。

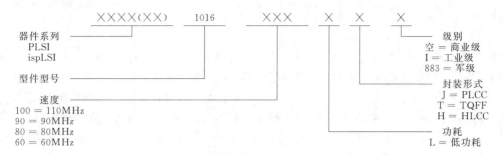

例如，ispLSI1016-60LJ 指最高工作频率 f_{max} 为 60MHz、低功耗、PLCC 封装的在系统可编程器件。

三、PLD 的开发与在系统可编程技术

1. PLD 的开发过程

普通 PLD 器件的开发通常包括逻辑设计、选择器件和编制 JEDEC 文件三步，然后使用编程器进行编程，经过测试后，插入印刷板使用。

逻辑设计的途径是根据系统设计要求对所设计的电路提出一个简洁而完整的功能描述。在逻辑设计的基础上，对电路的输入/输出端数、所使用的寄存器数和门电路数进行统计，并根据电路的速度、功耗、接口方式等要求，选择合适的 PLD 器件。

PLD 的开发工作通常在 PC 机平台上进行，可以使用通用的开发系统软件，如 ABEL、CUPL、LOGIC、MINC 和 ORCAD PLD 等通用软件，也可以使用各器件公司的专用开发工具。用户可以根据开发软件的要求，按一定的格式或语言将逻辑设计内容送入计算机，由开发系统自动对其进行编译，生成 JEDEC 文件。JEDEC 文件（简称 JED 文件）是关于器件编程信息的标准格式文件，它是以码点形式表示的，也称熔丝图。得到 JED 文件后，即可将其下载到编程器中，对器件进行编程，编程完成后还要进行逻辑功能测试，测试通过的器件才能付诸使用。

2. 在系统可编程技术

传统的编程技术是将 PLD 器件插在编程器上编程，在系统可编程（In System Programmable，简称 ISP）技术则可不用编程器，直接在用户自己设计的目标系统中或线路板上对 PLD 编程。这就有可能使得硬件的修改如同修改软件那样灵活、方便，为逻辑电路的设计技术开创了全新的局面。

对 ISP 器件的编程可利用 PC 机进行。在设计的第一阶段，可以使用 ABEL、CUPL、LOGIC、MINC 和 ORCAD PLD 等通用软件或 Lattice 公司提供的专用编译软件，如 Synario 等，特别是 Lattice 公司最近推出的 ISP Synario System 教学版本，特别适合初学者使用。该软件可以支持 ispLSI1016 和 2032 两种芯片，具有原理图、高级语言、真值表、状态机以及混合式等多种输入形式，并且还包括了功能模拟器和波形显示器，可以对设计结果进行仿真检验，并自动进行芯片内部的布局和布线，生成 JEDEC 文件；在设计的第二阶段可以使用该软件套件中的菊花链烧写软件 ispDCD（ISP Daisy Chain Dowmload）将 JEDEC 文件写入 ispLSI 芯片。

Lattice 的 ISP 技术仅需一路 5V 电源和一根并行或串行电缆就能在电路板上对器件进行编程和改写，其操作是通过将命令和数据经电缆传送到 ISP 器件来完成的。读者若需掌握在系统可编程技术，可参阅相关资料，这里不作详细说明。

本章小结

大规模集成电路是数字系统中的重要器件，本章重点介绍了只读存储器 ROM、随机读写存储器 RAM、可编程逻辑器件 PLD、在系统可编程逻辑器件 ISP 的分类及应用。

ROM 存储的信息是固定的，且不易丢失；它只能进行数据的读出、而不能随意写入。按写入信息的方式不同可分为固定 ROM、PROM 和 EPROM。ROM 是一种组合逻辑电路，由与门阵列（地址译码器）和或门阵列（存储单元）组成。ROM 的输出是输入变量最小项的组合，因此，利用 ROM 可以方便地组成组合逻辑电路。随着大规模集成电路成本的下降，利用 ROM 构成复杂组合逻辑电路将越来越普遍。

RAM 的信息可随机写入或读出，是一种时序逻辑电路，具有记忆功能，所存储的信息随电源断电而消失，因而，信息不便于长期保存。RAM 有动态和静态两种类型，静态 RAM 依靠触发器记忆信息，动态 RAM 依靠 MOS 管的栅极电容存储信息。

PLD 是在 ROM 的基础上，于 20 世纪 70 年代发展起来的一种新型器件，是由编程来确定逻辑功能的器件的统称，属于门阵列结构。它包括可编程只读存储器 PROM、可编程逻辑阵列器件 PLA、可编程阵列逻辑器件 PAL 和通用阵列逻辑器件 GAL。这类器件具有极大的设计灵活性，不仅能缩短设计周期，而且大大地提高了产品的集成度，已越来越多地应用于各种数字系统中。PLD 可由用户编程，自己确定逻辑结构，自制 ASIC 电路；特别是 GAL 器件功能灵活，电可擦除，编程工具完整，因而使用广泛。

ISP 是新一代 PLD 器件，它的特点是可直接对安装在用户目标板上的 ISP 器件进行在线编程，可在不改动用户硬件电路的情况下，实现对用户产品的改进和升级，因而为产品的升级换代提供了方便；又由于 ISP 器件集成度高、工作速度快、编程软件先进，设计周期短等一系列优点，而备受当代电子设计者的青睐，发展非常迅猛，前景十分看好。

思考题与习题

一、填空题

6-1 半导体存储器分为_____和_____两类。

6-2 ROM 和 RAM 最大的区别是_____。

6-3 ROM 可分为_____，_____和_____。

6-4 存储器的存储容量是指_____。现有一个存储器，其地址线为 $A_{11} \sim A_0$，数据线为 $D_7 \sim D_0$，它的存储容量是_____。

6-5 某一存储器有 6 条地址线和 8 条双向数据线，则它是_____存储器，其存储容量是_____。

6-6 将一个包含有 16384 个基本存储单元的存储电路设计成 8 位为一个字节的 ROM，该 ROM 有_____个地址，有_____条地址读出线。

6-7 将一个包含有 32768 个基本存储单元的存储电路设计成 4096 个字节的 RAM，该 RAM 有_____条地址线，有_____条_____向数据线。

6-8 有一个容量为 256×4 位的 RAM，该 RAM 有_____个基本存储单元，每次访问_____个基本存储单元，有_____条地址线，有_____条数据线。

6-9 ispLSI1016 芯片有_____个 GLB 模块，GLB 模块的主要功能是_____。

6-10 在 isp1016 中，信号大致的流向是_____。

6-11 存储器容量的扩展通常有_____、_____、_____三种方式。

6-12 PLD 根据阵列和输出结构的不同，PLD 可分为_____、_____、_____、_____四种基本类型。

6-13 PROM 的与阵列_____，或阵列_____；PLD 的与阵列_____，或阵列_____。

6-14 PAL 的与阵列_____，或阵列_____；GAL 的与阵列_____，或阵列_____。

6-15 简述 PLD 器件的发展历史及方向。

二、判断题

6-16 用 ROM 实现组合逻辑时不对函数作任何简化。

6-17 使用 Synario 软件设计 ISP 芯片的逻辑功能，用户不需要关心对芯片内部的逻辑功能分配及芯片内的布局布线。

6-18 使用 Synario 软件设计 ISP 芯片的逻辑功能，用户不需要关心对芯片引线端子的分配。

6-19 PLA 实现逻辑函数时，要求产生所有输入变量的最小项。

6-20 PAL 器件仅对逻辑宏单元 OLMC 进行编程。

6-21 GAL 是通用阵列逻辑器件，可以进行反复编程。

三、选择题

6-22 存储器的两个重要指标是：（　　　）
  A. 存储容量和存取时间　　　　B. 功耗和集成度速度和时延
  C. 容量和价格　　　　　　　　D. 速度和时延

6-23 下面说法错误的是：（　　　）
  A. RAM 分为静态 RAM 和动态 RAM
  B. RAM 指在存储器中任意指定的位置读写信息
  C. 译码电路采用 CMOS 或非门组成

6-24 下面说法错误的是：（　　　）
  A. 存储单元能进行读写操作的条件是：与它相连的行、列选择线均呈低电平
  B. 静态 RAM 的特点是数据由触发器记忆，只要不断电，信息将永久保存
  C. 当实际存储器系统的字长超过 RAM 芯片的字长时，需要对 RAM 实行位扩展

6-25 下面说法错误的是：（　　　）
  A. ROM 属于同步时序电路
  B. ROM 可分为掩膜 ROM、PROM 和 EPROM
  C. 静态和动态 RAM 都具有易失性

6-26 下面说法错误的是：（　　　）
  A. 掩膜 ROM 只能改写有限次
  B. PROM 只能改写一次
  C. EPROM 可改写多次

6-27 下面说法错误的是：（　　　）
  A. RAM 是一种组合逻辑电路，具有记忆功能
  B. 静态 RAM 用触发器记忆数据
  C. 动态 RAM 靠 MOS 管栅极电容存储信息

6-28 下面说法错误的是：（　　　）
  A. 停电情况下，静态 RAM 的信息必须定期刷新，动态 RAM 可长期保存
  B. 静态 RAM 和动态 RAM 比，存储单元所用的元件数目多、功耗大
  C. 存储量不大的情况下，多采用静态 RAM

6-29 下面说法错误的是：（　　　）
  A. ROM 的输出是输入最小项的集合
  B. 采用 ROM 构成各种逻辑函数化简量比较大
  C. ROM 是一种易失性的存储器，它存储的是固定信息，只能被读出

6-30 现有一个静态 RAM，有 $A_0 \sim A_9$ 十条地址线，采用（　　　）方式，其地址译码器输出线数

目最少。

  A. 采用单译码方式

  B. $A_3 \sim A_8$ 为行地址线，$A_0 \sim A_2$、A_9 为 4 根列地址线

  C. $A_0 \sim A_4$ 为行地址线，$A_5 \sim A_9$ 为列地址线

四、电路分析

6-31 画出用 1024×1 位 RAM 组成 1024×4 位 RAM 的接线图。

6-32 用 2114（$1K \times 4$ 位 RAM）组成 $2K \times 4$ 位 RAM 的接线图。

6-33 用 PLA 实现以下逻辑功能：

  ① 将 8421BCD 码转换成余 3 码。

  ② 将 8421BCD 码转换为数码管七段显示码。

6-34 图 6-23 所示为用固定 ROM 组成的组合逻辑电路，试写出其输出逻辑表达式，并指出其逻辑功能。

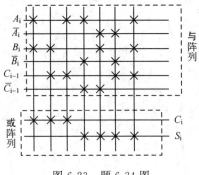

图 6-23 题 6-34 图

6-35 现有一个 64×1 位的 RAM。

  ① 该 RAM 仅有一套基本译码电路，则地址译码器中应有多少个**或非**门？每个**或非**门应有多少个输入端？

  ② RAM 中的基本存储单元排列成 16×4 存储阵列，则行、列译码器各应有多少个**或非**门？每个**或非**门应有多少个输入端？

  ③ 若该 RAM 中的基本存储单元排列成 8×8 存储阵列，那么行、列译码器各应有多少个**或非**门？每个**或非**门应有多少个输入端？

  ④ 上述方案中哪一种最佳？为什么？

6-36 有一个由三位二进制计数器和一个 ROM 构成的电路如图 6-24 所示，请画出输出 F 的波形。设计数器初态为 0。

6-37 试用可编程阵列 PLA 实现图 6-25 所示电路的功能。

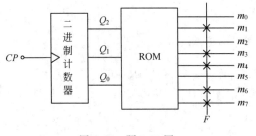

图 6-24 题 6-36 图

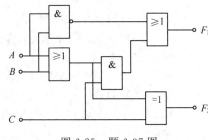

图 6-25 题 6-37 图

第七章　数字电路综合应用

目的与要求　通过对实际应用电路的分析和实际电路调测方法的学习，建立工程应用的概念，达到复习、巩固基础知识，提高应用能力的目的。掌握数字电路读图的基本方法和步骤；掌握数字电路调试和基本故障诊断与排除的方法，达到综合应用的要求。

第一节　数字电路的调试方法

任何一个电路，包括已被实验证明是成功可行的电路，按照设计的电路图安装完毕之后，并不能马上投入使用。因为在设计时，对各种客观因素难以完全预测，加上元器件参数存在离散性与误差，所以必须对安装好的电路进行调试，及时发现和纠正不符合设计要求的地方，并采取必要的补救措施，直到满足设计要求为止。所以，电路的调试是一个必不可少的环节，掌握电路调试方法也是电子技术人员必需的基本技能之一。

数字电路调试方法与其他电子线路有着许多共同之处，也有其自身的特点。

一、电子线路的一般调试方法

电路的调试是为了达到设计目的而进行的测量、调整、再测量、再调整的过程。一般按照如下顺序进行。

1. 检查电路

对照电路图检查电路元器件是否正确安装、元器件引线端子及极性是否正确、焊接是否牢靠、电源是否符合要求、极性是否正确等。

2. 按功能模块分别进行调试

任何复杂的电子设备都是由简单的单元电路组成，将各单元电路调试得均能正常工作，才可能使它们连接成整机后有正常工作的基础。先按功能模块调试电路，既容易排除故障，又可以逐步扩大调试范围，实现整机调试。实际工作时，既可以装好一部分就调试一部分，也可以整机装好后再分块调试。

3. 先静态调试、后动态调试

静态是指电路输入端未加输入信号或固定电位信号，使电路处于稳定的直流工作状态。静态调试是调试直流工作状态下电路的静态工作点，测试静态参数。电路的初始调试工作不宜开始就加电源同时又加信号进行电路测试。因为电路安装完成之后，未知因素很多，如接线是否正确、元器件是否完好、参数是否合适、分布参数的影响如何等，都需要从最基本的直流工作状态开始观察测试。所以一般是进行静态调试，待电路的直流工作状态正确后再加信号进行动态调试。

动态调试是指在电路的输入端加上适当频率和适当幅度的信号，使电路处于变化的交流工作状态。动态调试时通常使用示波器或逻辑分析仪来观察和测量电路的输入、输出信号波形，并测出相关的动态特性，对数字电路主要是检查输入、输出信号之间的逻辑关系、时序关系是否正确等。

4. 整机联调（统调）

所有的单元电路和功能模块经调试确认工作正常后，将各部分连接起来进行的整机调试称为整机联调或统调。整机联调的重点应放在关键单元电路和采用新电路、新技术的部位。调试顺序可以按照信号传递的方向和路径，通过一级一级的测试，逐步完成全电路的调试工作。

5. 指标测试

电路能正常工作后，立即进行技术指标的测试工作。根据设计要求，逐个检测指标完成情况。未能达到指标要求，需分析原因找出改进电路的措施，有时需要用试验的方法来达到指标要求。

二、数字电路调试中的特殊问题

1. 数字电路调试的一般步骤

数字电路中的信号基本是逻辑信号，通常在调试步骤和方法上有其特殊规律。数字电路调试的一般步骤如下。

① 首先需调整好振荡电路部分，确保为其他电路提供标准的时钟信号。

② 调整控制电路部分，保证分频器、节拍信号发生器等控制信号产生电路能正常工作，以便为其他各部分电路提供控制信号，确保电路正常、有序地工作。

③ 调整信号处理电路，如寄存器、计数器、选择电路、编码器和译码电路等。这些部分能正常工作之后，再相互连接检查电路的逻辑功能。

④ 注意调整好接口电路、驱动电路、输出电路以及各种执行元件或机构，确保实现正常的功能。

2. 数字电路调试中应注意的问题

数字电路的特点是集成电路应用较多，引线端子密集、连线较多，各单元电路之间时序关系严格，出现故障后不易查找原因。所以，在调试中应注意以下问题。

（1）元件类型　调试中注意区分元器件的类型是分立元件、TTL 电路或 CMOS 电路等，并依此确定与之相适应的电源电压、电平转换、负载电路等。

（2）时序电路的初始状态，检查能否自启动　应保证电路开机后能顺利地进入正常的工作状态，还要注意检查各集成电路辅助端子、多余端子的处理是否得当等。

（3）各单元电路间的时序关系　要先熟悉各单元电路之间的时序关系，以便对照时序图检查各点波形。注意区分各触发器的触发边沿是上升沿还是下降沿，其时钟信号与振荡器输出的时钟信号之间的关系。

综上所述，在数字电路的调试过程中，既要按照电子电路的一般调试方法进行调试，还要结合数字电路的特殊性，按照"先观察，后通电；先静态，后动态"的原则进行。

三、数字电路调试举例

现以图 7-1 所示的 8421BCD 码同步递增计数器为例，说明数字电路的调试方法。

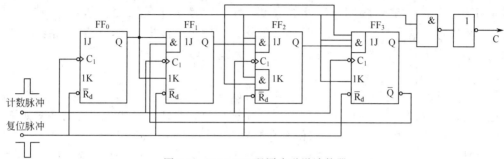

图 7-1　8421BCD 码同步递增计数器

1. 分调

这一步的主要目的是测试单个集成 JK 触发器的性能。将四个 JK 触发器之间的连线断开，对触发器逐个进行测试。建议在把集成电路安装到电路板上之前先在通用逻辑实验箱中进行测试，调试无误后再装到电路板上去，这样就不需要断开连线了。

现以触发器 FF_0 的调试过程为例进行说明。

首先进行静态测试。测试电路如图 7-2 所示。在 JK 触发器的 J 端和 K 端分别连接上开关 Sk_1 和 Sk_2；在时钟输入端 C_1 和异步复位端 $\overline{R}_d$ 分别连接上按钮 S_1 和 S_2。调试开始时，先按下 S_2 使触发器复位，然后用 Sk_1 和 Sk_2 按真值表的顺序分别设定 J、K 的输入电平，每完成一次设置，都按一次 S_1，以提供一个时钟脉冲下降沿，然后用逻辑笔测出 Q 和 $\overline{Q}$ 端的输出电平，看是否与真值表相符。如是用逻辑实验箱做测试，则可利用实验箱中的逻辑电平显示器直接显示输出结果。逻辑功能测试完成后，用万用表检查输出电平值是否符合规范要求。如所有测试均符合要求，则可初步判定所选器件的质量是好的。如测试结果与理论值不符，则首先应检查外围电路是否接触可靠、连线是否正确、电源是否符合要求等。其次要检查使用的工具仪器是否工作正常，功能、量程的选择是否得当，被测器件的多余输入端的处理是否正确。最后，如果排除了上述的所有可能性之后，电路的工作仍然不正常，再考虑被测器件存在质量问题，可换一个同型号的新器件再做一次测试。

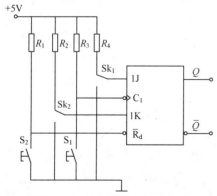

图 7-2　JK 触发器静态调试电路

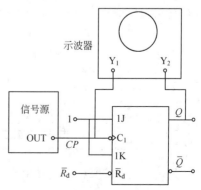

图 7-3　JK 触发器动态调试电路图

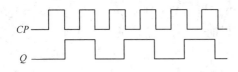

图 7-4 JK 触发器动态调试时序图

静态调试通过之后，就可以进行动态调试了。动态调试的电路图如图 7-3 所示。首先将被测 JK 触发器的 JK 端并联并连接为高电平，在时钟输入 C_1 端接一个频率大约为 1000 Hz 的脉冲信号源，将脉冲信号源的输出与触发器的输出端 Q 分别接到双踪示波器的两个探头上，然后接通电源，并给 $\overline{R}_d$ 端输入一个瞬时低电平复位信号，使触发器复位。此时可以打开信号源，并观察示波器上的输入、输出的波形对比，时序关系是否正确。被测触发器工作正常时输入、输出之间的时序关系应该如图 7-4 所示。

2. 总调

所有元器件通过测试确认工作正常后，就可以按照电路图连接起来进行总体调试。总调同样也分为静态调试和动态调试两个过程。首先进行静态调试，静态调试的电路图如图 7-5 所示。S_2 为异步复位按钮，按下后将使所有触发器复位，使计数器从零开始计数。S_1 为手动计数脉冲输入，每按动一次，产生一个计数脉冲下降沿，此时各触发器的状态应按照 8421BCD 码的递增顺序发生变化。可以用逻辑笔测出各触发器的输出状态，也可用逻辑实验箱中的逻辑电平显示器同时显示出四个触发器的输出状态。将测出的计数器状态依次记入预先画好的空状态表中，所有状态测完之后，与 8421BCD 码计数器的理论状态表对照，看是否一致。正常情况下应该是一致的。如果所测结果与理论值不符，而所有的触发器都通过了静态和动态的分别调试，则基本可以认定故障出在连线上，这时就应该对照电路图仔细地检查各连接线的连接是否正确、接触是否可靠、电源电压是否符合要求等。

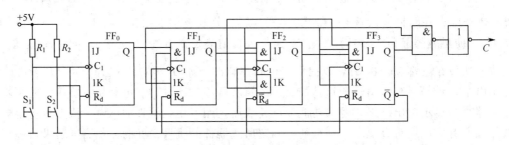

图 7-5 8421BCD 码同步递增计数器静态调试电路

静态调试通过后，则可以进行动态调试。动态调试的电路图如图 7-6 所示。与静态调试时的电路基本一致，只是将静态调试时的手动计数脉冲输入换成了脉冲信号源。注意，此时的测量工具不能使用逻辑笔或逻辑实验箱中的逻辑电平显示器，而应该使用示波器，如条件许可，应使用可以同时探测多路信号的示波器，如八踪示波器。

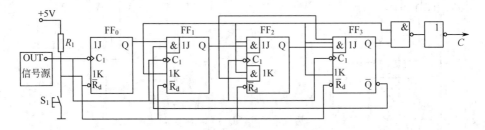

图 7-6 8421BCD 码同步递增计数器动态调试电路

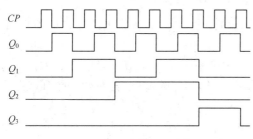

图 7-7　8421BCD 码同步递增计数器时序图

首先，按电路图将信号源输出接到计数器的时钟输入端，将信号源的输出频率调到 1000Hz，将示波器的 Y_1 探头接到信号源的输出端，将 $Y_2 \sim Y_5$ 探头分别接到触发器 $FF_0 \sim FF_3$ 的 Q 端，打开电源，调整示波器的扫描时间，使荧光屏上出现十个时钟脉冲波形。这时就应该在示波器上看到如图 7-7 所示的时序图。如只有双踪示波器，则可将 Y_2 探头逐次接到触发器 $FF_0 \sim FF_3$ 的 Q 端，也可以看到 $Q_0 \sim Q_3$ 的波形和时钟脉冲的波形对比，它们之间的时序关系也应该与图 7-7 一致。

第二节　数字电路故障的诊断与排除

电路故障是电路的异常工作状态。因为所有的电子元器件都有一个可靠性及工作寿命问题，故出现故障的情况是难免的。因此，每一个电子技术人员都应掌握一定的故障分析诊断、查找定位及排除的方法。

一、数字电路故障诊断前的准备

进行数字电路故障诊断之前，应该做好两方面的准备工作。首先是知识的准备，必须对数字电路的常用电路类型及相应的工作原理有充分的了解，对其常用的元器件的工作原理及外观、性能等要熟悉，并要掌握数字电路故障诊断的方法和步骤；其次是工具的准备，各种常用的工具和仪器仪表如万用表、逻辑笔、示波器等要具备，并掌握其性能及使用方法。

二、数字电路故障的分类

数字电路的故障因其产生原因不同，可以分成若干类。

1. 由元器件引起的故障

电路中的电阻、电容、电感、晶体管、集成电路等元器件由于质量问题或使用时间过长而导致性能下降甚至损坏变质，电容、变压器的绝缘层击穿等问题最终都将导致该故障元器件失效。这一类故障原因常使电路产生如：振荡电路无输出信号及数字逻辑电路有输入信号却没有输出信号的故障现象。

2. 因接触不良而引起的故障

电路中的各种接插件的接点接触不牢靠，焊接点的虚焊、假焊，开关、电位器接触不良，空气中的有害成分造成的印刷电路板或连接线的氧化、腐蚀以及外力冲击造成的机械性损坏等都有可能引起接触不良故障。这类故障现象大多是电路完全不工作或间歇性地停止工作。

3. 人为原因引起的故障

在安装的过程中元器件的错焊、漏焊，元器件的错误选择，连接线的错接、漏接、多接，在调试的过程中由于粗心引起的短路或碰撞造成的损坏等，都是由于操作者自身的原因引起的人为故障。此类故障的表现形式往往多种多样，上面提到的各种故障现象都有可能表现出来。

4. 各种干扰引起的故障

数字电路在使用过程中往往会受到一些外界因素的干扰，从而造成电路工作的不稳定。这一类的干扰原因多是以下几类。

① 直流电源质量较差。数字电路使用的直流电源一般都是由交流电经整流、滤波、稳压得到的。若滤波效果不佳则会在直流成分上叠加上一定的纹波电压，这种纹波电压经某种途径窜入信号电路就会形成交流干扰。

② 感应和耦合产生干扰。电路连线及其中的电阻、电容等元件之间均存在一定的分布电感和分布电容，这些分布元件的存在使得电路很容易受到外界的放电设备、高频设备等的干扰，导致电路产生寄生振荡，在无输入信号时使组合电路产生一些杂乱输出或使时序电路发生一些错误的状态变化。

③ 电路设计不当产生的干扰。电路设计不当如接地点的阻抗过大、位置不合理等原因均会导致干扰。由各种干扰引起的故障主要表现为输出不稳定或逻辑关系不正确、输出数码显示错误或不显示等。

产生故障的原因很多，上述所列只是一些常见现象。故障发生的情况也很复杂，有的是一种原因引起的简单故障，有的是多种原因相互影响而引起的复合故障。这就需要在掌握一定的故障检测与定位方法的基础上逐步提高排除故障的能力。

三、常见的逻辑故障现象

比较常见的故障现象主要有以下几种。

① 振荡电路无输出信号。
② 有输入信号却没有输出信号。
③ 电路完全不工作或间歇性地停止工作。
④ 虽然有输出信号，但逻辑关系混乱。
⑤ 输出不稳定或逻辑关系不正确。
⑥ 输出数码显示错误或不显示。

四、故障的检测与定位

数字电路故障的检测与定位指的是：当电路发生故障时，根据故障现象，通过检查、测量与分析查找故障的原因并确定故障的部位，找到发生故障的元器件的过程。一般比较简单的电路，其故障原因往往也比较简单，故障的检测与定位较容易；而较为复杂的电路，其故障往往也较为复杂，故障原因的检测与定位相对也就要困难一些。

故障的检测与定位是排除故障必需的步骤，必须掌握一定的方法。故障检测与定位的方法很多，实际应用中应根据具体的故障现象、电路的复杂程度、可使用的仪器设备等情况综合考虑使用，并根据电路的原理及实际的经验进行综合判断。这是一项需要积累一定经验才能较好地完成的工作。下面讨论常用的电路故障检测与定位的方法。

1. 直接观察法

所谓直接观察法是指不借助于任何的仪器设备，直接观察待查电路的表面来发现问题、寻找故障的方法，一般分为静态观察和通电检查两种。其中的静态观察包括以下几点。

① 首先观察电路板及元器件表面是否有烧焦的印迹，连线及元器件是否有脱落、断裂等现象发生。

② 观察仪器使用情况。仪器类型选择是否合适，功能、量程的选用有无差错，共地连

接的处理是否妥善等。首先排除外部故障，再进行电路本身的观察。

③ 观察电路供电情况。电源的电压值和极性是否符合要求，电源是否已确实接入了电路等。

④ 观察元器件安装情况。电解电容的极性、二极管和三极管的引线端子、集成电路的引线端子有无错接、漏接、互碰等情况，安装位置是否合理，对干扰源有无屏蔽措施等。

⑤ 观察布线情况：输入和输出线、强电和弱电线、交流和直流线等是否违反布线原则。

静态观察后可进行通电检查。接通电源后，观察元器件有无发烫、冒烟等情况，变压器有无焦味或发热及异常声响。

直接观察法适用于对故障进行初步检查，可以发现一些较明显的故障。

2. 参数测试法

参数测试法是借助于仪器来发现问题、寻找故障部位的方法。这种方法可分为断电测试法和带电测试法两种。

断电测试法是在电路断电条件下，利用万用表欧姆挡测量电路或元器件电阻值，借以判断故障的方法，如检查电路中连线、焊点及熔丝等是否断路，测试电阻值、电容器漏电、电感器的通断，检查半导体器件的好坏等。测试时，为了避免相关支路的影响，被测元器件的一端必须与电路断开。同时，为了保护元器件，一般不使用高阻挡和低阻挡，以防止高电压或大电流损坏电路中半导体器件的 PN 结。

带电测试法是在电路带电条件下，借助于仪器测量电路中各点静态电压值或电压波形、支路电流等，进行理论分析，寻找故障所在部位的方法，如检查晶体管静态工作点是否正常，集成器件的静态参数是否符合要求，数字电路的逻辑关系是否正确等等。

3. 信号寻迹法

信号寻迹法是根据需要在电路输入端加入一个符合要求的信号，按照信号的流程从前级到后级，用示波器或电压表等仪器逐级检查信号在电路内各部分之间传输的情况，分析电路的功能是否正常，从而判断故障所在部位的方法。检测时也可以从输出级向输入级倒推进行，信号从最后一级电路的输入端加入，观察输出端是否正常，然后逐级将信号加入前面一级电路输入端，继续进行检查。注意，只有在电路静态工作点处于正常的条件下，才能使用这种方法。

4. 对分法

对于有故障的复杂电路，为了减少测试的工作量，可将电路分成两部分，先找出有故障的部分，然后对有故障的部分再进行对分检测，一直到找到故障点为止。

5. 分割测试法

对于一些有反馈的环形电路，如振荡器、稳压器等电路，他们各级的工作情况互相有牵连，这时可以采用分割环路的方法，将反馈环去掉，然后逐级检查，可以更快地查出故障部位，对自激振荡现象也可以用这种方法检查。

6. 对比法

怀疑某一电路存在问题时，可找一个相同的正常电路进行比对，将两者的状态、参数进行逐项对比，很快就可以找到电路中不正常的参数，进而分析出故障原因并查找到故障点。

7. 替代法

有时故障比较隐蔽，不能很快找到，需做进一步的检查，这时可用已调试好的单元电路或组件代替有疑问的单元电路，以此来判断故障是否在此单元电路。当确定有问题的单元电路时，还可以在该单元电路中采用局部替代法，用确认良好的元器件将怀疑有问题的元器件替换下来。逐步缩小故障的嫌疑范围，最终找到故障点。

五、常见故障的排除方法

数字电路的故障类型较多，产生故障的原因也各不相同，因此排除的方法也不一样。

（1）对由元器件引起的故障　当确认了故障元器件之后，只需将故障元器件用新的元器件代替即可。

（2）因接触不良而引起的故障　当找到了故障点之后，重新进行焊接安装或更换接触不好的开关或接插件即可排除故障。

（3）人为原因引起的故障　由于其故障原因缺乏规律性，查找故障点相对困难些。但其出现的对象较有规律性，一般是在新手安装、调试或维修的电路上出现，且是在安装、调试或维修之后就没有正常工作过。当出现这样的现象时就可以初步判定是人为原因引起的故障。此类故障一般使用直接观察法就可以找到故障原因，但需要特别地仔细。需对照电路图耐心地逐个检查元器件、连接线、接插件等，直到找到故障原因，及时处理。

（4）对各种干扰引起的故障　要分清原因，根据不同的干扰源，采用不同的对策。

① 直流电源质量不佳。可采用纹波电压小的稳压电源供电或引入滤波电路。

② 感应和耦合产生干扰。针对感应或耦合产生的原因，可分别采用屏蔽、改变布局关系、改变走线方法、合理选择接地点或增加补偿网络等方法排除。

③ 电路设计不当产生的干扰。对此类故障需进行认真的研究和实验来验证，如确认是电路设计不当产生的干扰，就应该修改电路设计，将干扰排除。

第三节　数字电路应用实例

任何实际的数字系统，都是各单元电路的综合，要理解电路的功能、搞懂电路工作原理，首要的问题就是读图。所谓"读图"，就是看懂电路图，通过分析电路的基本组成及工作原理，掌握电路的基本功能。对数字电路而言，就是分析给定电路的逻辑功能。

读图必须建立在掌握本书前述各章基础知识的基础上，并且还要对数字电路的分类、结构特点、电路的基本形态等知识充分了解，并掌握常用数字集成电路手册的使用方法。

一、数字电路读图的要求、方法和步骤

数字电路读图的步骤可分为以下几步。

1. 了解电路用途

在具体分析电路的逻辑功能之前，首先应了解整个电路的用途，也就是它要完成什么功能。这对分析电路各组成部分的功能将起到指导作用。

2. 查清器件功能

在比较复杂的数字电路中，可能包含若干种集成电路和分立元器件。对电路中经常用到的一些小规模集成电路，一定要熟悉其逻辑功能。有些中、大规模集成电路本身的逻辑功能已相当复杂，必须借助于手册或相关资料逐一查清其逻辑功能，然后才能对系统进行分析。

3. 划分功能模块

根据数字系统的逻辑功能将电路划分成若干功能模块，并找出各功能模块的输入、输出控制关系，然后将各功能模块连接成逻辑框图。

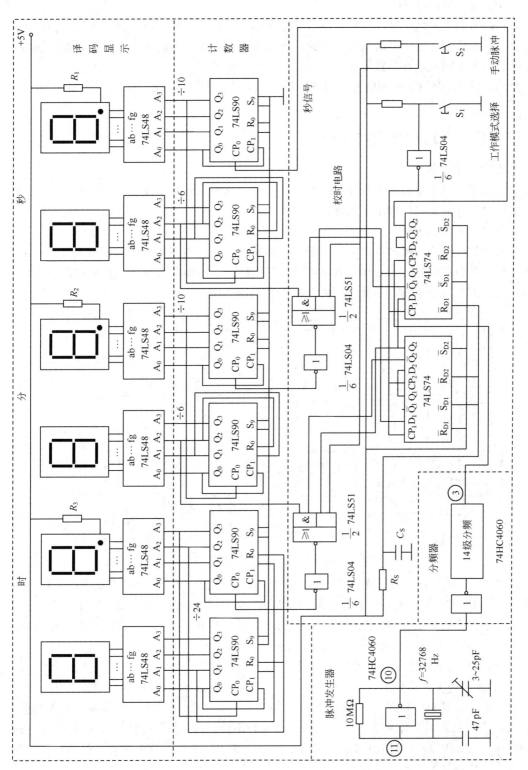

图 7-8 数字钟逻辑电路图

4．分析模块功能

在系统功能模块划分的基础上，对各模块电路进行分析，明确各功能模块的逻辑功能。

5．确定整体工作关系

根据画出的逻辑框图进一步找出各模块之间的关系，从而确定整个系统的输入与输出之间的关系。对于包含时序逻辑电路的系统，还应该分析一个完整的工作循环。必要时还应该画出电路的时序图或状态转换图。

当然，针对具体的数字电路需根据具体情况灵活掌握分析方法，不一定拘泥于上述步骤。

二、数字电路综合应用实例

1．数字式电子钟

数字式电子钟电路如图 7-8 所示。由名称可知，该电路应该具有计时和数字显示功能，为了使该数字钟更具实用价值，还需设置时间调校电路，可以人为设定时间或当时钟计时不准时进行手动调整和校对。

首先根据电路的功能将电路分割成若干功能模块，找出各模块之间的逻辑关系，并画出各模块相互关系的示意图。现用虚线将电路分割成脉冲发生器、分频器、校时电路、计数器和译码显示五大功能模块，各模块间的逻辑关系如图 7-9 所示。

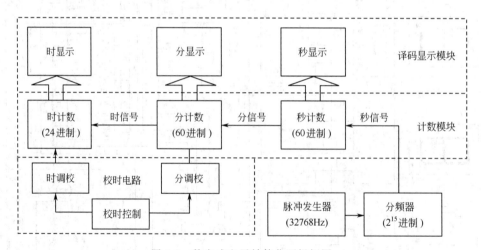

图 7-9 数字式电子钟简化逻辑框图

由图 7-8 可见，该系统共使用了六种数字集成电路，其中五种是 74LS 系列的 TTL 集成电路，一种 CMOS 集成电路。通过查阅数字集成电路手册，可以得到图中所用集成电路的外引线端子排列图如图 7-10 所示。其中，74LS04 是六反相器电路，74LS51 是二**与或非门**电路。74LS48 是中规模集成显示译码器，可以将 8421BCD 码输入变换成七段字形输出（高电平有效），直接驱动七段数码管显示字形；它的各输出端均含有一个上拉电阻，不需外接电阻。74LS90 是中规模集成二-五-十进制异步计数器，具有异步置 0 和异步置 9 功能，可以方便地构成任意进制计数器。74LS74 是双 D 触发器，为上升沿触发，在该系统中主要用于构成校时控制用的环形计数器。74HC4060 是带振荡器的 14 级串行计数器专用集成电路，电路结构是 CMOS 型，其输出端负载能力是 10 个 LSTTL 负载，故不需要另外的接口电路。在电路中构成脉冲发生器与分频器。

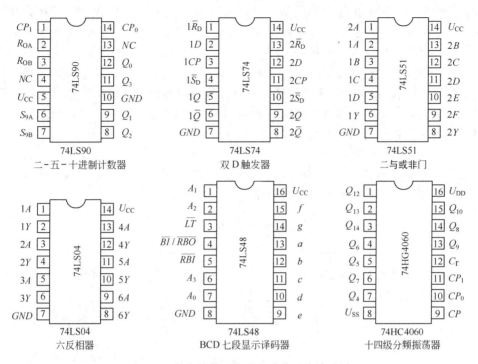

图 7-10　数字钟使用集成电路外引线端子图

下面讨论数字钟电路各模块的工作原理。

脉冲发生器部分电路采用典型的石英晶体多谐振荡器，其输出频率取决于石英晶体的谐振频率，本例中石英晶体的谐振频率是 32768Hz，故其输出频率也是 32768Hz；因为 $32768=2^{15}$，所以秒信号由 32768Hz 信号经 15 级分频器分频产生。为什么不直接使用 1Hz 的信号发生器直接产生秒信号呢？主要原因有两个，一是因为直接产生 1Hz 信号的精度不便于控制，误差较大；二是因为没有现成的谐振频率为 1Hz 的石英晶体。74HC4060 内部已包含振荡器电路和 14 级二分频器电路，还需要一级分频器由 74LS74 中的 D 触发器构成。

校时电路由一个三位环形计数器和两个完全相同的数据选择器电路组成。当电路通电时，由 R_S 和 C_S 组成的延时电路使环形计数器置成"100"状态，数据选择器选择正常的进位信号，电子钟开始工作；当按钮 S_1 按下时，通过反相器产生一个脉冲上升沿，使环形计数器的状态变为"010"，左边的数据选择器将切断时信号，选择手动校时信号，此时按下 S_2 按钮将会产生单次脉冲，对时计数进行调校。当再次按下按钮 S_1 时，环形计数器的状态将变成"001"，此时右边的数据选择器将切断分信号，选择手动校时信号，此时按下 S_2 按钮将会产生单次脉冲，对分计数进行调校。再次按下按钮 S_1，环形计数器的状态将变回"100"状态，数字钟开始正常计时。

计数模块分成三个相对独立的小模块。其中，秒计数模块和分计数模块的结构是相同的，均是由两片 74LS90 集成电路构成的 60 进制计数器，当秒计数模块累计 60 个秒脉冲信号时，秒计数器复位，并产生一个分进位信号；当分计数模块累计 60 个分脉冲信号时，分计数器将复位，并产生一个时进位信号；时计数模块是由两片 74LS90 构成的一个 24 进制计数器，对时脉冲信号进行计数，累计 24 小时为一天。

译码显示模块中，每个 74LS48 的数据输入端对应着相应的 74LS90 的数据输出，将计数器输出的 8421BCD 码转换成七段数码显示输出，驱动各相应的数码管，显示当前时间。

通过以上分析，可看出数字钟的基本工作过程为：脉冲发生器产生频率为 32768Hz 的矩形脉冲，经分频器分频后产生标准秒信号。计数长度为 60 的秒计数器对秒脉冲信号进行计数，同时将计数结果送入译码显示电路以显示当前秒数；当计数到 60 时产生一个分进位信号，进入分计数器进行计数并将计数结果送入译码显示电路显示当前分数；同样，当分计数器计数达到 60 时输出一个时进位信号进入时计数器进行计数并将计数结果送入译码显示电路显示当前时数；当时计数器计数达到 24 时会产生一个复位信号，将计数器复位并从零开始计数。新一天的计时重新开始。

2. 声光显示定时抢答器

声光显示定时抢答器电路可分为输入、控制、定时、显示和声音提示五个模块，构成常见的智力竞赛定时抢答器，各模块间的简化逻辑框图如图 7-11 所示。

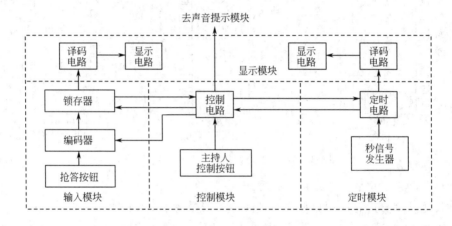

图 7-11　定时抢答器简化逻辑框图

74LS48、74LS148 等集成芯片在前面已有所介绍，下面就八路定时抢答电路中出现的集成芯片作一简介。

74LS192 是双时钟输入十进制可逆计数器，其 $\overline{LD}$ 端是异步并行输入控制端（低电平时将异步输入数据 $D_0 \sim D_3$ 读入）；CR 是异步复位端（高电平有效）；CP_U 和 CP_D 分别是加计数时钟信号和减计数时钟信号，$\overline{CO}$、$\overline{BO}$ 分别是进位输出信号和借位输出信号（低电平有效）；$Q_0 \sim Q_3$ 是计数状态输出端。

74LS279 是集成四位基本 RS 触发器，$1\overline{S} \sim 4\overline{S}$ 是置位端，其中触发器 1 和触发器 3 的输入端是与输入关系，$1\overline{R} \sim 4\overline{R}$ 是复位端，均是低电平有效。

74LS373 是集成八位 D 锁存器，其 $\overline{E}$ 端是输出使能控制端（低电平有效），当 $\overline{E}$ 端输入高电平时所有输出端均呈高阻态；$D_0 \sim D_7$ 是数据输入端，CP 为高电平时接收数据输入，$Q_0 \sim Q_7$ 是数据输出端。

上述集成电路的外部引线端子排列如图 7-12 所示。

各功能模块作用如下。

输入模块由 $S_0 \sim S_7$ 八个按钮开关、八个 $10k\Omega$ 的限流电阻及集成八位 D 锁存器 74LS373、集成优先编码器 74LS148 和集成基本 RS 触发器 74LS279 组成，主要完成选手抢答信号的输入、编码、锁存任务。为避免优先编码器造成的抢答不平等，特别在 74LS148 和选手输入按钮之间增加了一片集成八位 D 锁存器电路 74LS373，其作用是形成各输入信

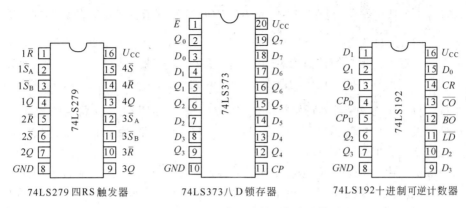

图 7-12　抢答器用集成电路外引线端子排列图

号之间的排斥关系，无论任何一个选手按下抢答按钮后即封锁输入电路，避免了编码器对输入优先权的划分，使所有选手能进行公平的竞争。

控制模块由主持人控制开关 S_8、一个 $10k\Omega$ 的限流电阻及反相器 G_1 和 G_2、与非门 $G_3 \sim G_5$ 和与门 G_6 组成，完成对其他模块的工作状态控制。

定时模块由秒信号发生器、两片集成可预置十进制双时钟可逆计数器 74LS192 组成，完成对抢答时间的限定倒计时，可预置时间为 $1 \sim 99s$ 之间。

显示模块由三块集成显示译码器 74LS48 和三个 LED 七段显示数码管组成，用于显示抢答选手的号码和剩余时间，其中与 74LS279 相连的一组用于显示抢答选手的号码，与 74LS192 相连的两组用于显示剩余时间。

声音提示模块的电路如图 7-13 所示，由音乐集成电路、音频功放和扬声器组成，其主要功能是根据抢答器的工作状态发出相应的声音提示。其中的 IC_1 和 IC_2 是两片包含不同音乐的 CW9300 系列音乐集成电路，CW9300 系列音乐集成电路的外形是"软封装"形式，是 CMOS 型器件，耗电极小，可以直接推动压电陶瓷片发声，其外形及接线说明可以在厂家提供的产品说明书中查到。CW9300 系列音乐集成电路的 RPT 端是"重复触发"控制端，只要有一个脉冲上升沿就可以触发音乐演奏。不同的型号内存有不同的音乐，可根据各自的爱好决定。当"抢答信号"或"计时停"信号到来时分别产生不同的提示声音。

电路工作过程如下：

按钮 $S_0 \sim S_7$ 是八位参赛选手的抢答钮，S_8 为主持人控制开关。当 S_8 处于"复位"位置时，一方面使 74LS279 的所有触发器的复位端都接收到一个低电平信号而使触发器复位，

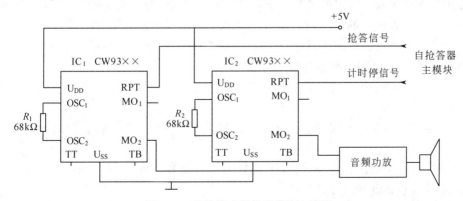

图 7-13　抢答器声音提示模块电路图

其 $4Q$ 端输出一个低电平信号到 74LS48 的 $\overline{BI}/RBO$ 端使显示选手号码的数码管熄灭；另外向两片 74LS192 的 $\overline{LD}$ 端送入一个低电平信号使之锁定而不能计数。此时整个抢答器处于禁止状态，每一个选手按下抢答按钮均不会产生任何反应。在禁止状态下，主持人可以通过定时数据输入端设定抢答时间，设定的范围在 $1\sim99s$ 之间。

当主持人将开关 S_8 拨到"开始"位置时，74LS279 的所有 $\overline{R}$ 端将由低电平变成高电平，复位信号失效，使抢答器处于等待输入状态；同时，由两片 74LS192 组成的计数器也开始按预先设定的数值开始倒计时。

当八位参赛选手中的某一位抢先按下了抢答钮，则 74LS373 的对应输入端产生一个低电平信号，其相应的 Q 端输出为低电平，通过门 G_4 和 G_5 的作用，使 74LS373 的 CP 端变成低电平，从而封锁其他按钮的输入信号；74LS373 的输出信号传送到 74LS148 的输入端，使之产生相应的编码输出；编码信号经 74LS279 输出到 74LS48 的输入端，推动 LED 数码管显示出抢答选手的号码；同时 74LS148 的 $\overline{Y_{EX}}$ 端输出一个低电平信号，使 74LS279 的 $4Q$ 输出端产生一个高电平"抢答"信号输入 74LS48 的 $\overline{BI}/RBO$ 端显示抢答选手的号码，并将该"抢答"信号传送到声音提示模块，使声音提示电路发出声响提示已有选手抢答；另外，"抢答"信号经反相器 G_2 反相后，一方面通过 G_3 输出高电平锁定 74LS148 使其他选手的抢答按钮失效，另一方面关闭与门 G_6，切断秒信号，使倒计时计数器停止计数。

如果在设定的抢答时间内无人抢答，则 74LS192 将计数至零，并从 $\overline{BO}$ 输出端输出一个低电平"计时停"信号。该信号同时完成三项任务：一是经 G_3 门输出锁定 74LS148，使选手不能超时抢答；二是关闭与门 G_6，切断秒信号，使倒计时计数器停止计数；三是经 G_1 门输出向声音提示模块送入"计时停"信号，以不同的声音提示选手和主持人，规定的抢答时间已过。

当主持人将控制开关 S_8 拨到"复位"后，电路复位，整个电路重新进入禁止状态，等待下一个"开始"信号。

八路定时抢答器的完整逻辑电路图如图 7-14 所示。

本抢答器电路中的"秒信号发生器"未画出实际电路，在应用中可以引用"数字电子钟"电路中的"秒信号发生电路"；如果对定时的准确性要求不高，也可以用 555 电路做成一个输出频率为 1Hz 的多谐振荡器代替。

三、数字电路的改进

本节提供了两个数字电路的实例，既可作为本课程的综合应用实例，也可以作为课程设计的选题。作为课程设计的选题时，应该注意到上述两个电路均有进一步改进和提高的地方，限于篇幅，不再进行详细的讨论，仅提出改进方案，供读者自行思考和设计。

1. 对数字电子钟电路的改进方案

① 校时控制的两个按钮均是普通按钮开关，容易产生干扰，采用何种方法消除开关的颤动干扰。

② 校时电路中的时间调整只能进行单向调整，如何改进电路，使调整时间时既可以上调，又可以下调。

③ 怎样在电路中增加整点报时、定时响闹、倒计时等功能。

2. 对定时抢答器电路的改进方案

① 电路图中的"秒信号发生器"、"定时数据输入"等未画出详细的电路，如何补齐？

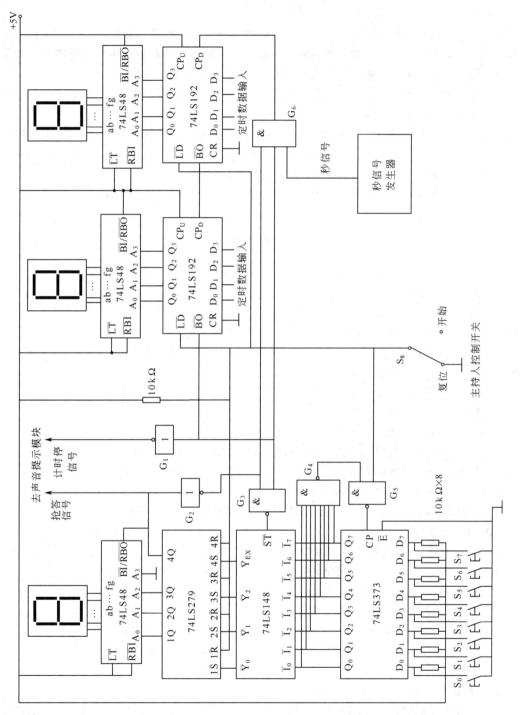

图 7-14 八路定时抢答器逻辑图

② 电路中的显示器件用的是 LED 数码管，在实际使用中若认为其面积偏小，不够醒目。采用何种方法改进，接口电路如何设计？

本章小结

数字电路读图过程可分为如下步骤：了解电路用途→查阅集成器件功能→划分功能模块→分析模块功能→确定整体工作关系。要很好地完成任务，需要熟练掌握查阅集成电路手册等资料的方法，同时对常用中、小规模集成器件的基本功能、参数要熟悉，才能提高效率。

数字电路的调试、故障的诊断与排除是保证电路正常工作的重要步骤。作为电子技术专业人员必须掌握其基本技能与方法。

数字电路作为电子线路的重要组成部分，其调试、故障检测与排除的方法、步骤与其他电子线路基本上是一致的，但由于数字信号和数字电路使用器件的特殊性，其调试、故障检测与排除的方法、步骤又有其特别之处。在调试和检修的时候要注意区别。

本章所述内容与实践结合较紧密，除掌握所述的基本方法外，实际操作经验的积累亦十分重要。

思考题与习题

一、填空题

7-1　电路发生故障时，通过_____、_____与_____查找故障原因并确定故障部位，找到发生故障的元器件的过程，称为故障的检测与定位。

7-2　故障检测的直接观察法一般分为_____和_____两种。

7-3　调试数字电路的主要目的是_____和_____不符合设计要求的地方，并采取必要的_____，以使电路达到设计要求。

7-4　读图是通过分析电路的_____及_____，掌握电路的_____。

二、判断题（对的打√，错的打×）

7-5　数字电路故障检测的第一步一般都是通电检查。（　　）

7-6　用信号寻迹法查找故障原因之前，必须将电路的静态工作点调整到正常状态。（　　）

7-7　查找故障的对比法就是对比同一个电路中相同元器件的参数是否一致。（　　）

7-8　任何一个电路投入使用之前都必须调试。（　　）

7-9　用万用表测量元器件好坏时，一般不选用高阻挡和低阻挡。（　　）

三、选择题（多项选择）

7-10　数字电路的调试与检修中，可能会经常用到下列仪器中的（　　）。

  A. 万用表　　　　　B. 逻辑笔　　　　　C. 毫伏表　　　　　D. 示波器

7-11　感应和耦合干扰一般会造成数字电路诸如（　　）之类的故障表现。

  A. 完全不工作　　　B. 杂乱输出　　　　C. 错误输出　　　　D. 无输出信号

7-12　静态调试可以对电路的（　　）参数进行测量和调整。

  A. 静态工作点　　　　　　　　　　B. 输入、输出之间的逻辑关系

  C. 输入信号的脉冲宽度　　　　　　D. 输出信号的波形

7-13　故障检测的直接观察法可以检查出（　　）。

  A. 连线脱落、断裂　　B. 元器件失效　　C. 外部干扰　　D. 元器件型号选择错误

四、分析与设计

7-14　分析图 7-8 中计数模块中秒计数电路的工作原理。

7-15　设计图 7-14 中的定时数据输入电路。

第八章　Multisim 电子电路仿真软件

第一节　仿真软件基本功能

Multisim 是美国国家仪器（NI）有限公司的电子电路计算机仿真设计软件，适用于模拟/数字电路板的设计工作。它包含电路原理图输入方式、电路硬件描述语言输入方式，具有丰富的仿真分析功能。

Multisim 的前身是 EWB（Electronics WorkBench 电子电路计算机仿真设计软件）软件。Multisim 不仅继承了 EWB 软件原有的功能，而且其性能得到了极大的提升，其最突出的特点是用户界面友好，各类器件和集成芯片丰富，尤其是其直观的虚拟仪表是一大特色。Multisim 所包含的虚拟仪表有示波器，万用表，函数发生器，波特图图示仪，失真度分析仪，频谱分析仪，逻辑分析仪，网络分析仪等，通常一个普通实验室是无法完全提供这些设备的。

Multisim 的另一大特色就是和 Lab VIEW 的完美结合，具体表现在：1. 可以根据自己的需求制造出真正属于自己的仪器；2. 所有的虚拟信号都可以通过计算机输出到实际的硬件电路上；3. 所有硬件电路产生的结果都可以输回到计算机中进行处理和分析。

Multisim 以其强大的仿真设计应用功能，在各高校电信类专业电子电路的仿真和设计中得到了较广泛的应用。Multisim 及其相关库的应用对提高学生的仿真设计能力，更新设计理念有较大的好处。

Multisim 现有多个版本，本教材结合 NI Multisim 12 教育版介绍该软件。NI Multisim 12 软件结合了直观的捕捉和功能强大的仿真，能够快速、轻松、高效地对电路进行设计和验证。凭借 NI Multisim，您可以立即创建具有完整组件库的电路图，并利用工业标准 SPICE 模拟器模仿电路行为。借助专业的高级 SPICE 分析和虚拟仪器，您能在设计流程中提早对电路设计进行迅速地验证，从而缩短建模循环。与 NI LabVIEW 和 SignalExpress 软件的集成，完善了具有强大技术的设计流程，从而能够比较具有模拟数据的建模测量。

Multisim 是按照实际电子实验室的工作过程来设计软件界面和工作流程的。在 Multisim 软件的操作环境中，既有元器件库，也有各种仪器仪表，可以完成实验电路的搭接、调试和仿真。

如图 8-1 所示为 Multisim12.0 工作界面。界面主要由元器件栏、电路工作区、仿真电源开关和电路描述区等几部分组成。

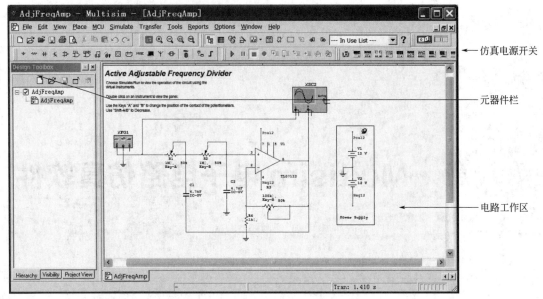

图 8-1　Multisim 的主要组成部分

　　元器件栏包括各种元器件库和测试仪器，根据需要调用其中的元器件和测试仪器，元器件分类存放在不同的库中，如二极管库、模拟集成电路库、数字集成电路库等；电路工作区完成实验电路的连接、参数设置、测试仪表接入等各种编辑功能；电路连接完毕后，打开仿真电源开关，Multisim 开始对电路进行仿真和测试；双击接入电路中的测试仪器，既可观察测试结果；再次单击仿真电源开关，即可停止对电路的仿真和测试。

　　Multisim 与其他 Windows 应用程序一样有一个基本界面，它由标题栏、菜单栏、工具栏、元器件栏、仿真电源开关、暂停/恢复开关、电路工作区、状态栏及滚动条等组成，如图 8-2 所示。

一、标题栏

　　图 8-2 所示基本界面的最上方是标题栏，标题栏显示当前的应用程序名。标题栏的左侧是控制菜单框，与其他 Windows 应用程序相同，单击该菜单框可以打开一个命令窗口，执行相关命令可以对程序窗口做以下操作：Restore 恢复（R）、Move 移动（M）、Size 大小（S）、Minimize 最小化（N）、Maximize　最大化（X）和 Close 关闭（C）。

　　在标题栏的右侧有三个控制按钮，即最小化、最大化及关闭按钮，通过控制按钮可实现对程序窗口的操作。

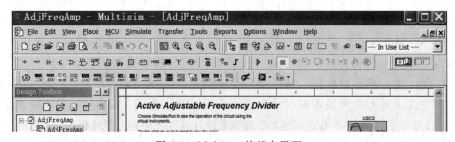

图 8-2　Multisim 的基本界面

二、菜单栏

标题栏的下方是菜单栏，Multisim12 有 12 个主菜单，菜单中提供了该软件几乎所有的功能命令。每个菜单项的下拉菜单中都包含若干条命令。下面将主要菜单及功能介绍如下。

1. File（文件）菜单

文件菜单项如图 8-3 所示。File（文件）菜单提供 19 个文件操作命令，如打开、保存和打印等功能。

建立一个新文件	New	
打开Multisim文件	Open...	Ctrl+O
打开Multisim范例	Open Samples...	
关闭文件	Close	
关闭所有文件	Close All	
当前文件存盘	Save	Ctrl+S
当前文件另存为	Save As...	
所有文件保存	Save all	
建立一个新工程项目	New Project	
打开一个工程项目	Open Project...	
保存当前工程项目	Save Project	
关闭当前工程项目	Close Project	
版本控制	Version Control...	
打印当前文件	Print...	Ctrl+P
打印预览	Print Preview	
打印设置	Print Options	
打开最近打开过的文件	Recent Designs	
选择打开最近打开过的项目	Recent Projects	
退出	Exit	

图 8-3　Multisim 的文件菜单

2. Edit（编辑）菜单

Edit（编辑）菜单如图 8-4 所示。在电路绘制过程中，提供对电路和元件进行剪切、粘贴、旋转等操作命令，共 21 个命令。

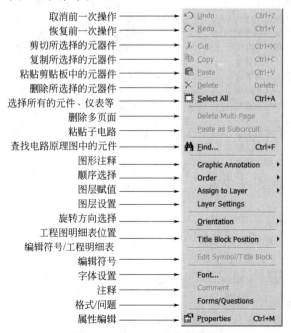

取消前一次操作	Undo	Ctrl+Z
恢复前一次操作	Redo	Ctrl+Y
剪切所选择的元器件	Cut	Ctrl+X
复制所选择的元器件	Copy	Ctrl+C
粘贴剪贴板中的元器件	Paste	Ctrl+V
删除所选择的元器件	Delete	Delete
选择所有的元件、仪表等	Select All	Ctrl+A
删除多页面	Delete Multi-Page	
粘贴子电路	Paste as Subcircuit	
查找电路原理图中的元件	Find...	Ctrl+F
图形注释	Graphic Annotation	
顺序选择	Order	
图层赋值	Assign to Layer	
图层设置	Layer Settings	
旋转方向选择	Orientation	
工程图明细表位置	Title Block Position	
编辑符号/工程明细表	Edit Symbol/Title Block	
编辑符号	Font...	
字体设置	Comment	
注释	Forms/Questions	
格式/问题	Properties	Ctrl+M
属性编辑		

图 8-4　Multisim 的编辑菜单

3. View（窗口显示）菜单

View（窗口显示）菜单如图 8-5 所示。提供 19 个用于控制仿真界面上显示内容的操作命令。

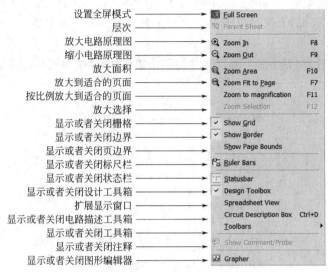

设置全屏模式 —— Full Screen
层次 —— Parent Sheet
放大电路原理图 —— Zoom In　　　　F8
缩小电路原理图 —— Zoom Out　　　　F9
放大面积 —— Zoom Area　　　　F10
放大到适合的页面 —— Zoom Fit to Page　　F7
按比例放大到适合的页面 —— Zoom to magnification　F11
放大选择 —— Zoom Selection　　F12
显示或者关闭栅格 —— Show Grid
显示或者关闭边界 —— Show Border
显示或者关闭页边界 —— Show Page Bounds
显示或者关闭标尺栏 —— Ruler Bars
显示或者关闭状态栏 —— Statusbar
显示或者关闭设计工具箱 —— Design Toolbox
扩展显示窗口 —— Spreadsheet View
显示或者关闭电路描述工具箱 —— Circuit Description Box　Ctrl+D
显示或者关闭工具箱 —— Toolbars
显示或者关闭注释 —— Show Comment/Probe
显示或者关闭图形编辑器 —— Grapher

图 8-5　Multisim 的窗口显示菜单

4. Place（放置）菜单

Place（放置）菜单如图 8-6 所示。提供在电路工作窗口内放置元件、连接点、总线和文字等 17 个命令。

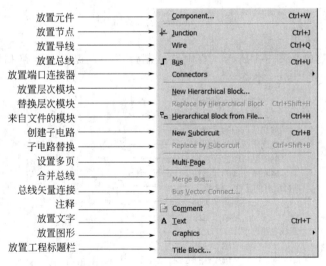

放置元件 —— Component...　　　　Ctrl+W
放置节点 —— Junction　　　　Ctrl+J
放置导线 —— Wire　　　　Ctrl+Q
放置总线 —— Bus　　　　Ctrl+U
放置端口连接器 —— Connectors
放置层次模块 —— New Hierarchical Block...
替换层次模块 —— Replace by Hierarchical Block　Ctrl+Shift+H
来自文件的模块 —— Hierarchical Block from File...　Ctrl+H
创建子电路 —— New Subcircuit　　Ctrl+B
子电路替换 —— Replace by Subcircuit　Ctrl+Shift+B
设置多页 —— Multi-Page
合并总线 —— Merge Bus...
总线矢量连接 —— Bus Vector Connect...
注释 —— Comment
放置文字 —— Text　　　　Ctrl+T
放置图形 —— Graphics
放置工程标题栏 —— Title Block...

图 8-6　Multisim 的放置菜单

5. MCU（微控制器）菜单

MCU（微控制器）菜单如图 8-7 所示。提供在电路工作窗口内 MCU 的调试操作命令。

6. Simulate（仿真）菜单

Simulate（仿真）菜单如图 8-8 所示。提供 18 个电路仿真设置与操作命令。

7. Transfer（文件输出）菜单

Transfer（文件输出）菜单如图 8-9 所示。提供 8 个传输命令。

没有创建MCU器件 —————→ No MCU Component Found
调试格式 —————→ Debug View Format
MCU窗口 —————→ MCU Windows...
显示线路数目 —————→ Show Line Numbers
暂停 —————→ Pause
进入 —————→ Step into
跨过 —————→ Step over
离开 —————→ Step out
运行到指针 —————→ Run to cursor
设置断点 —————→ Toggle breakpoint
移出所有的断点 —————→ Remove all breakpoints

图 8-7　Multisim 的微控制器菜单

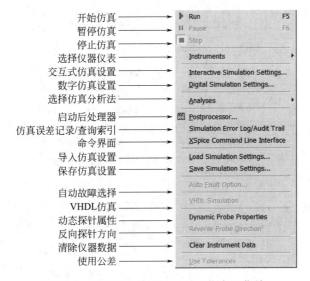

开始仿真 —————→ Run　　　　　　F5
暂停仿真 —————→ Pause　　　　　F6
停止仿真 —————→ Stop
选择仪器仪表 —————→ Instruments
交互式仿真设置 —————→ Interactive Simulation Settings...
数字仿真设置 —————→ Digital Simulation Settings...
选择仿真分析法 —————→ Analyses
启动后处理器 —————→ Postprocessor...
仿真误差记录/查询索引 —————→ Simulation Error Log/Audit Trail
命令界面 —————→ XSpice Command Line Interface
导入仿真设置 —————→ Load Simulation Settings...
保存仿真设置 —————→ Save Simulation Settings...
自动故障选择 —————→ Auto Fault Option...
VHDL仿真 —————→ VHDL Simulation
动态探针属性 —————→ Dynamic Probe Properties
反向探针方向 —————→ Reverse Probe Direction
清除仪器数据 —————→ Clear Instrument Data
使用公差 —————→ Use Tolerances

图 8-8　Multisim 的 Simulate（仿真）菜单

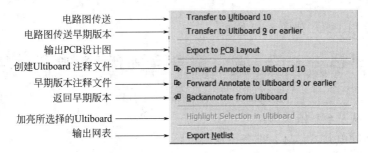

电路图传送 —————→ Transfer to Ultiboard 10
电路图传送早期版本 —————→ Transfer to Ultiboard 9 or earlier
输出PCB设计图 —————→ Export to PCB Layout
创建Ultiboard注释文件 —————→ Forward Annotate to Ultiboard 10
早期版本注释文件 —————→ Forward Annotate to Ultiboard 9 or earlier
返回早期版本 —————→ Backannotate from Ultiboard
加亮所选择的Ultiboard —————→ Highlight Selection in Ultiboard
输出网表 —————→ Export Netlist

图 8-9　Multisim 的 Transfer（文件输出）菜单

8. Tools（工具）菜单

Tools（工具）菜单如图 8-10 所示。提供 17 个元件和电路编辑或管理命令。

9. Reports（报告）菜单

Reports（报告）菜单如图 8-11 所示。提供材料清单等 6 个报告命令。

10. Option（选项）菜单

Option（选项）菜单如图 8-12 所示。提供 5 个电路界面和电路某些功能的设定命令。

图 8-10　Multisim 的 Tools（工具）菜单

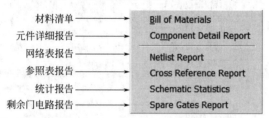

图 8-11　Multisim 的 Reports（报告）菜单

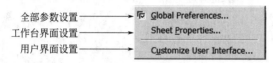

图 8-12　Multisim 的 Option（选项）菜单

三、工具栏

Multisim 常用工具栏如图 8-13 所示。

图 8-13　Multisim 的工具栏

工具栏图标从左至右依次为：

- 新建：清除电路工作区，准备生成新电路。
- 打开：打开电路文件。
- 存盘：保存电路文件。
- 打印：打印电路文件。
- 剪切：剪切至剪贴板。
- 复制：复制至剪贴板。
- 粘贴：从剪贴板粘贴。
- 旋转：旋转元器件。
- 全屏：电路工作区全屏。

- 放大：将电路图放大一定比例。
- 缩小：将电路图缩小一定比例。
- 放大面积：放大电路工作区面积。
- 适当放大：放大到适合的页面。
- 文件列表：显示电路文件列表。
- 电子表：显示电子数据表。
- 数据库管理：元器件数据库管理。
- 元件编辑器：元器件编辑器
- 图形编辑/分析：图形编辑器和电路分析方法选择。
- 后处理器：对仿真结果进一步操作。
- 电气规则校验：校验电气规则。
- 区域选择：选择电路工作区区域。

四、元器件栏

Multisim12 提供了丰富的元器件库，元器件库栏图标和名称如图 8-14 所示。

图 8-14　Multisim 的元器件栏

用鼠标左键单击元器件库栏的某一个图标即可打开该元件库。元器件库栏图标从左至右
依次如下。

1. 电源/信号源库

电源/信号源库包含有接地端、直流电压源（电池）、正弦交流电压源、方波（时钟）电
压源、压控方波电压源等多种电源与信号源。电源/信号源库如图 8-15 所示。

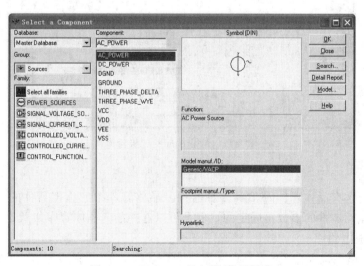

图 8-15　Multisim 的电源/信号源库

2. 基本器件库

基本器件库包含有电阻、电容等多种元件。基本器件库中的虚拟元器件的参数是可以任
意设置的，非虚拟元器件的参数是固定的，但是可以选择的。基本器件库如图 8-16 所示。

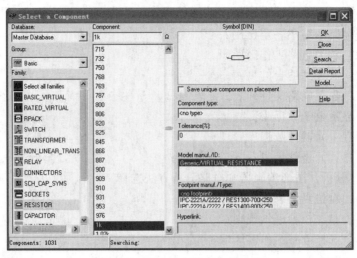

图 8-16　Multisim 的基本器件库

3. 二极管库

二极管库包含有二极管、可控硅等多种器件。二极管库中的虚拟器件的参数是可以任意设置的，非虚拟元器件的参数是固定的，但是可以选择的。二极管库如图 8-17 所示。

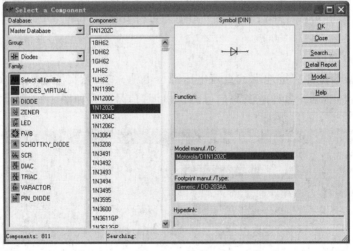

图 8-17　Multisim 的二极管库

4. 晶体管库

晶体管库包含有晶体管、FET 等多种器件。晶体管库中的虚拟器件的参数是可以任意设置的，非虚拟元器件的参数是固定的，但是可以选择的。晶体管库如图 8-18 所示。

5. 模拟集成电路库

模拟集成电路库包含有多种运算放大器。模拟集成电路库中的虚拟器件的参数是可以任意设置的，非虚拟元器件的参数是固定的，但是可以选择的。模拟集成电路库如图 8-19 所示。

6. TTL 数字集成电路库

TTL 数字集成电路库包含有 74×× 系列和 74LS×× 系列等 74 系列数字电路器件。TTL 数字集成电路库如图 8-20 所示。

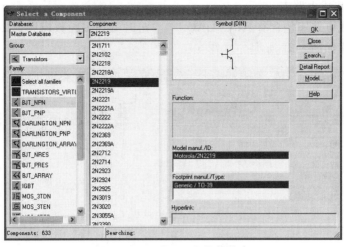

图 8-18　Multisim 的晶体管库

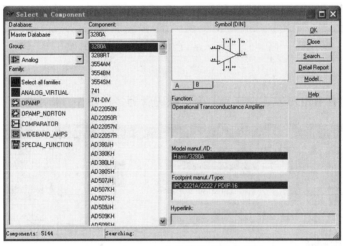

图 8-19　Multisim 的模拟集成电路库

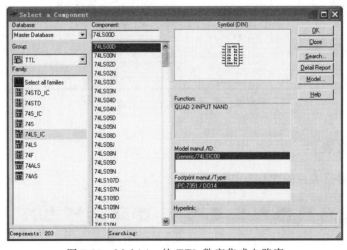

图 8-20　Multisim 的 TTL 数字集成电路库

7. 数模混合集成电路库

数模混合集成电路库包含有 ADC/DAC、555 定时器等多种数模混合集成电路器件。数模混合集成电路库如图 8-21 所示。

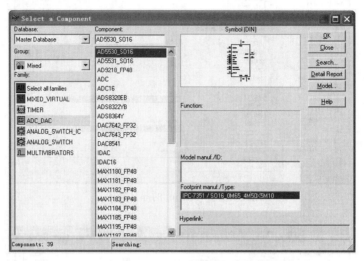

图 8-21　Multisim 的数模混合集成电路库

8. 指示器件库

指示器件库包含有电压表、电流表、七段数码管等多种器件。指示器件库如图 8-22 所示。

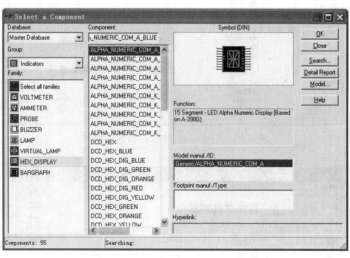

图 8-22　Multisim 的指示器件库

五、仪器仪表栏

Multisim 仪器仪表栏的图标及功能如图 8-23 所示。

图 8-23　Multisim 的仪器仪表栏

仪器库图标从左至右依次存放有数字多用表、函数信号发生器、示波器、波特图仪、字信号发生器、逻辑分析仪、逻辑转换仪、瓦特表、失真度分析仪、网络分析仪、频谱分析仪 11 种仪器仪表可以使用，仪器仪表以图标方式存在，每种类型有多台。

六、开关

Multisim 在元器件栏的右侧设置了两个开关，如图 8-24 所示。

图 8-24　仿真电源开关和暂停开关

第二节　仿真软件实现电路功能仿真、测试与数据分析

一、电路设计与编辑的基本操作

要进行电路设计、仿真，首先应在工作区将电路编辑好，然后再进行仿真分析。

1. 调用元器件

打开相应的元件库，选取相应元件。也可通过搜索功能查找元件。

2. 调用电压表和电流表

电压表和电流表存放在仪器仪表库中。单击仪器仪表库图标。用鼠标将电压表（V）或电流表（A）拖曳到工作区即可，用几个就拖几次，不受数量限制。这两种指示表可以水平放置或垂直放置，只需选中它，再单击工具栏中的旋转图标即可。

3. 调用常用仪器

单击仪器库图标，用鼠标将选中的仪器拖曳到工作区即可。每种仪器只有一件。

4. 调整元件位置

（1）平移元器件　要平移某个器件，首先将鼠标定位于该元件上，然后按住鼠标左键拖曳它到合适的位置即可；如果要同时移动几个元件，则可先用鼠标画一个矩形框，将这几个元件同时选中，然后按住鼠标左键拖动其中一个元件进行移动，则这几个元件便同时被移动。

（2）旋转元器件　先选中需旋转的元件，再右键选择旋转。旋转有 4 种：逆时针旋转 90 度、顺时针旋转 90 度、水平翻转和垂直翻转。

5. 连线操作

（1）元件引脚间的连线　用鼠标指向一个元件引线端子时，会出现一个小接线点，此时按住鼠标左键拖动到另一个元件引线端子，当再次出现小接线点时，放开鼠标，连线便接好了。软件会自动选择走线位置。如果想指定连线的走线位置，则应在连线转折点处放置电路节点，然后再把这些节点连接起来即可。一个电路节点上最多可在上、下、左、右四个方向上连出 4 条引线，并应注意连线的走向与节点引出线的位置要一致，否则，会产生连线的扭绕情况。

（2）连线的删除、改接与移动　删除某条连线，只要把该连线的一端从连接点移开即可；改接连线，只要把要改接的连线从原连接点移开，并直接移到新的连接点即可；要移动某条连线，只要将光标贴近该连线，然后按下鼠标左键，此时光标变成一个双向箭头，并跨于连线上，这时拖动鼠标就可移动连线。

二、电路仿真运行

在主窗口的右上方有一个开关和一个按钮。上面的开关是电路的启动/停止开关。单击它一次，启动电路运行，再单击它一次，就停止电路运行。下面的按钮是暂停/恢复按钮，电路在运行状态下，按一下此钮，可使电路暂停运行，再按一下此钮，可恢复电路的运行。

三、虚拟仪器的使用

单击仪器库图标，用鼠标将选中的仪器拖曳到工作区即可。Multisim 提供了数字多用表、函数信号发生器、示波器、波特图仪、字信号发生器、逻辑分析仪、逻辑转换仪、瓦特表、失真度分析仪、网络分析仪、频谱分析仪 11 种仪器仪表可供使用。下面介绍几种主要仪器的使用方法。

1. 数字多用表（Multimeter）

数字多用表是一种可以用来测量交直流电压、交直流电流、电阻及电路中两点之间的分贝损耗，自动调整量程的数字显示的多用表。

用鼠标双击数字多用表图标，可以放大的数字多用表面板，如图 8-25 所示。用鼠标单击数字多用表面板上的设置（Settings）按钮，则弹出参数设置对话框窗口，可以设置数字多用表的电流表内阻、电压表内阻、欧姆表电流及测量范围等参数。参数设置对话框如图 8-26所示。

图 8-25　数字多用表面板图　　　　图 8-26　数字多用表参数设置对话框

2. 函数信号发生器（Function Generator）

函数信号发生器是可提供正弦波、三角波、方波三种不同波形的信号的电压信号源。用鼠标双击函数信号发生器图标，可以随意地放大函数信号发生器的面板。函数信号发生器的面板如图 8-27 所示。

函数信号发生器其输出波形、工作频率、占空比、幅度和直流偏置，可用鼠标来选择波形选择按钮和在各窗口设置相应的参数来实现。

3. 示波器（Oscilloscope）

示波器用来显示电信号波形的形状、大小、频率等参数

图 8-27　函数信号发生器的面板

的仪器。用鼠标双击示波器图标，放大的示波器的面板图如图 8-28 所示。

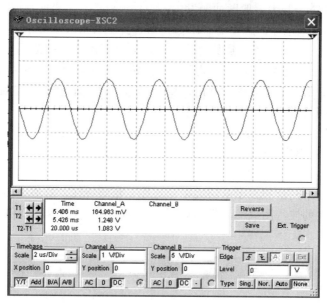

图 8-28　示波器的面板图

示波器面板各按键的作用、调整及参数的设置与实际的示波器类似。

（1）时基（Time base）控制部分的调整

① 时间基准　X 轴刻度显示示波器的时间基准，其基准为 0.1fs/Div～1200Ts/Div 可供选择。

② X 轴位置控制　X 轴位置控制 X 轴的起始点。当 X 的位置调到 0 时，信号从显示器的左边缘开始，正值使起始点右移，负值使起始点左移。X 位置的调节范围从 -5.00～+5.00。

③ 显示方式选择　显示方式选择示波器的显示，可以从 "幅度/时间（Y/ T）" 切换到 "A 通道/ B 通道中（A/ B）"、"B 通道/ A 通道（B/ A）" 或 "Add" 方式。

a. Y/T 方式：X 轴显示时间，Y 轴显示电压值。

b. A/ B、B/ A 方式：X 轴与 Y 轴都显示电压值。

c. Add 方式：X 轴显示时间，Y 轴显示 A 通道、B 通道的输入电压之和。

（2）示波器输入通道（Channel A/B）的设置

① Y 轴刻度　Y 轴电压刻度范围从 1fV/Div～1200TV/Div，可以根据输入信号大小来选择 Y 轴刻度值的大小，使信号波形在示波器显示屏上显示出合适的幅度。

② Y 轴位置（Y position）　Y 轴位置控制 Y 轴的起始点。当 Y 的位置调到 0 时，Y 轴的起始点与 X 轴重合，如果将 Y 轴位置增加到 1.00，Y 轴原点位置从 X 轴向上移一大格，若将 Y 轴位置减小到 -1.00，Y 轴原点位置从 X 轴向下移一大格。Y 轴位置的调节范围从 -3.00～+3.00。改变 A、B 通道的 Y 轴位置有助于比较或分辨两通道的波形。

③ Y 轴输入方式　Y 轴输入方式即信号输入的耦合方式。当用 AC 耦合时，示波器显示信号的交流分量。当用 DC 耦合时，显示的是信号的 AC 和 DC 分量之和。

故当用 DC 耦合时，在 Y 轴设置的原点位置显示一条水平直线。

（3）触发方式（Trigger）调整

① 触发信号选择　触发信号选择一般选择自动触发（Auto）。选择 "A" 或 "B"，则用

相应通道的信号作为触发信号。选择"EXT"，则由外触发输入信号触发。选择"Sing"为单脉冲触发。选择"Nor"为一般脉冲触发。

② 触发沿（Edge）选择　触发沿（Edge）可选择上升沿或下降沿触发。

③ 触发电平（Level）选择　触发电平（Level）选择触发电平范围。

（4）示波器显示波形读数　要显示波形读数的精确值时，可用鼠标将垂直光标拖到需要读取数据的位置。显示屏幕下方的方框内，显示光标与波形垂直相交点处的时间和电压值，以及两光标位置之间的时间、电压的差值。

用鼠标单击"Reverse"按钮可改变示波器屏幕的背景颜色。用鼠标单击"Save"按钮可按 ASCII 码格式存储波形读数。

4. 波特图仪（Bode Plotter）

波特图仪可以用来测量和显示电路的幅频特性与相频特性，类似于扫频仪。用鼠标双击波特图仪图标，放大的波特图仪的面板图如图 8-29 所示。可选择幅频特性（Magnitude）或者相频特性（Phase）。

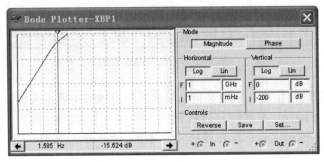

图 8-29　波特图仪

波特图仪有 In 和 Out 两对端口，其中 In 端口的＋ 和－分别接电路输入端的正端和负端；Out 端口的＋ 和－分别为电路输出端的正端和负端。使用波特图仪时，必须在电路的输入端接入 AC（交流）信号源。

（1）坐标设置　在垂直（Vertical）坐标或水平（Horizontal）坐标控制面板图框内，按下"Log"按钮，则坐标以对数（底数为 12）的形式显示；按下"Lin"按钮，则坐标以线性的结果显示。

水平（Horizontal）坐标标度（1mHz～ 1200THz）：水平坐标轴系/轴总是显示频率值。它的标度由水平轴的初始值（I Initial）或终值（F Final）决定。

在信号频率范围很宽的电路中，分析电路频率响应时，通常选用对数坐标（以对数为坐标所绘出的频率特性曲线称为波特图）。

垂直（Vertical）坐标当测量电压增益时，垂直轴显示输出电压与输入电压之比，若使用对数基准，则单位是分贝；如果使用线性基准，显示的是比值。当测量相位时，垂直轴总是以度为单位显示相位角。

（2）坐标数值的读出　要得到特性曲线上任意点的频率、增益或相位差，可用鼠标拖动读数指针（位于波特图仪中的垂直光标），或者用读数指针移动按钮来移动读数指针（垂直光标）到需要测量的点，读数指针（垂直光标）与曲线的交点处的频率和增益或相位角的数值显示在读数框中。

（3）分辨率设置　Set 用来设置扫描的分辨率，用鼠标点击 Set，出现分辨率设置对话框，数值越大分辨率越高。

5. 逻辑分析仪（Logic Analyzer）

逻辑分析仪用于对数字逻辑信号的高速采集和时序分析，可以同步记录和显示 16 路数字信号。逻辑分析仪的面板图如图 8-30 所示。

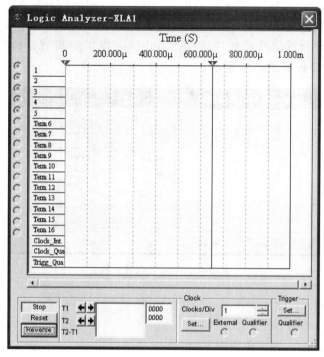

图 8-30　逻辑分析仪

（1）数字逻辑信号与波形的显示、读数　面板左边的 16 个小圆圈对应 16 个输入端，各路输入逻辑信号的当前值在小圆圈内显示，按从上到下排列依次为最低位至最高位。16 路输入的逻辑信号的波形以方波形式显示在逻辑信号波形显示区。通过设置输入导线的颜色可修改相应波形的显示颜色。波形显示的时间轴刻度可通过面板下边的 Clocks per division 设置。读取波形的数据可以通过拖放读数指针完成。在面板下部的两个方框内显示指针所处位置的时间读数和逻辑读数（4 位 16 进制数）。

（2）触发方式设置　单击 Trigger 区的 Set 按钮，可以弹出触发方式对话框。触发方式有多种选择。对话框中可以输入 A、B、C 三个触发字。逻辑分析仪在读到一个指定字或几个字的组合后触发。触发字的输入可单击标为 A、B 或 C 的编辑框，然后输入二进制的字（0 或 1）或者 x，x 代表该位为"任意"（0、1 均可）。用鼠标单击对话框中 Trigger combinations 方框右边的按钮，弹出由 A、B、C 组合的八组触发字，选择八种组合之一，并单击 Accept（确认）后，在 Trigger combinations 方框中就被设置为该种组合触发字。

三个触发字的默认设置均为 xxxxxxxxxxxxxxxx，表示只要第一个输入逻辑信号到达，无论是什么逻辑值，逻辑分析仪均被触发开始波形的采集，否则必须满足触发字条件才被触发。此外，Trigger qualifier（触发限定字）对触发有控制作用。若该位设为 x，触发控制不起作用，触发完全由触发字决定；若该位设置为"1"（或"0"），则仅当触发控制输入信号为"1"（或"0"）时，触发字才起作用；否则即使触发字组合条件满足也不能引起触发。

（3）采样时钟设置　用鼠标单击对话框面板下部 Clock 区的 Set 按钮弹出时钟控制对话

框。在对话框中，波形采集的控制时钟可以选择内时钟或者外时钟；上升沿有效或者下降沿有效。如果选择内时钟，内时钟频率可以设置。此外对 Clock qualifier（时钟限定）的设置决定时钟控制输入对时钟的控制方式。若该位设置为"1"，表示时钟控制输入为"1"时开放时钟，逻辑分析仪可以进行波形采集；若该位设置为"0"，表示时钟控制输入为"0"时开放时钟；若该位设置为"x"，表示时钟总是开放，不受时钟控制输入的限制。

6. 频谱分析仪（Spectrum Analyzer）

频谱分析仪用来分析信号的频域特性，Multisim 提供的频谱分析仪频率范围上限为4GHz，频谱分析仪面板如图 8-31 所示。

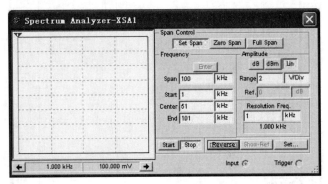

图 8-31　频谱分析仪面板

频谱分析仪面板中，分 5 个区。

（1）在 Span Control 区中

当选择 Set Span 时，频率范围由 Frequency 区域设定。

当选择 Zero Span 时，频率范围仅由 Frequency 区域的 Center 栏位设定的中心频率确定。

当选择 Full Span 时，频率范围设定为 0~4GHz。

（2）在 Frequency 区中

Span 设定频率范围。

start 设定起始频率。

Center 设定中心频率。

End 设定终止频率。

（3）在 Amplitude 区中

当选择 dB 时，纵坐标刻度单位为 dB。

当选择 dBm 时，纵坐标刻度单位为 dBm。

当选择 Lin 时，纵坐标刻度单位为线性。

（4）在 Resolution Frequency 区中

可以设定频率分辨率，即能够分辨的最小谱线间隔。

（5）在 Controls 区中

当选择 Start 时，启动分析。

当选择 Stop 时，停止分析。

当选择 trigger Set 时，选择触发源是 Internal（内部触发）还是 External（外部触发），选择触发模式是 Continue（连续触发）还是 Single（单次触发）。

频谱图显示在频谱分析仪面板左侧的窗口中，利用游标可以读取其每点的数据并显示在面板右侧下部的数字显示区域中。

本章小结

Multisim 电子电路计算机仿真设计软件适用于板级的模拟/数字电路板的设计工作，具有丰富的仿真分析能力。

1. 元器件库提供数千种电路元器件供实验选用，同时也可以新建或扩充已有的元器件库，而且建库所需的元器件参数可以从生产厂商的产品使用手册中查到，因此也很方便地在工程设计中使用。

2. 虚拟测试仪器仪表种类齐全，有一般实验用的通用仪器，如万用表、函数信号发生器、双踪示波器、直流电源，而且还有一般实验室少有或没有的仪器，如波特图仪、字信号发生器、逻辑分析仪、逻辑转换器、失真仪、频谱分析仪和网络分析仪等。

3. 具有较为详细的电路分析功能，可以完成电路的瞬态分析和稳态分析、时域和频域分析、器件的线性和非线性分析、电路的噪声分析和失真分析、离散傅里叶分析、电路零极点分析、交直流灵敏度分析等电路分析方法，以帮助设计人员分析电路的性能。

4. 可以设计、测试和演示各种电子电路，包括电工学、模拟电路、数字、电路、射频电路及微控制器和接口电路等。可以对被仿真的电路中的元器件设置各种故障，如开路、短路和不同程度的漏电等，从而观察不同故障情况下的电路工作状况。在进行仿真的同时，软件还可以存储测试点的所有数据，列出被仿真电路的所有元器件清单，以及存储测试仪器的工作状态、显示波形和具体数据等。

5. 有丰富的 Help 功能，其 Help 系统不仅包括软件本身的操作指南，更重要的是包含有元器件的功能解说。

部分思考题与习题参考答案

第一章

一、填空题

1-1 TTL；COMS

1-2 饱和区；开关管

1-3 推挽式输出

1-4 3.6；0.3；1.4

1-5 工作速度；功耗

1-6 悬空；接低电平；高电平

1-7 并联；串联；串联；并联

1-8 2V 左右；1.5V 左右；4V 左右；0.3V 左右

1-9 A

1-10 $\overline{A}$

1-11 双；晶体三极管；开关

1-12 单；场效应管；开关

1-13 407；197；627

1-14 43.75；2B.C；53.6

1-15 101101；2D；55

1-16 1111111.1101；7F.D；177.61

1-17 0100 0101 0110；0111 1000 1001

1-18 0101 1000.0000 1001；1000 1011.0011 1100

1-19 407；0.111 0011 1010

1-20 $\overline{AB+CD}$

1-21 1

1-22 $\overline{A}$；高阻态

二、判断正误

1-23 √ 1-24 × 1-25 √ 1-26 × 1-27 × 1-28 × 1-29 × 1-30 ×

1-31 √

三、判断题

1-32 错；错

1-33 错；对；对

四、选择题

1-34 B 1-35 D 1-36 C 1-37 B 1-38 B 1-39 C 1-40 B 1-41 A

1-42 B

五、电路分析题

1-43   略

1-44   略

1-45   略

1-46   ① $P = A + \overline{D}$

　　　② $P = \overline{B}C + \overline{A}\,\overline{C}$

　　　③ $P = \overline{A}\,\overline{B} + \overline{C}D + B\overline{C} + AC$

　　　④ $P = BCD + ABD + AC\overline{D} + \overline{A}\,\overline{B}\,\overline{C} + \overline{A}\,\overline{C}\,\overline{D}$

　　　⑤ $P = \overline{C}D + AB + BC + \overline{A}D$

　　　⑥ $P = \overline{A}B\overline{C} + \overline{A}CD + A\overline{C}D$

　　　⑦ $P = CD + ABC + \overline{B}\,\overline{C} + \overline{A}D$

　　　⑧ $P = \overline{C}D + \overline{A}\,\overline{B}D + AB\overline{C} + ABD + A\overline{B}C\overline{D}$

1-47

A	EN_1	EN_2	P
$\times$	$\times$	1	高阻
0	0	0	1
1	0	0	0
$\times$	1	0	0

EN_1—三态控制端，低电平有效；EN_2—使能端，低电平有效。当 $EN_1 + EN_2 = 0$ 时，$P = \overline{A}$

1-48   略

1-49 R；限流作用。

$$R_{\max} = \frac{U_{CC} - U_{OL} - U_D}{I_{DM}} = 290\Omega$$

$$R_{\min} = \frac{U_{CC} - U_{OL} - U_D}{I_{OL}} = 200\Omega$$

所以：$R_{\min} < R < R_{\max}$

第二章

一、填空题

2-1　输出；输入；输出状态无关

2-2　反馈通路；输出；输入

2-3　记忆；门电路

2-4　输出；输入；输入；输出

2-5　逆过程；实际问题；组合逻辑

2-6　全加器；编码器；译码器；选择器；分配器

2-7　小规模集成电路；中规模集成电路；大规模集成电路；超大规模集成电路

2-8　多路开关；多路；一路；多路输入信号

2-9　数据选择器；一路；多路；地址控制

2-10　代码；与之对应的

2-11　高；优先级别低

2-12　二进制；大于；小于；等于

2-13　奇偶校验；奇；偶

2-14　逻辑门的传输延迟时间

2-15　滤波电容；选通脉冲；逻辑电路

二、选择题

2-16　A　2-17　D　2-18　B　2-19　A　2-20　C　2-21　B　2-22　C

2-23　A　2-24　A　2-25　B　2-26　C　2-27　A　2-28　A　2-29　D

2-30　A、C、D

三、电路分析与设计

2-31　$F = AB + B \odot C$

2-32　$F = AC + AB$

2-33～2-45　略

第三章

一、填空题

3-1　具有两个稳定的输出状态；状态的触发翻转特性

3-2　电平；边沿；主从

3-3　高

3-4　没有

3-5　状态表；特性方程；激励表；转换图；时序图

3-6　主触发器状态；两步；不能改变

3-7　略

3-8　(a) 1；(b) x；$CP\downarrow$；(c) 0

3-9　(c)（b)

3-10　(a) 0；(b) 0；(c) 0；(d) 0

3-11　略

二、电路分析

3-12～3-19　略

3-20　(a) $Q^{n+1} = A \oplus Q^n$；(b) $Q^{n+1} = AB + (A+B) Q^n$

3-22　略

3-23　(c)；(d)；(e)

3-24～3-28　略

3-29　5 位

3-30　略

3-31　$m = 6$

3-32　7 进制加法计数器

3-33　30

3-34　$2^{20} - 1$

3-39　低电平有效的 RS 触发器

3-40　① $CP = 1$ 时接受 D 信号

② 清零、不影响、接受信号状态

③ SA₂ 的指示灯亮、若再按下其他按钮则不起作用

④ 按下 S_R 键后，再抢答

3-41 非自然序态的模 8 计数器

第四章

一、填空题

4-1 $f=\dfrac{1}{T}$

4-2 输入电平；回差

4-3 波形变换；脉冲整形；脉冲鉴幅

4-4 稳态；暂稳态；暂稳态

4-5 整形；延时；定时

4-6 固定谐振频率 f_0

二、选择题

4-7 A

4-8 B；A；B

三、电路分析及计算

4-11 $C=2.14\times10^{-6}F$

4-12 ① $U_{T+}=8V$；$U_{T-}=4V$；$\Delta U_T=4V$

② $U_{T+}=5V$；$U_{T-}=2.5V$；$\Delta U_T=4V$

4-15 $f=9.3kHz$；$q=0.66$

4-16 ① 单稳态触发器；多谐振荡器

② 略

4-17 7.5V

4-18 ① 单稳态触发器

② 略

4-19、4-20 略

第五章

一、填空题

5-1 求和电路；电阻网络；电子开关网络

5-2 仅最低位为 1

5-3 转换速度；尖峰脉冲

5-4 采样；保持；量化；编码

二、判断题

5-5 √ 5-6 × 5-7 √ 5-8 √ 5-9 √

三、选择题

5-10 B 5-11 B 5-12 B 5-13 B 5-14 B

四、电路分析与计算

5-15 $-3.5V$

5-16 ① $I_0=0\sim0.997\text{mA}$ $U_0=0\sim9.97\text{V}$

② 7.07V

5-17 ① 略

② -22.5V；-15V；-9V

5-18 $24\times10^{-6}\text{s}$

5-19 011；110；0.0392V

5-20 ① $T_1=0.0256\text{s}$

② 00000111

③ 00000011

5-21 表 5-6 11111110；10000000；00000000

表 5-7 U_{IN_0}；5.12V；2.56V；0V

$D_7\sim D_0$；11111111；10000000；00000000

5-22 $U_i=9\text{V}$ 时，$B_2B_1B_0=100$

$U_i=6.5\text{V}$ 时、$B_3B_2B_1=011$

$U_i=4\text{V}$ 时，$B_3B_2B_1=010$

$U_i=1.5\text{V}$ 时，$B_2B_1B_0=001$

第六章

一、填空题

6-1 RAM；ROM

6-2 ROM 只能读不能写；RAM 既能读取又能写入数据

6-3 掩膜 ROM；PROM；EPROM

6-4 字线数×位线数；32Kbit

6-5 RAM；512bit

6-6 2048；11

6-7 12；8；双

6-8 1024；4；8；4

6-9 8；可能乘积项共享

6-10 由 I/O 输入→输入总线→集总布线区（GRP）→任一通用逻辑块（GLB）→

输出布线区（ORP）→I/O 输出

6-11 位扩展；字扩展；字位扩展

6-12 PROM；PLA；PAL；GAL

6-13 固定；可编程；可编程；可编程

6-14 可编程；固定；可编程；固定（或可编程）

6-15 略

二、判断题

6-16 √ 6-17 √ 6-18 × 6-19 × 6-20 × 6-21 √

三、选择题

6-22 A 6-23 C 6-24 A 6-25 A 6-26 A 6-27 A 6-28 A 6-29 B

6-30 C

四、电路分析

6-31～6-33　略

6-34　$C_i = A_i B_i + (A_i \oplus B_i) C_{i-1}$

$S_i = A_i \oplus B_i \oplus C_{i-1}$

逻辑功能；全加器

6-35　① 64；6

② 行：2^4；列：2^2；4；2

③行：2^3；列：2^3；3；3

④ 第三种，地址线最少仅 16 根

6-36、6-37　略

第七章

一、填空题

7-1　根据故障现象；检查测量；分析

7-2　静态检查；通电检查

7-3　及时发现；纠正；补救措施

7-4　基本组成；工作原理；基本功能

二、判断题

7-5　×　7-6　√　7-7　×　7-8　√　7-9　√

三、选择题

7-10　A、B、D　7-11　B、C　7-12　A　7-13　A、D

四、分析与设计

7-14、7-15　略

参 考 文 献

［1］ 张惠敏. 电子技术. 第 2 版. 北京：化学工业出版社，2013.

［2］ 张惠敏. 电子技术实训. 第 2 版. 北京：化学工业出版社，2009.

［3］ ［美］Thomas L. Floyd. 数字电子技术. 第 10 版. 余璆译. 北京：电子工业出版社，2014.

［4］ 阎石. 数字电子技术基础. 第 5 版. 北京：高等教育出版社，2006.

［5］ 康华光. 电子技术基础（数字部分）. 第 6 版. 北京：高等教育出版社，2013.

［6］ 杨志忠. 数字电子技术及应用. 第 1 版. 北京：高等教育出版社，2012.

［7］ 李忠波. 电子设计与仿真技术. 北京：机械工业出版社，2008.

［8］ 侯建军. 数字逻辑与系统. 北京：中国铁道出版社，1999.

［9］ 王克义. 电子技术与数字电路. 第 2 版. 北京：北京大学出版社，2013.

［10］ 陈文楷. 数字电子技术. 北京：机械工业出版社，2010.

［11］ 沈任元. 数字电子技术基础. 北京：机械工业出版社，2010.

［12］ 华永平. 电子技术及其应用. 北京：高等教育出版社，2012.

［13］ 杨春玲. 数字电子技术基础. 北京：高等教育出版社，2011.

［14］ 孙津平. 电子技术及其应用. 北京：北京理工大学出版社，2012.

［15］ 门宏. 怎样识读电路原理图. 北京：人民邮电出版社，2010.

［16］ 黄智伟. 基于 N1 Multisim 的电子电路计算机仿真设计与分析. 北京：电子工业出版社，2008.